“十三五”国家重点出版物出版规划项目

“中国海岸带研究”丛书

海洋和海岸环境微塑料污染与治理

骆永明 等 编著

科学出版社
龍門書局
北京

内 容 简 介

本书是在国内介绍海洋和海岸微塑料污染与治理的首部著作。系统介绍了国内外海洋和海岸中微塑料的采集、分离和分析方法，微塑料类型、丰度、分布和来源，微塑料的传输、沉降及分解，微塑料表面附着的污染物和生物，微塑料的生物积累、毒性及风险，以及海洋和海岸环境微塑料监管与防控策略；可为海洋和陆地环境微塑料研究与管理提供借鉴与指导。

本书可作为国家及地方海洋和海岸带微塑料污染、塑料垃圾与生态环境保护等管理部门的重要参考资料，也可供海洋、海岸、环境、生物、生态、管理等科学领域的科研与教学人员参考。

图书在版编目（CIP）数据

海洋和海岸环境微塑料污染与治理/骆永明等编著. —北京：科学出版社，2019.6

（中国海岸带研究丛书）

“十三五”国家重点出版物出版规划项目

ISBN 978-7-03-061279-3

Ⅰ.①海… Ⅱ.①骆… Ⅲ.①黄河-三角洲-海洋环境-塑料垃圾-垃圾处理 Ⅳ.①X705

中国版本图书馆CIP数据核字（2019）第098027号

责任编辑：朱 瑾 陈 倩 / 责任校对：郑金红

责任印制：赵 博 / 封面设计：北京图阅盛世文化传媒有限公司

科学出版社出版

龍門書局

北京东黄城根北街16号

邮政编码：100717

http://www.sciencep.com

涿州市般润文化传播有限公司印刷

科学出版社发行 各地新华书店经销

*

2019年6月第 一 版 开本：B5 (720×1000)

2020年11月第二次印刷 印张：15

字数：294 000

定价：180.00元

（如有印装质量问题，我社负责调换）

“中国海岸带研究”丛书
编委会

丛书序

海岸带是地球表层动态而复杂的陆-海过渡带，具有独特的陆、海属性，承受着强烈的陆海相互作用。广义上，海岸带是以海岸线为基准向海、陆两个方向辐射延伸的广阔地带，包括沿海平原、滨海湿地、河口三角洲、潮间带、水下岸坡、浅海大陆架等。海岸带也是人口密集、交通频繁、文化繁荣和经济发达地区，因而又是人文-自然复合的社会-生态系统。全球有 40 余万千米海岸线，一半以上的人口生活在沿海 60 千米的区间内，人口在 250 万以上的城市有 2/3 位于海岸带的潮汐河口附近。在中国，大陆及海岛海岸线总长约为 3.2 万千米，跨越热带、亚热带、温带三大气候带；大陆 11 个沿海省、自治区和直辖市的面积约占全国陆地国土面积的 13%，集中了全国 50% 以上的大城市、40% 的中小城市、42% 的人口和 60% 以上的国内生产总值，新兴海洋经济还在快速增长。21 世纪以来，我国在沿海地区部署了近 20 个战略性国家发展规划，现在的海岸带既是国家经济发展的支柱区域，又是区域社会发展的“黄金地带”。在国家“一带一路”倡议和生态文明建设战略部署下，海岸带作为第一海洋经济区，成为拉动我国经济社会发展的新引擎。

然而，随着人类高强度的活动和气候变化，我国乃至世界海岸带面临着自然岸线缩短、泥沙输入减少、营养盐增加、污染加剧、海平面上升、强风暴潮增多、围填海频发和渔业资源萎缩等严重问题，越来越多的海岸带生态系统产品和服务呈现不可持续的趋势，甚至出现生态、环境灾害。海岸带已是自然生态环境与经济社会可持续发展的关键带。

海岸带既是深受相连陆地作用的海洋部分，也是深受相连海洋作用的陆地部分。海岸动力学、海域空间规划和海岸管理等已超越传统地理学的范畴，海岸工程、海岸土地利用规划与管理、海岸水文生态、海岸社会学和海岸文化等也已超越传统海洋学的范畴。当今人类社会急需深入认识海岸带结构、组成、性质及功能，陆海相互作用过程、机制、效应及其与人类活动和气候变化的关系，创新工程技术和管理政策，发展海岸科学，支持可持续发展。目前，如何通过科学创新和技术发明，更好地认识、预测和应对气候、环境和人文的变化对海岸带的冲击，管控海岸带风险，增强其可持续性，提高其恢复力，已成为我国乃至全球未来地球海岸科学与可持续发展的重大研究课题。近年来，国际上设立的“未来地球海岸（Future Earth Coasts，FEC）”国际计划，以及我国成立的“中国未来海洋联合会”“中国海洋工程咨询协会海岸科学与工程分会”“中国太平洋学会海岸管理科学分会”等，充分反映了这种迫切需求。

“中国海岸带研究”丛书正是在认识海岸带自然规律和支持可持续发展的需求下应运而生。该丛书邀请了包括中国科学院、教育部、国土资源部（国家海洋局）、环境保护部、农业部、交通运输部等系统及企业界在内的数十位知名海岸带研究专家、学者、管理者和企业家，以他们多年的科学技术部（科技部）、国家自然科学基金委员会、国家海洋局及国际合作项目等研究进展、工程技术实践和旅游文化教育为基础，组织撰写丛书分册。分册涵盖海岸带的自然科学、社会科学和社会 - 生态交叉学科，涉及海岸带地理、土壤、地质、生态、环境、资源、生物、灾害、信息、工程、经济、文化、管理等多个学科领域，旨在持续向国内外系统性展示我国科学家、工程师和管理者在海岸带与可持续发展研究方面的新成果，包括新数据、新图集、新理论、新方法、新技术、新平台、新规定和新策略。出版“中国海岸带研究”丛书在我国尚属首次。无疑，这不仅可以增进科技交流与合作，促进我国及全球海岸科学、技术和管理的研究与发展，而且必将为我国乃至世界海岸带保护、利用和改良提供科技支撑和重要参考。

中国科学院院士、厦门大学教授

2017 年 2 月于厦门

前　　言

微塑料已成为环境中的一类新型污染物。海洋及海岸环境中的微塑料污染已成为全球性生态环境问题。微塑料在海洋及海岸生态系统中的来源、环境行为、生态与健康风险正受到人们的高度关注。2014年，首届联合国环境大会提出要特别关注海洋微塑料污染。2016年召开的第二届联合国环境大会上，微塑料污染被列入环境与生态科学研究领域的第二大科学问题，成为与全球气候变化、臭氧耗竭和海洋酸化等并列的重大全球环境问题。海洋微塑料污染不仅是威胁海洋生物生态系统进而危及食物链安全及人类健康的问题，还涉及跨界跨境污染、产业结构调整和国际治理等问题。目前，国际上对海洋和海岸环境微塑料与塑料垃圾问题的关注已从科学研究层面向实质性污染管控及全球环境治理延伸，海洋和海岸环境微塑料污染问题已从单一的环境问题演变为与生态安全、产业经济和可持续发展纵横交织的复杂问题。

微塑料是指环境中粒径小于5 mm的塑料类污染物，包括碎片、纤维、颗粒、发泡、薄膜等类型。海洋中这样的微小塑料早在20世纪70年代初就在《科学》杂志被报道过。目前被全球广泛接受使用的微塑料概念则于21世纪初才被描述。海洋和海岸环境微塑料污染得到全球重视并加以大量研究则是近10年的事。我国的微塑料研究稍晚于欧美日韩等国家，自2015年国内有关海洋和海岸环境微塑料的研究蓬勃兴起，现在已经涉及河流、陆地、大气环境。可以说，海洋和海岸环境微塑料污染与管控研究方兴未艾。

为了更快、更好地促进人们对我国海洋和海岸环境微塑料污染规律的认识与系统治理方案的创建，我们在系统收集和综合分析国内外报道的文献资料的基础上，结合研究组2014年以来自身的海洋和海岸环境调查、分析、试验、研究成果，集研究方法、来源分布、风化附着、迁移归趋、积累毒性、监管治理于一体，撰写形成了本书。全书共分8章。第1章绪论，介绍了塑料产品生产、使用与塑料垃圾污染产生，国内外海洋和海岸环境微塑料污染与研究进展；第2章海洋和海岸中微塑料的采集、分离与分析方法，包括海水、沉积物、土壤、大气、生物中微塑料样品的采集与分离方法，海洋微塑料生物膜样品的采集、测定与鉴定方法，环境微塑料样品的实验室分析方法（包含微塑料的计量与粒径测量方法，聚合物类型的分析方法，微塑料表面的形貌、污染物、附着生物、基团的分析方法，密度分析方法）；第 3 章海洋微塑料的来源和分布特征，包括海洋微塑料的来源，海水中微塑料的水平与垂直分布特征；第 4 章海岸环境微塑料的来源和分布特征，包括潮滩中微塑料的来源，旅游海滩、养殖海滩、河口湿地、红树林湿地、天然海湾等潮滩中微塑料的分布特征；第 5 章海洋微塑料的传输、沉降及分解，包括海洋微塑料的传输与数值模拟，海洋微塑料的沉降、沉积与再悬浮，海洋微塑料的物理与化学风化、光降解和生物降解；第 6 章海洋和海岸中微塑料表面附着的污染物及生物，包含微塑料表面附着的化学添加剂、持久性有机污染物、重金属等污染物，微塑料表面附着的生物膜、微生物群落、病原微生物、外来有害物种等；第 7 章海洋和海岸中微塑料的生物积累、毒性及环境风险，涉及海洋环境中微塑料的生物摄食、传递与积累，微塑料及其携带污染物的生物学效应，微塑料对海洋生物的损害，海洋和海岸环境微塑料污染的环境损害与生态健康风险；第 8 章海洋和海岸塑料垃圾与微塑料污染的监管及治理，介绍国内外有关监管办法和治理经验，分析我国的差距，提出监管、防控策略和开展国际合作的建议。

本书正值 2019 年 6 月 8 日第 11 个“世界海洋日”、第 12 个“全国海洋宣传日”和“第二届全国环境（海洋）微塑料污染与管控学术研讨会”召开之际出版，具有格外重要的意义。本书是国内系统介绍海洋和海岸环境微塑料污染与治理的首部著作，吸收了国家重点研发计划项目课题“海洋微塑料的源解析、输运和归趋机制”（2016YFC1402202）、中国科学院前沿科学重点研究项目“黄渤海重点河口与海湾的微塑料污染及生态风险”（QYZDJ-SSW-DQC015）和国家自然科学基金项目“污泥和猪粪长期施用土壤中微塑料积累与限际传递机制”（41877142）的部分研究成果。本书的出版还得到了中国科学院海岸带环境过程与生态修复重点实验室（烟台海岸带研究所）的经费支持。本书的主要执笔人为：骆永明、周倩、章海波、涂晨、张华、马海青、代振飞、陈涛、胡学锋、李连祯、李艳芳、李远、周阳。全书由骆永明统稿、定稿，其间得到了涂晨博士、李远博士、博士生周倩和杨杰、硕士生田媛和张晨捷，以及研究助理刘颖的大力协助。对在文献资料收集、采样与研究过程中给予指导和帮助，以及在本书撰写过程中提供有关资料的诸位老师、同事及学生，在此一并表示感谢！

由于作者水平有限，书中不足之处在所难免，敬请各位同仁批评指正。

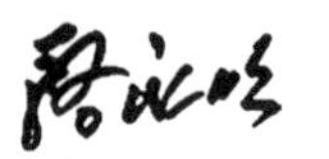

2019 年 5 月于烟台

目　录

第1章

绪　论

早在20世纪70年代初，研究人员就报道了近海环境及生物体内微塑料（micro plastic，MP）的存在。人们对微塑料污染及生物生态效应的进一步认识引起了全球政府、科技界和公众的兴趣与关注，则是21世纪以来的事。近年来，无论是国外沿海国家，还是我国，都对海洋和海岸环境微塑料污染与防控开展了研究，以认识污染规律、提出治理措施和支持可持续发展。本章主要基于全球海洋和海岸环境微塑料研究文献查询与分析，在简要介绍塑料产品生产、使用与塑料垃圾污染关系的基础上，重点从国际和国内两个层面，反映海洋和海岸环境微塑料污染状况与研究进展。

1.1 塑料产品生产、使用与塑料垃圾污染

塑料是以单体为原料，通过加聚或缩聚反应聚合而成的高分子聚合物（polymeric compound），俗称塑料（plastic）或树脂（resin），可以自由改变成分及形体样式，由合成树脂及填料、增塑剂、稳定剂、润滑剂、色料等添加剂组成，主要包括通用热塑性树脂 [聚乙烯（polyethylene，PE）、聚丙烯（polypropylene，PP）、聚氯乙烯（polyvinyl chloride，PVC）、聚苯乙烯（polystyrene，PS）及苯乙烯共聚物]、工程塑料（尼龙、聚碳酸酯、热塑性聚酯）、特种工程塑料（聚苯硫醚、聚醚砜、聚芳醚酮、液晶聚合物）、通用热固性树脂 [酚醛树脂、聚氨酯（polyurethane，PUR）、环氧树脂、不饱和聚酯树脂] 等。由于塑料及其制品具有质轻、化学性质稳定、成本低等优点，在工业、农业及日常生活中被广泛应用。据估计，2014 年世界塑料总产量为 31 100 万 t，其中，亚洲塑料产量最大，约为 14 300 万 t，占世界总产量的 46%，而中国塑料产量占世界总产量的 1/4 以上（许江菱等，2017）。2015 年，中国塑料原材料产量约 7000 万 t，塑料原材料消费量达 9000 万 t 以上，塑料制品产量超过 7000 万 t（http://www.cppia.com.cn/cppia1/ssxw/2016126203950.htm），以塑料薄膜、日用塑料制品、泡沫塑料等为主。而其中很大一部分因管理不善，以废弃塑料形式进入环境中，并通过人工、风力、河流、洋流等外力作用进行远距离迁移，分布在地球上的许多角落；海洋作为废弃塑料的重要汇之一，预计至 2025 年，全球海洋中塑料垃圾量将高达 2.5 亿 t，相当于每 3 t 鱼中，就有 1 t 塑料（Jambeck *et al.*，2015）。中国、印度尼西亚、菲律宾、越南和斯里兰卡被认为是废弃塑料垃圾最多的国家（表 1.1）（Kershaw，2016；Jambeck *et al.*，2015），中国对全球海洋塑料垃圾的贡献率被认为高达 27.7%（Jambeck *et al.*，2015）。

目前报道估测，在北大西洋（Law *et al.*，2010）和太平洋（Eriksen *et al.*，2013；Law *et al.*，2014）表面及深海（van Cauwenberghe *et al.*，2013）均存在着

表 1.1 不同国家塑料垃圾数量、比例及其排名一览表（引自 Jambeck *et al.*，2015）

排名	国家	管理不善的垃圾比例 /%	管理不善的塑料垃圾数量 /（$\times10^6$ t/ 年）	占全球管理不善的塑料垃圾总量的百分比 /%	海洋塑料垃圾数量 /（$\times10^6$ t/ 年）
1	中国	76	8.82	27.7	1.32 ~ 3.53
2	印度尼西亚	83	3.22	10.1	0.48 ~ 1.29
3	菲律宾	83	1.88	5.9	0.28 ~ 0.75
4	越南	88	1.83	5.8	0.28 ~ 0.73
5	斯里兰卡	84	1.59	5	0.24 ~ 0.64
6	泰国	75	1.03	3.2	0.15 ~ 0.41
7	埃及	69	0.97	3	0.15 ~ 0.39
8	马来西亚	57	0.94	2.9	0.14 ~ 0.37
9	尼日利亚	83	0.85	2.7	0.13 ~ 0.34
10	孟加拉国	89	0.79	2.5	0.12 ~ 0.31
11	南非	56	0.63	2	0.09 ~ 0.25
12	印度	87	0.6	1.9	0.09 ~ 0.24
13	阿尔及利亚	60	0.52	1.6	0.08 ~ 0.21
14	土耳其	18	0.49	1.5	0.07 ~ 0.19
15	巴基斯坦	88	0.48	1.5	0.07 ~ 0.19
16	巴西	11	0.47	1.5	0.07 ~ 0.19
17	缅甸	89	0.46	1.4	0.07 ~ 0.18
18	摩洛哥	68	0.31	1	0.05 ~ 0.12
19	朝鲜	90	0.3	1	0.05 ~ 0.12
20	美国	2	0.28	0.9	0.04 ~ 0.11

较高程度的塑料碎片污染。据估计，全球海洋上的漂浮塑料碎片至少有五万亿件，重量超 26 万 t。塑料垃圾污染已遍布全球。

1.2 国际海洋和海岸环境微塑料污染与研究进展

进入环境中的废弃塑料，经过太阳辐射（光降解、脆化）或波浪等作用，直径往往小于 1 cm 甚至更低，并且在长期的物理、化学作用下会分解成更为微小的塑料碎片或颗粒（pellet）。目前，通常将粒径小于 5 mm 的塑料称为微塑料。根据微塑料的来源可将海洋微塑料分为“原生”微塑料和“次生”微塑料,“原生”微塑料是指直接被生产成微观大小的、用于塑料生产或其他应用的塑料，如树脂颗粒、喷砂、个人护理品中添加的微珠等；“次生”微塑料是指由大型塑料裂解产生的微塑料，主要受环境、生物或人为等作用而形成（图 1.1）。

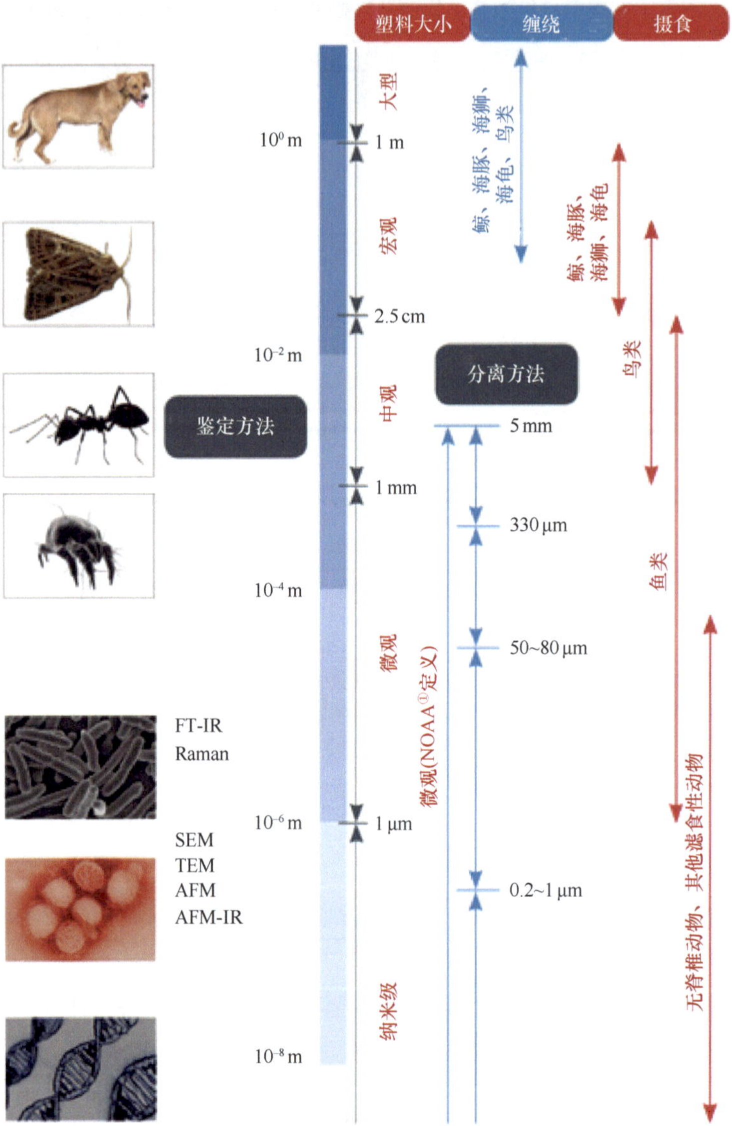

图 1.1　海洋环境中塑料尺寸范围及与生物大小的比较（该大小区分可以形成严格的表述依据）（引自 Anderson *et al.*，2015）

FT-IR：傅里叶红外光谱；Raman：拉曼光谱；SEM：扫描电子显微镜；TEM：透射电子显微镜；AFM：原子力显微镜；AFM-IR：原子力显微镜 - 红外光谱

微塑料由于化学性质稳定，其作为一类新型环境污染物越来越受到重视。自 2011 年起，联合国环境规划署（United Nations Environment Programme，UNEP）

① NOAA：National Oceanic and Atmospheric Administration，美国国家海洋和大气管理局

开始持续关注海洋中的塑料垃圾，尤其关注微塑料的污染问题。2014年6月的首届联合国环境大会上，UNEP发布的《2014年年报》（*UNEP Year Book 2014*）和《塑料价值》（*Valuing Plastic*）报告指出，海洋中大量的塑料垃圾给海洋生态系统造成的经济损失每年高达130亿美元。*Nature*在2014年12月连续两期报道了海面漂浮和海底沉积物中微塑料的研究进展，并呼吁人们关注海洋环境中的微塑料污染及其危害（Marris，2014；Perkins，2014）。迄今，发表在*Nature*和*Science*上关于微塑料的研究论文不少于10篇，主要涉及微塑料分布调查、生态效应、农田土壤、沉积运输与源汇、政策管理等研究。根据对文献数据库的检索，本书统计了2008～2018年国内外有关微塑料的研究进展状况，如图1.2所示。可见，微塑料研究论文主要集中发表在近6年，并呈幂增长趋势；2013～2015年，每年发表论文几十篇，至2016年近200篇，到2017年则近400篇；至今，全球有关微塑料的论文已发表千余篇。研究内容主要集中在微塑料野外调查方面（包

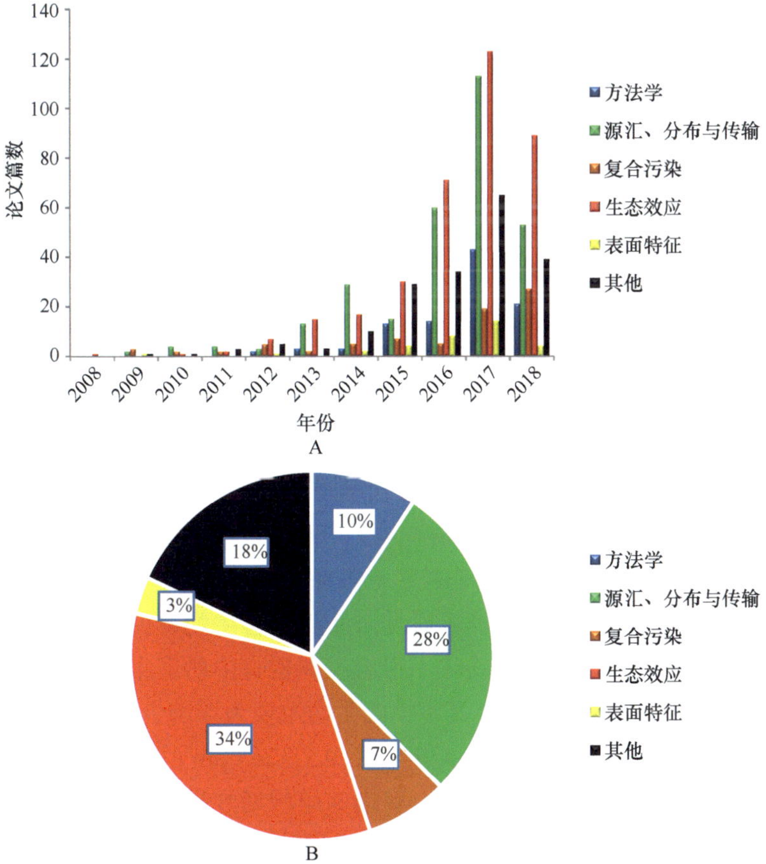

图1.2 2008～2018年国际微塑料研究状况（检索平台为Web of Science，时间从2008年1月1日至2018年5月31日）

括野外不同环境介质中微塑料丰度与分布的调查研究，以及生物体中微塑料的调查研究）；按研究目标和内容的差异，有关微塑料的研究主要包括微塑料的研究方法学，源汇、分布与传输，微塑料与其他物质的复合污染，微塑料表面特征，管理政策等；在微塑料源汇、分布与传输及生态效应等方面的研究论文，分别占28% 和 34%，而对表面特征、复合污染及方法学的研究还较少。

微塑料方法学研究。微塑料作为一种新型的环境污染物，与传统分子污染物不同的是，环境中微塑料是一种成分较为复杂的有机高分子聚合物，并以颗粒态物质存在于环境介质中，具有聚合物类型多样、形态各异、粒径小（毫米或微米级）等特点。因此，为了科学地开展微塑料研究，需要找到合适的采样、获取、分析等途径或方法。目前有关微塑料研究的方法，国际上取得了一些进展，包括微塑料采样、获得、鉴定及分析方法等；其中，如何快速高效地分离、鉴定环境中微塑料成为方法学的研究热点。在环境中微塑料的分离方面，通过装置的设计和搭建、试剂的选择等进行快速、高效的分离实验，并探索显微傅里叶红外、显微拉曼、扫描电子显微镜、原子力显微镜、裂解气相色谱 - 质谱分析等一系列先进的微技术手段，分析鉴定微塑料。目前，原位自动监测、快速扫描等技术及有关环境中亚微米甚至纳米级微塑料样品的获得方法也成为研究热点。

微塑料的调查研究。微塑料的调查研究包括水体、沉积物、大气、生物等不同环境介质中的调查，形成了陆 - 海 - 气 - 生物环境微塑料调查研究体系。有关土壤沉积物、水体和生物已有较多的研究。土壤沉积物的调查包括从陆地海岸带土壤到深海底泥，从表层到剖面深层，从空间分布到随时间的变化等；水体的调查包括从内陆湖泊到近海再到大洋、极地，从表面到不同深度的水层，从空间到时间的不同尺度变化等；生物的调查包括从浮游或底栖生物到大型哺乳动物，从水生动物到陆生动物甚至人体等不同种类、不同区域生物的调查。调查研究的主要目的在于获得环境中微塑料的存在状况及时空差异变化，以及微塑料作为载体功能与环境污染物的复合污染规律。

微塑料的生物毒性。微塑料的粒径一般在 5 mm 以内，因而容易被海洋环境中的浮游动物、底栖生物、鱼类等误食，从而危害生物体的生长。目前，已有一些文献通过研究微塑料在生物体不同组织和器官中的富集与转移来探讨海岸环境中微塑料污染的生态效应，其中模式生物主要为浮游生物和贝类。Imhof 等（2013）利用荧光标记方法证实了微塑料［(29.5±26) μm］被带丝蚓（*Lumbriculus variegates*）摄入后可进入肠道系统。解剖和组织切片也表明，微米级的微塑料被摄入后会在生物体的不同部位积累，如肠道腔、消化管、胃、肝胰腺、卵巢、鳃瓣和淋巴等（Browne *et al.*，2008；Farrell and Nelson，2013；Hämer *et al.*，2014）。同时，von Moos 等（2012）也发现贻贝（*Mytilus edulis*）吞食的微塑料

（0 ～ 80 μm）也可进入细胞中富集。微塑料在不同营养级生物中的转移富集已成为微塑料生态效应的研究热点。Setälä 等（2014）发现微塑料通过中型浮游动物向大型浮游动物转移的现象；Farrell 和 Nelson（2013）观测到微塑料从贻贝到普通滨蟹（*Carcinus maenas*）的转移现象；Tanaka 等（2013）通过解剖发现，北太平洋北部短尾鹱（*Puffinus tenuirostris*）胃及腹部脂肪中的多溴联苯醚（poly brominated diphenyl ethers，PBDE）主要来自摄入的微塑料。此外，微塑料可能作为病原微生物和有害入侵种传播的载体。Rist 等（2018）和 Pauly 等（1998）还提出并研究了微塑料对人体健康的潜在风险。

微塑料被浮游动物、鱼类等误食后会产生危害和毒性效应。目前，表征毒性效应的指标主要包括摄食率、生长行为、死亡率、产卵量、生物酶活性等。除微塑料自身的毒性效应外，其表面结合的毒害污染物，以及该污染物与微塑料的复合体同样会对生物体产生毒害作用。例如，Oliveira 等（2013）认为微塑料与芘的混合物显著降低了虾虎鱼（*Pomatoschistus microps*）的乙酰胆碱酯酶（acetylcholinesterase，AChE）和异柠檬酸脱氢酶（isocitrate dehydrogenase，IDH）的活性，从而可能会增加天然鱼类种群的死亡率。Rochman 等（2014）从细胞和基因水平上揭示了微塑料与持久性有机污染物（persistent organic pollutant，POP）的复合体对日本青鳉（*Oryzias latipes*）内分泌系统功能的影响及生殖细胞异常增殖的现象。目前仍需从基因、细胞、组织、个体和种群水平上加强系统研究，积累更多的毒理学基础数据。

微塑料在环境中因塑料自身性质（密度、粒径、形状）、近海动力条件（风、浪、潮汐、海流）、化学生物反应（絮凝、生物附着、摄食等）影响，会发生传输、沉降等迁移过程，但目前关于微塑料在环境中迁移与传输的研究较少。未来需要更多的环境数据支持和服务于海洋与海岸环境微塑料监控及管理。

1.3 中国海洋和海岸环境微塑料污染与研究进展

近年来，我国的微塑料污染问题受到广泛关注。滨海潮滩、水体、沉积物中微塑料调查、微塑料的生态危害、微塑料与其他污染物的复合污染等方面的研究不断取得进展。有关微塑料论文发表的数量逐年递增，尤其是在 2015 年以来，论文发表量逐年快速增加，如图 1.3 所示。仅 2017 年，我国微塑料论文发表量达 50 篇。截至 2018 年 5 月，以中文形式发表的论文达 70 余篇；其中综述居多，约占中文微塑料研究论文发表量的 1/3；其次是硕士、博士论文，约占 1/10；而野外调查、复合污染、生态效应、方法学、表面特征等研究还较少，约 36% 的为包括时政等在内的报道。我国有关科研工作以英文形式发表的论文已达 60 余

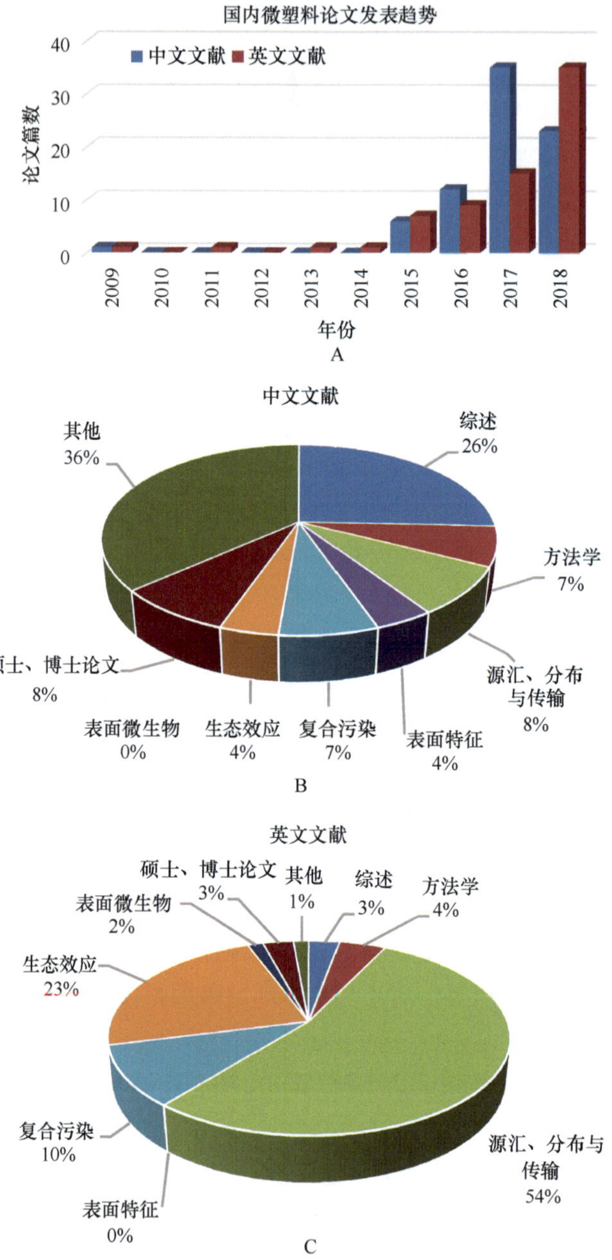

图 1.3　2009 ～ 2018 年国内微塑料研究状况（检索平台为 Web of Science，时间从 2009 年 1 月 1 日至 2018 年 5 月）

篇，其中有关微塑料源汇、分布与传输的调查研究占 54%;其次是生态效应方面，占 23%；其他方面的研究报道均较少。

我国微塑料调查区域，包括黄河、长江、椒江、瓯江、闽江、珠江等典型河口（Zhao *et al.*，2014，2015；Fok and Cheung，2015；Peng *et al.*，2017；Zhou *et al.*，2018），太湖、洞庭湖、青海湖、色林错等内陆或高原湖泊（Su *et al.*，2016; Wang *et al.*，2018; Xiong *et al.*，2018; Zhang *et al.*，2016），以及渤海、黄海、东海、南海等近岸海域与海湾、大洋等（Zhang *et al.*，2017；Zhou *et al.*，2018；Zhu *et al.*，2018；Zhao *et al.*，2014；Tang *et al.*，2018；Chen *et al.*，2018），国家海洋局在2016年还开展了海洋微塑料试点监测。这些工作体现了我国微塑料研究“陆 - 河 - 海 - 洋”的格局与走向。尽管样品采集与分选方法不尽相同，但是这些研究均为我国海洋和海岸环境微塑料污染评估提供了基础数据。

在微塑料生态毒性研究上，我国研究了不同类型的环境微塑料及其复合污染物对不同海洋或陆地生物（如贝类、蚯蚓等）的毒理效应及在食物链中的传递，取得了显著进展。

近年来，全国已有20多个单位从事微塑料研究，内容涉及微塑料方法学，微塑料表面性质，微塑料表面生物膜，微塑料与重金属、持久性有机污染物、抗生素等复合污染，微塑料的海洋迁移与传输，以及大气污染等。

政府也逐渐重视我国微塑料的研究。2016年，国家重点研发计划“海洋环境安全保障”支持了“海洋微塑料监测和生态环境效应评估技术研究”项目，分别从海洋微塑料的监测、分析关键技术，海洋微塑料的源解析、输运和归趋机制，微塑料自身及吸附的化学污染物在海洋食物链中的传递与转化过程，微塑料对海洋生物的毒性效应及机制，微塑料附着生物传播与海洋生态环境影响评估技术，微塑料污染源头控制与管理技术等6个方面，开展了微塑料的系统研究。国家自然科学基金委员会、中国科学院、国家海洋局（现属自然资源部）相继资助了海洋及陆地微塑料的研究项目，我国环境微塑料污染研究与管控拉开了序幕。

本章小结

近年来，微塑料的全球关注度越来越高，国内对微塑料的研究也日益兴起。当前，微塑料研究的热点主要在环境调查研究、生态毒理研究和方法学等方面，下一步研究的重点则是环境中微塑料的源解析、输运和归趋机制，微塑料与化学污染物的结合，海洋食物链中微塑料的传递与转化，以及微塑料附着生物传播等方面，最终回答微塑料对海洋生态环境的影响并服务于微塑料污染的源头控制与管理。

参考文献

许江菱, 钟晓萍, 朱永茂, 等. 2017. 2015~2016年世界塑料工业进展[J]. 塑料工业, 45(3): 1-44.

Anderson A, Andrady A, Arthur C, et al. 2015. Sources, Fate and Effects of Microplastics in the Marine Environment: A Global Assessment[M]. London: International Maritime Organization.

Browne M A, Dissanayake A, Galloway T S, et al. 2008. Ingested microscopic plastic translocates to the circulatory system of the mussel, *Mytilus edulis*(L.)[J]. Environmental Science & Technology, 42(13): 5026-5031.

Chen Q, Reisser J, Cunsolo S, et al. 2018. Pollutants in plastics within the North Pacific subtropical gyre[J]. Environmental Science & Technology, 52(2): 446-456.

Eriksen M, Maximenko N, Thiel M, et al. 2013. Plastic pollution in the South Pacific subtropical gyre[J]. Marine Pollution Bulletin, 68(1-2): 71-76.

Farrell P, Nelson K. 2013. Trophic level transfer of microplastic: *Mytilus edulis*(L.) to *Carcinus maenas*(L.)[J]. Environmental Pollution, 177: 1-3.

Fok L, Cheung P K. 2015. Hong Kong at the Pearl River Estuary: a hotspot of microplastic pollution[J]. Marine Pollution Bulletin, 99(1-2): 112-118.

Hämer J, Gutow L, Köhler A, et al. 2014. Fate of microplastics in the marine isopod *Idotea emarginata*[J]. Environmental Science & Technology, 48(22): 13451- 13458.

Imhof H K, Ivleva N P, Schmid J, et al. 2013. Contamination of beach sediments of a subalpine lake with microplastic particles[J]. Current Biology, 23(19): R867-R868.

Jambeck J R, Geyer R, Wilcox C, et al. 2015. Plastic waste inputs from land into the ocean[J]. Science, 347: 768-771.

Kershaw P J. 2016. UNEP Year Book, Marine plastic debris and microplastics. Global lessons and research to inspire action and guide policy change[R]. Nairobi: United Nations Environment Programme.

Law K L, Morét-Ferguson S E, Goodwin D S, et al. 2014. Distribution of surface plastic debris in the eastern Pacific Ocean from an 11-year data set[J]. Environmental Science & Technology, 48(9): 4732-4738.

Law K L, Morét-Ferguson S, Maximenko N A, et al. 2010. Plastic accumulation in the North Atlantic subtropical gyre[J]. Science, 329: 1185-1188.

Marris E. 2014. Fate of ocean plastic remains a mystery[EB/OL]. Nature News. (2014.12.10) [2015.9.10]. doi: 10.1038/nature.2014.16508.

Oliveira M, Ribeiro A, Hylland K, et al. 2013. Single and combined effects of microplastics and pyrene on juveniles (0+ group) of the common goby *Pomatoschistus microps* (Teleostei, Gobiidae)[J]. Ecological Indicators, 34(11): 641-647.

Pauly J L, Stegmeier S J, Allaart H A, et al. 1998. Inhaled cellulosic and plastic fibers found in human lung tissue[J]. Cancer Epidemiology and Prevention Biomarkers, 7(5): 419-428.

Peng G, Zhu B, Yang D, et al. 2017. Microplastics in sediments of the Changjiang Estuary, China[J]. Environmental Pollution, 225: 283-290.

Perkins S. 2014. Plastic waste taints the ocean floors [EB/OL]. Nature News.(2014.12.17)[2015.9.10]. doi: 10.1038/nature.2014.16581.

Raynaud J. 2014. Valuing Plastic: The Business Case for Measuring, Managing and Disclosing Plastic Use in the Consumer Goods Industry[R]. United Nations Environment Programme.

Rist S, Almroth B C, Hartmann N B, et al. 2018. A critical perspective on early communications concerning human health aspects of microplastics[J]. Science of the Total Environment, 626: 720-726.

Rochman C M, Kurobe T, Flores I, et al. 2014. Early warning signs of endocrine disruption in adult fish from the ingestion of polyethylene with and without sorbed chemical pollutants from the marine environment[J]. Science of the Total Environment, 493: 656-661.

Setälä O, Fleming-Lehtinen V, Lehtiniemi M. 2014. Ingestion and transfer of microplastics in the planktonic food web[J]. Environmental Pollution, 185: 77-83.

Smith J. 2014. Plastic debris in the ocean. *In*: UNEP(United Nations Environment Programme). UNEP Year Book 2014: Emerging Issues in Our Global Environment: 48-53.

Su L, Xue Y, Li L, et al. 2016. Microplastics in taihu lake, China[J]. Environmental Pollution, 216: 711-719.

Tanaka K, Takada H, Yamashita R, et al. 2013. Accumulation of plastic-derived chemicals in tissues of seabirds ingesting marine plastics[J]. Marine Pollution Bulletin, 69(1-2): 219-222.

Tang G, Liu M, Zhou Q, et al. 2018. Microplastics and polycyclic aromatic hydrocarbons(PAHs) in Xiamen coastal areas: implications for anthropogenic impacts[J]. Science of the Total Environment, 634: 811-820.

van Cauwenberghe L, Vanreusel A, Mees J, et al. 2013. Microplastic pollution in deep-sea sediments[J]. Environmental Pollution, 182: 495-499.

von Moos N, Burkhardt-Holm P, Köhler A. 2012. Uptake and effects of microplastics on cells and tissue of the blue mussel *Mytilus edulis* L. after an experimental exposure[J]. Environmental Science & Technology, 46(20): 11327-11335.

Wang W, Yuan W, Chen Y, et al. 2018. Microplastics in surface waters of Dongting Lake and Hong Lake, China[J]. Science of the Total Environment, 633: 539-545.

Xiong X, Zhang K, Chen X, et al. 2018. Sources and distribution of microplastics in China’s largest inland lake—Qinghai Lake[J]. Environmental Pollution, 235: 899-906.

Zhang K, Su J, Xiong X, et al. 2016. Microplastic pollution of lakeshore sediments from remote lakes in Tibet plateau, China[J]. Environmental Pollution, 219: 450-455.

Zhang W, Zhang S, Wang J, et al. 2017. Microplastic pollution in the surface waters of the Bohai Sea, China[J]. Environmental Pollution, 231: 541-548.

Zhao S, Zhu L, Li D. 2015. Microplastic in three urban estuaries, China[J]. Environmental Pollution, 206: 597-604.

Zhao S, Zhu L, Wang T, et al. 2014. Suspended microplastics in the surface water of the Yangtze Estuary System, China: first observations on occurrence, distribution[J]. Marine Pollution Bulletin, 86(1-2): 562-568.

Zhou Q, Zhang H, Fu C, et al. 2018. The distribution and morphology of microplastics in coastal soils adjacent to the Bohai Sea and the Yellow Sea[J]. Geoderma, 322: 201-208.

Zhu L, Bai H, Chen B, et al. 2018. Microplastic pollution in North Yellow Sea, China: observations on occurrence, distribution and identification[J]. Science of the Total Environment, 636: 20-29.

第2章

海洋和海岸中微塑料的采集、分离与分析方法

早在 20 世纪 70 年代初，人类已经发现海洋中微塑料的存在（Carpenter *et al.*，1972）。直到 2005 年后，海洋微塑料污染问题才逐渐被人们所关注，相关研究文献急剧增加。微塑料，作为一种新型的环境污染物，与传统污染物不同，是一种成分复杂的有机高分子聚合物，并以颗粒态物质存在于环境介质中，具有聚合物类型多样、形态各异、粒径小（毫米、微米或纳米级）等特点。因此，为了科学地开展微塑料研究，需要找到合适的微塑料采集、分离和分析等方法。目前，有关微塑料研究的方法国际上已有所进展，但还相当不成熟；在中国，微塑料研究刚刚起步。在认清微塑料污染之前，首先需要研究与发展方法学。

野外采样和分析是认识自然环境的途径之一。微塑料的野外采样和分析是探明海洋中微塑料存在与否的第一步，也是研究和评估微塑料生态环境风险的桥梁。采样、分离和分析方法的设计与选择决定了获得的微塑料种类，因为方法可限制收集的微塑料的粒径范围和类型。因此，采样和处理方法对微塑料的获得与后续分析具有重要影响，首先需要根据研究需要确定采用方法的可行性和适用性。目前有关微塑料的野外采样主要包括水体、土壤、沉积物、生物体、大气等不同环境样品。

无论是海面、海底、潮滩采样还是生物体的采样，采样方法具有灵活性（Nuelle *et al.*，2014；Hidalgo-Ruz *et al.*，2012）。采样的设计和实施影响着研究结果的可靠性与代表性。样本体积、收集技术和海洋状态等是环境中微塑料采样过程中需重点考虑的因素（Kukulka *et al.*，2012）。目前，有关环境中微塑料的采样方法还没有统一的规范，所有相关的采样方法都存在一定的不足。例如，沉积物样品采集时的采样位置、采样深度、样方设计等；水体样品采集时所用采样工具、采集方式及网和筛的孔径大小等，都会造成微塑料丰度估算结果的差异（Song *et al.*，2014）。生物样品同样如此，取决于生物样品采集时的采集位置、生物种类、大小及采样季节等。另外，特定基质中微塑料的分布具有时空变异性。例如，颗粒会由于表面湍流在水体中重新分配（Kukulka *et al.*，2012），或因沉积物的沉积方式不同而在沙滩上被掩埋或暴露等（Turra *et al.*，2014），这给野外采样方式的选择带来了困难。

样本采集后对微塑料的分离过程是获得微塑料的重要途径。分离步骤及所用盐溶液的密度大小是微塑料分离过程中的重要因素。分离方法的选择决定着微塑料分离的完全度及其效率。例如，沉积物样品分离过程中使用的盐溶液的密度大小决定着获取的微塑料的类型（按密度）；海水、沉积物和生物样本的前处理方法（是否用消解剂，以及消解剂的选择、消解时间等）决定着微塑料分离时间的长短与分离效果等。此外，微塑料相对于样本基质颜色、形貌及尺寸的突出程度也是微塑料鉴定的重要影响因素。与近球形的自然沉积物相比，鲜亮的塑料纤维更容易鉴别，而与自然沉积物形状、大小类似的微塑料则很难被识别，进而可能影响分析结果（Woodall *et al.*，2014）。作者在实验室观察时也注意到，有些浮游生物的几丁质外壳与微塑料小球颗粒极其相似，容易干扰微塑料的鉴别与挑选。

环境微塑料样品的实验室分析是一个多步骤的过程。除了样本处理（样品均匀化或预浓缩）、微塑料提取、进一步纯化（“清洗”）微塑料提取物以去除非微塑料的介质，还包括颗粒的检测和量化、聚合物类型鉴定及表面微特征分析等过程。

海洋中微塑料的聚合物成分广泛，反映了在过去一个世纪材料科学的创新，因此带来了大量不同类型的聚合物、共聚物和共混物，并伴随各种填料和添加剂，形成具有不同物理 - 化学特性的各种新材料、新产品。这些塑料材料的创新和多样化给社会与科研工作者，特别是研究环境中微塑料定量分析工作的实验技术人员带来了极大的挑战。

随着微塑料在环境中存在的时间延长，微塑料表面形貌会产生变化，如裂痕、凹凸点、粗糙度增加等。因此，微塑料表面通常会吸附不同的环境物质，包括有机、无机污染物和生物体等。目前，有关微塑料表面形貌分析的常用方法包括：扫描电镜（表面形貌和附着物）、红外光谱分析（聚合物类型、表面基团特征）、显微拉曼光谱（表面形貌、成分鉴定）及裂解气相色谱 - 质谱（聚合物类型、添加剂等有机污染物分析），以及将微塑料样品表面附着污染物洗脱后进行有机、无机污染物的常规分析。然而，许多分析方法仍处于探索过程，微塑料采样和分析方法的发展是海洋垃圾科学研究与发展中一个重要而新兴的领域（Galgani *et al.*，2011）。

本章主要综述了近几年国内外有关微塑料研究的方法学探索、进展及现状，并结合我们实际的微塑料研究工作，对微塑料样品采集、获取与分析方法等方面提出了建议，为我国未来微塑料研究提供了参考依据。本章 2.1 ～ 2.4 节系统综述了不同环境介质（海水、潮滩 / 土壤、海洋沉积物、大气及海洋生物）中微塑料的采集和分离方法；2.5 节介绍了海洋微塑料生物膜样品的采集、测定和鉴定方法；2.6 节介绍了环境中微塑料样品的实验室计量、聚合物成分鉴定、表面形貌观察，以及表面附着污染物和生物等分析方法。

野外采样和实验室样品处理过程中应避免穿着聚酯类服装（如羊毛夹克、聚酯实验服等），以避免污染样品（更多来自衣物污染样品的信息详见 Woodall *et al.*，2015）。所有塑料设备（筛、洗瓶等）在使用之前必须仔细检查，以保证清洗干净。

2.1　海水中微塑料样品的采集与分离方法

根据研究需要，海水中微塑料样品采集可分为表层海水和不同深度海水的采集。由于多数微塑料的密度小于海水密度，因此微塑料主要存在于海水表层，但环境作用（物理、化学、生物作用）会使微塑料密度发生改变，出现悬浮和沉降现象；有些沉入底质的微塑料还会因海水扰动、洋流等作用发生再悬浮。采集的海水微塑料样品需要根据样本情况及后续分析目标进行微塑料的分离与收集。若收集的海水微塑料样本中含有大量有机质，则需要进行有机质消解过程，但消解过程会对微塑料的表面性质产生影响，不利于后续形貌和表面附着物的分析。因此，原则上应在没有太多复杂前处理的条件下获得微塑料样品。

2.1.1 表层海水中微塑料样品的采集方法

在海洋表面微塑料的调查过程中，采样方法是重要环节，因为不同的采样方法会造成研究结果上的差异（Song *et al.*，2014）。目前国际上应用较多的是拖网采集或直接采集海水水体。在采集海水样品时应注意水体采集的深度，使用拖网时应注意拖行速度、网口大小、形状、孔径、流速、环境因素（Zhao *et al.*，2014）等多种参数。

1. 采样工具及其规格

对于拖网的孔径大小选择，通常可根据水体采样要求来确定。由于水体中微塑料的浓度通常较低，因此无法按照常规化学分析所使用的标准水样量（如 1 ～ 100 L）；一般采用大体积（数个 /m^3）过滤的形式；有一些研究通过真空过滤大量水体以获得微塑料颗粒（Ng and Obbard，2006；Desforges *et al.*，2014）。也有各种水体表面拖网的应用（图 2.1），主要是根据拖网（如曼塔拖网、浮游生物网、环围网）进行改造设计所成，具有不同规格的网口、网孔和长度（表 2.1）。其中使用较多的是孔径为 333 μm 的拖网（Eriksen *et al.*，2013a；Goldstein *et al.*，2013；Reisser *et al.*，2013；Zhao *et al.*，2014）；也有部分研究使用 200 μm（Cózar *et al.*，2015）、202 μm（Goldstein *et al.*，2013）、300 μm（Sadri and Thompson，2014）、335 μm（Law *et al.*，2014）、350 μm（Isobe *et al.*，2015）或 500 μm（de Lucia *et al.*，2014）孔径的拖网采集水面上的漂浮塑料（微塑料）；此外，网的拖行速度基本在 2 ～ 3 kn，网口设计多为方形，且在船体一侧开展拖网工作，这样可以在一定程度上避免船体本身造成的海水扰动等影响。也有研究直接采用特殊的采样器采集样品，例如，Ng 和 Obbard（2006）采用一种旋转鼓采样器（rotating drum sampler）采集新加坡沿岸微表层（50 ～ 60 μm）海水样品进行微塑料调查研究。然而，采样方法的不统一往往会使得各研究结果之间难以比较。从我国有关微塑料研究的文献看，水面微塑料样品采集方式差异较大。Zhao 等（2014）

在东海沿岸采用孔径为 333 μm 的生物网，在长江、椒江、瓯江及闽江江口采用聚四氟乙烯泵直接抽滤水体（Zhao *et al.*，2015a），而 Zhang 等（2015）则采用孔径为 112 μm 的尼龙网对三峡水库水体表面微塑料样品进行拖行采集。Setälä 等（2016）通过使用曼塔拖网（Manta trawl）（孔径 333 μm）和潜水泵（孔径 300 μm 或 100 μm）两种方法对波罗的海水体表面微型垃圾进行采样调查，以比较两种采样方法所得结果的差异；发现用孔径为 100 μm 的潜水泵所得微型垃圾（包括微塑料、燃烧颗粒、非合成纤维）丰度高于拖网（孔径 333 μm）和 300 μm 的潜水泵采样所得的结果。使用曼塔拖网采样，虽然能覆盖较大的采样区域面积，但在采样过程中易受到潜在污染，且无法给出过滤海水体积的确切值，而使用潜水泵在方法上具有较强的可控性，可以根据需要设置不同的过滤孔径，并给出过滤海水体积的确切值。

A　　　　　　　　　　B

图 2.1　研究者使用曼塔拖网在华盛顿普吉特海湾的喜福水道（Thea Foss Waterway）收集水体表面样品（引自 Masura *et al.*，2015）

从网的孔径上来看，虽然孔径越小，所能捕获的微塑料的尺寸范围越广，但在拖行过程中会发生堵塞现象，从而影响水体过滤的体积及采样效率，且较细的网孔更易损坏，因此需要较大孔径的拖网进行海面微塑料样品的拖行和采集。

2. 采样过程中的影响因素

就拖网采样而言，拖行时间和距离一般可以根据水体环境而定。若水体相对较为干净，可适当延长拖行时间和距离；若水体中杂物或浮游植物较多，则应适当缩短拖行时间和距离，以免堵塞网口影响水体过滤或损坏网具，必要时可以更换干净网具。此外，网具拖行速度不宜太快，应保持在 2 ～ 4 kn，速度过快容

表 2.1　部分文献中水体表面塑料（微塑料）采样方法及其参数比较

研究区	网孔径	网口规格及其他	拖行速度和时间	参考文献
南太平洋地区	曼塔拖网 333 μm	（16×61）cm²；网体长 3 m；尾端收集袋（30×10）cm²	0.5 ～ 1.5 m/s；60 min	Eriksen *et al.*，2013a
东太平洋	Neuston 浮游生物网 335 μm	（1.0×0.5）m²	3.7 km/h；30 min	Law *et al.*，2014
北太平洋东部	曼塔拖网 333 μm；邦戈网 202 μm	曼塔拖网（0.86×0.2）m²；邦戈网直径 71 cm	0.7 ～ 1 m/s；15 min	Goldstein *et al.*，2013
英国泰马河口	曼塔拖网 300 μm	（0.50×0.15）m²	4 kn；30 min	Sadri and Thompson，2014
黑海东南海面	圆锥形网 200 μm	直径 57 cm；网体长 260 cm	约 2 kn；5 min	Aytan *et al.*，2016
比利时沿海	浮游生物网 1 mm	（2×1）m²	1 ～ 2 kn；拖行距离 1 km	van Cauwenberghe *et al.*，2013a
新加坡沿岸	旋转鼓采样器	—	—	Ng and Obbard，2006
地中海西部	曼塔拖网 500 μm	—	2 kn；20 min	de Lucia *et al.*，2014
地中海	浮游生物网 200 μm	（1.0×0.5）m²	2 ～ 3 kn；15 min	Cózar *et al.*，2015
日本沿海	浮游生物网 350 μm	（75×75）cm²；网体长 3 m	2 ～ 3 kn；20 min	Isobe *et al.*，2015
澳大利亚沿海	浮游生物网 335 μm；曼塔拖网 333 μm	（1.2×0.6）m²；（1×0.17）m²	2 ～ 4 kn；15 min	Reisser *et al.*，2013
北美五大湖	曼塔拖网 333 μm	—	—	Driedger，2015
蒙古库苏古尔湖	曼塔拖网 333 μm	（16×61）cm²；网体长 3 m；尾端收集袋（30×10）cm²	3.5 kn	Free *et al.*，2014
中国东海沿海	浮游生物网 333 μm	（40×30）cm²	1.75 ～ 2.45 kn；20 ～ 30 min	Zhao *et al.*，2014
长江口水体	特氟龙泵；过 32 μm 筛	—	—	Zhao *et al.*，2014
椒江、瓯江、闽江江口	聚四氟乙烯泵，过 333 μm 筛	—	—	Zhao *et al.*，2015a
长江三峡水库	尼龙网，112 μm	（100×50）cm²；网体长 1.5 m；尾端收集瓶 500 ml	5 km/h；拖行距离 400 m	Zhang *et al.*，2015

易使网具破损，影响采样和结果。在采样过程中，拖网位置是影响微塑料调查结果可靠性的重要因素之一，拖行过程中应尽量避免船体本身对其的干扰，如船体航行引起的海水扰动等。因此，为了最大化避免船体或人为的影响，应将网具置于船体一侧较远处（与船体平行）拖行。此外，一些环境因素也会给微塑料采集带来一定的影响。采样时需要在平静的海况下进行，不仅有利于采样的顺利进行，还保证了后期结果的可靠性。这是因为微塑料在海水中的分布受不同环境因素的影响。风向和风力影响海水表面微塑料的分布，洋流扰动影响海水中微塑料的再悬浮，季节变化影响海面上浮游生物和微塑料的空间分配等。

3. 现场预处理

样本采集后，通常转移至干净的玻璃瓶中保存，注意转移的彻底性。以拖网为例，拖行结束后，将网悬于半空，用海水由外向内冲洗网衣（注意勿将海水从网口冲入内部），使得网衣上残留的潜在微塑料被洗入尾部的收集器中，再将尾部收集器内容物转移至预先洗净的玻璃品中。有些研究者在现场收集采集的样品时，通常会将样品用福尔马林缓冲液浸泡（Zhao *et al.*，2014），达到消毒、防腐的效果；也有研究者为了使样品保持原有的状态，不添加任何试剂，直接在 4℃条件下冷藏保存。这需要根据研究目的的不同，在不影响后续研究分析的情况下做适当的预处理。

4. 纳米级塑料颗粒的挑战

改进海水采样方法和纳米级微塑料颗粒的定量技术正在进一步探索中。环境中的纳米塑料颗粒无法使用拖网等方式收集（需要纳米膜技术），检测纳米颗粒所需的环境样本量目前也尚未知，可能与采集＞ 333 μm 微塑料颗粒的方式类似。在纳米尺寸范围（10 ～ 100 nm）中的人造纳米颗粒可能会因为表面相互作用形成团聚体存在于环境中（Quik *et al.*，2012），并在整个水体中呈不均匀分布。人造纳米塑料粒子也可能与一些天然存在的颗粒（包括纳米颗粒）发生聚集，而 100 ～ 1000 nm 尺寸范围内的颗粒之间因颗粒尺寸增大导致聚集能力降低，从而不会出现聚集现象。因此，有关海水中人造纳米塑料颗粒的采样分析方法是一大挑战。

2.1.2　不同深度海水中微塑料样品的采集方法

目前，有关海水中微塑料的研究主要集中在表层海水。虽然多数微塑料漂浮于海水表层，但海洋环境和海洋生物的作用（如生物膜的形成）会使得微塑料密度发生改变，进而出现悬浮和沉降现象。有些沉入海底的微塑料还会因海水扰动、洋流等作用再悬浮。表层海水中微塑料的调查研究属于二维平面上的认识，而从不同深度海水中进行的调查研究则属于三维空间上的进一步认识。因此，调查研究海水中微塑料的垂直分布对了解海水中微塑料整体分布的全面性具有重要意义。

目前有关微塑料在实际海水中垂直分布的调查研究仍非常有限。拖网方式可以根据水体采集深度和拖网长度进行调整。在海面以下，倾斜拖网的方式可用于从海洋表面到特定深度的样品采集（Doyle *et al.*，2011），而使用多个开合网可以分不同深度采集（Kukulka *et al.*，2012）。此外，还可参考大块塑料碎片或其他采样对象的采样方法与设备。例如，Lattin 等（2004）采用不同的网具分别对南加利福尼亚沿岸表层、中层（5 m）、底层（距底部 20 cm）的海水采样，研究其沿岸不同深度水体中塑料与浮游生物之间的关系；表层使用矩形网口的曼塔拖网（网口 0.9 m×0.15 m，孔径 333 μm，网体长 3.5 m），尾部带有收集袋（30 cm×10 cm）；中层样品使用一对邦戈网（直径 61 cm，孔径 333 μm，网体长 3 m），尾部带有收集袋（30 cm×10 cm）；而底部水体样品采集使用的是带有浅水底雪橇的矩形开口网（31 cm^2，孔径 333 μm，网体长 1 m），尾部带有收集袋（30 cm×10 cm），同时需要保证底质未被搅动进入网中（通过潜水员视觉检验），所有网口装有流量计记录拖网过滤的海水体积。将采集的样品用 5% 甲醛溶液固定，再用淡水浸泡，最后转移至 70% 的异丙醇溶液中。Kukulka 等（2012）为了比较海水表面和不同深度水体中微塑料的存在情况，收集海水表面样品时采用孔径为 335 μm 的筛网（开口 0.5 m×1 m），而在收集表层以下海水样品时，采用温盐深仪（conductivity-temperature-depth probe，CTD probe）[电导率（conductivity）、温度（temperature）、深度（depth）] 确定海水深度（基于温度传感器），然后用表面拖网连同其下方设置的一系列分散于混合层不同深度（一般约为 5 m、10 m、20 m）的网进行拖网采集，这些位于海面下方的系列网是基于多网格的塔克拖网（Tucker trawl）改造而成的，这种装置可以通过信号操作关闭网口，只允许采集特定层样品，从而不受来自水面或其上下层拖行的干扰。通过配备温盐深仪和流量计分别测量拖网深度与采样体积。Lima 等（2014）在研究热带河口 [戈亚纳河口（Goiana Estuary）] 浮游生物中微塑料的分布模式时，采用浮游生物网（孔径 300 μm，网口直径 0.6 m，体长 2 m）分别在水体表层和底部进行拖网采集，并在网口附带流量计测量每份拖网过滤的水量，并用全球定位系统（global positioning system，GPS）定位采样位置，用回声探测器记录水体深度。

除拖网外，还有其他特殊的采样器用于样品采集（表 2.2）。例如，Ng 和

Obbard（2006）采用一种旋转鼓采样器采集新加坡沿岸微表层（50 ~ 60 μm）和次表层（1 m）海水样品进行微塑料调查研究。连续浮游生物记录器（Continuous Plankton Recorder，CPR）能够收集 10 m 深度处的浮游生物，常用的 CPR 膜的孔径为 285 μm，目前 CPR 样品已被用于微塑料研究（Thompson *et al.*，2004）。Desforges 等（2014）在调查东北太平洋海水次表层中微塑料分布时则采用船体海水吸入系统（seawater intake system）收集表层以下 4.5 m 深处的海水样品，并用流量计辅助记录每个采样站点泵入海水的体积，每个站点泵入 10 ~ 20 min。主要流程为：水体在进入吸入系统之前首先通过孔径为 5 mm 的滤膜，过滤移除大的碎片和有机质，然后依次进入 250 μm、125 μm 和 62.5 μm 3 种不同孔径的铜筛，最后将每个筛中的样品洗入 20 ml 玻璃瓶中，并用 5% ~ 10% 盐酸浸泡于 4℃条件下冷藏。有关采集样品的野外预处理与影响因素见 2.1.1 节。

表 2.2　各层海水中微塑料的采样方法和丰度

研究区域	采样深度 /m	采样方法	分选方法	塑料丰度 /（N/m^3）	参考文献
挪威（北极）	0.16	333 μm，曼塔拖网	过 200 μm 筛网，静置 24 h	0.34±0.31	Lusher *et al.*，2015
北极	6	采水泵，250 μm	洗脱筛网上的再悬浮物质，过滤于滤膜上	2.68±2.95	Lusher *et al.*，2015
北大西洋环流	0.5	150 μm，多层拖网	—	0.68	Reisser *et al.*，2015
大西洋东北部	3	采水泵，纱布（孔径 1 mm）预过滤，筛过滤（孔径 250 μm）	洗脱筛网上的物质，过滤于滤膜（孔径 1.2 μm）上	2.46±2.43	Lusher *et al.*，2014
罗斯海（南极）	5	采水泵	过 1 μm 滤膜	0.17±0.34	Cincinelli *et al.*，2017
罗卡尔，大西洋东北部	2227	CTD 采水器	过 80 μm 滤膜	70.8	Courtene-Jones *et al.*，2017

由于采样方法和工具的局限性，目前有关海洋不同深度水体中微塑料分布特征的系统性调查仍较缺乏，对微塑料在海水中垂直分布的整体认识非常有限。未来需要进一步加强对海洋中微塑料三维空间分布规律的研究和认识。这有赖于野外微塑料调查的方法学研究和创新，尤其是原位实时监测技术的开发，这是未来海洋微塑料研究的关键技术。

2.1.3　海水样品中微塑料样品的分离与收集方法

在计数、称重和鉴定聚合物类型之前，需要将微塑料颗粒与样品中的其他有机和无机颗粒材料分离。最初的分离可以使用不同密度的溶液（如氯化锌、碘化钠、聚钨酸钠）来实现密度的分离。共同提取出的有机质，会干扰微观及光谱鉴定，可使用过氧化氢和硫酸除去，但同时可能会破坏微塑料原始形貌和颜色，使用酶消化方法（Cole *et al.*，2014）或芬顿试剂（Tagg *et al.*，2017）不仅能有效去除样品中的有机体部分，还不会影响微塑料的原始状态。此外，随着粒径的减小，仅使用显微镜（图 2.2）观察的塑料颗粒和非塑料颗粒难以区分，后期需要利用光谱提供聚合物组成以鉴定塑料颗粒。有研究者通过机载遥感技术为海洋微塑料调查提供了原位监测的可能（Garaba and Dierssen，2018）。

NOAA 统一规定的方法能够用于表面拖网收集的水体样品中悬浮固体塑料碎片的分析（图 2.3）。塑料主要包括硬质塑料、软质塑料（如发泡类）、薄膜、线、纤维和碎片。方法中涉及表面采样网（孔径 0.335 mm）（如用于表面水体拖行采样的曼塔拖网）获得的固体样品的过滤，主要通过孔径为 5.6 mm 和（或）0.3 mm 的筛分离固体样品，过筛的物质干燥称重，再将固体样品用湿式过氧化氢氧化（wet hydrogen peroxide oxidation，WPO）（用二价铁离子作催化剂）消解不稳定有机质，塑料碎片保持不变。WPO 混合液加入 NaCl 溶液进行密度分离，通过浮选的方式分离塑料碎片，使用密度分离器将浮选的固体从密度更高的、未被消解的矿物成分中分离；使用定制的 0.3 mm 的滤膜将浮选的塑料碎片收集在密度分离器中，风干，移除塑料并称重，确定微塑料的恒重。

图 2.4 显示的是水体微塑料分析概述：该方法可应用于大部分常见塑料的测定，包括聚乙烯（0.91 ～ 0.97 g/ml）、聚丙烯（0.94 g/ml）、聚氯乙烯（1.4 g/ml）和

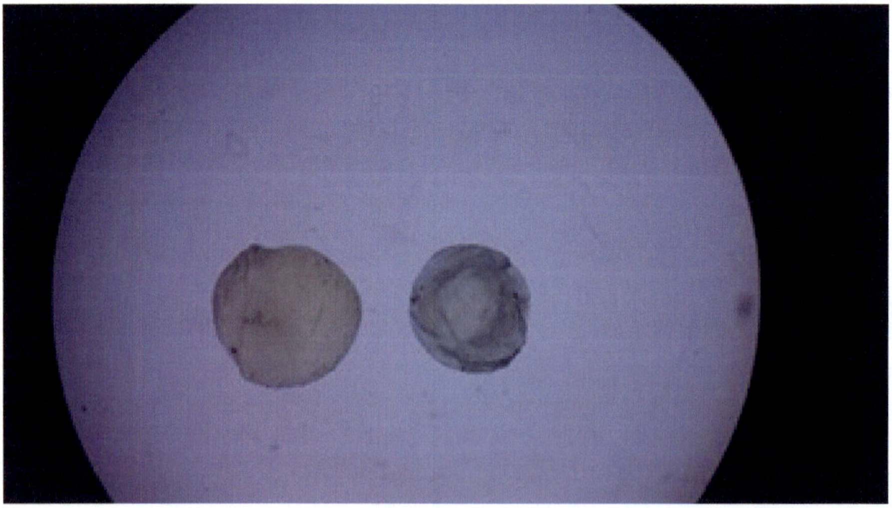

图 2.2　树脂颗粒（左）和鱿鱼眼（右）（直径均约为 1 mm）的显微图像
（引自 Anderson *et al.*，2015）

A　　B

图 2.3　普吉特海湾的水体样品（A）和不同区域野外样品（均来自表面水体）（B）的比较（引自 Masura *et al.*，2015）

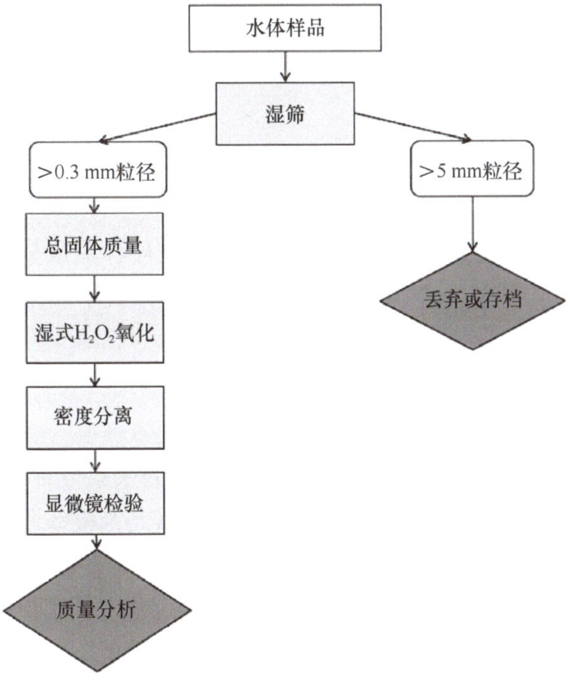

图 2.4　水体样品中微塑料分离与收集流程图（引自 Masura *et al.*，2015）

聚苯乙烯（1.05 g/ml）等。NOAA 方法所得到的微塑料粒径范围在 0.3 ～ 5 mm。微塑料的密度分离所用溶液主要是 5 mol/L NaCl（ρ=1.15 g/ml）或约 5.4 mol/L 的偏钨酸锂（ρ=1.62 g/ml）溶液，并在 40× 的显微镜下视觉分选。

需要注意的是，在显微镜下鉴别微塑料时，有一些环境天然物质可能会被误认为是塑料。在挑选过程中，天然材料可能看起来像塑料，包括杂草碎屑、松针、硅藻壳和盐晶体。为了排除这些颗粒，可用镊子戳刺颗粒，如果该颗粒粉化或裂开，则不是塑料，如果该颗粒仍然保持其形状，则可能是塑料。另一个方法就是将其作为疑似塑料的物质，待后鉴别。

2.2 海洋沉积物和潮滩土壤中微塑料样品的采集与分离方法

微塑料不仅仅存在于海水中，在潮滩中同样随处可见。此外，海洋底质已被研究者认为是微塑料最终的汇。因此，研究潮滩或底质中微塑料的存在状况同等重要。从已有研究文献来看，有关潮滩、底质等固体介质中微塑料的调查是微塑料研究热点之一，然而采样方法各异，尤其对潮滩样品的采集。此外，与水体相比，潮滩、底质等固体介质中微塑料获取程序则更为烦琐，因为固体样本中存在的物质（包括种类、数量、大小、密度）更为复杂，并且其中微塑料存在的变异性较大。因此，如何从中最大化挑选出微塑料目标物是一项不容易的工作。

2.2.1 潮滩土壤中微塑料样品的采集方法

潮滩或水下沉积物可根据研究的需要分为表层样品或分层采集的剖面样品（Frias *et al.*，2016）。但一个区域的采样位置、样方大小和采集深度均有一定的差异（表 2.3）。

1. 采样位置

在采样位置方面，不同研究者在潮滩中具体的采集位置有差异。由于潮汐、海浪的影响，大多数微塑料分布于潮线附近，尤其是高潮线附近。因此，多数研究者将采样位置确定在潮线或高潮线附近（de Carvalho and Neto，2016）。若仅仅为收集潮滩环境中的微塑料做后续分析与研究而非定量统计时，在微塑料聚集的高潮线上采集较合适。但这种采样方法在研究潮滩微塑料数量及分布时，会造成采样不均匀等问题，导致最终调查结果具有偏差。因而，在调查潮滩中微塑料分布及存在状况时，应注意采样的均匀性和代表性，即需要考虑不同潮带位置，并结合潮滩整体区域均匀布点。

2. 样方大小

样方在一定程度上可反映潮滩表面微塑料的二维分布，样方大小对微塑料

表 2.3　潮滩沉积物中塑料（微塑料）采样方法及其参数比较

研究区	采集位置	样方设计	采集深度	参考文献
墨西哥湾北部河口	海岸线上的海草线	0.25 m×0.25 m	3 ～ 6 cm	Wessel *et al.*，2016
加勒比阿鲁巴岛海滩	高潮线	50 cm×50 cm	表层 8 cm	de Scisciolo *et al.*，2016
智利海滩	—	50 cm×50 cm	表层 2 cm	Hidalgo-Ruz and Thiel，2013
德国东弗里西亚群岛的施皮克奥格（Spiekeroog）岛和卡切罗特普拉特（Kachelotplate）岛	—	500 g	表层 1 cm	Liebezeit and Dubaish，2012
德国东弗里西亚群岛的诺德奈（Norderney）岛	漂积线	0.5 m×0.5 m	表层 3 cm	Dekiff *et al.*，2014
意大利博尔塞纳（Bolsena）湖和丘西（Chiusi）湖岸线沙滩	—	0.25 m^2	表层 3 cm	Fischer *et al.*，2016
巴西海滩	海滨线（1 m 宽）	988 cm^2	表层 2 cm	Costa *et al.*，2010
巴西瓜纳巴拉（Guanabara）海湾海滩	高潮线	1.0 m×1.0 m	表层 5 cm	de Carvalho and Neto，2016
巴西圣保罗州桑托斯（Santos）湾	后滨上半部分	1 m×1 m	0 ～ 1 m（每 10 cm）	Fisner *et al.*，2013
葡萄牙沿海卡斯凯什（Cresmina）和朗特海滩	潮线	50 cm×50 cm	表层 2 cm	Frias *et al.*，2010
马来西亚的古晋（Kuching）和沙捞越（Sarawak）海滩	海滨线	20 cm×20 cm	表层 2 cm	Noik and Tuah，2015
新加坡沿海红树林湿地	—	1.5 m×1.5 m	表层 3 ～ 4 cm	Nor and Obbard，2014
新加坡沿海沙滩	距潮线 0.5 m	—	表层 1 cm；10 ～ 11 cm	Ng and Obbard，2006
韩国海滩	高潮线和后滩	50 cm×50 cm	表层 2 cm	Lee *et al.*，2015
韩国兴南（Heungnam）海滩	整个海滩断面	0.25 m	表层 5 cm	Heo *et al.*，2013
韩国洛东江河口和巨济岛海滩	海滨线	0.5 m×0.5 m	表层 5 cm	Lee *et al.*，2013
中国南部沿海海滩	高潮线以下	—	表层 1 cm	Qiu *et al.*，2015
中国南部沿海旅游海滩	高潮线	50 cm×50 cm	表层 5 cm	Zhao *et al.*，2015b
中国香港沿海海滩	高潮线和潮上带	50 cm×50 cm	表层 0 ～ 2.5 cm	Zurcher，2009
香港沿岸 25 个海滩	高潮线	50 cm×50 cm	表层 4 cm	Fok and Cheung，2015
青藏高原湖泊	湖岸线	20 cm×20 cm	表层 2 cm	Zhang *et al.*，2016
中国河北曹妃甸滨海潮滩	—	1 m×1 m	表层 2 cm	周倩等，2016
渤海辽东湾海滩	高低潮线之间（平行于岸线长 50 m 断面）	直径 25 cm、高 2 cm 金属环	表层 2 cm；表层以下 20 cm	Yu *et al.*，2016

丰度的表达与潮滩微塑料分布状况起到关键性作用。目前，潮滩微塑料采样样方大小不等，多为 50 cm×50 cm，少数有 20 cm×20 cm、1 m×1 m 等规格。Yu 等（2016）采用直径 25 cm、高 2 cm 的圆形金属环按压进沙滩表层，取出该部分所有的沉积物样品（直径 25 cm 的圆形区域，厚度 2 cm，与金属环规格一致），用铝箔包好（质量为 600 ～ 800 g）。也有研究未说明采样规格或以采集的质量为依据（Liebezeit and Dubaish，2012）。

3. 采集深度

对于潮滩样品采集深度，从目前的研究来看，多集中于潮滩表面。但采集的表面深度各异，采集深度范围多在表层 1 ～ 8 cm，其中主要集中在表层 2 cm 或 5 cm。而有关微塑料在潮滩沉积物剖面中的分布研究极少。Fisner 等（2013）研究了巴西圣保罗州桑托斯湾海滩高潮线 0 ～ 1 m 深度的剖面中，树脂颗粒所携带的多环芳烃（polycyclic aromatic hydrocarbon，PAH）浓度的变化，以 10 cm 为梯度采集样品。Ng 和 Obbard（2006）调查了新加坡沿海海滩表面 1 cm 和 10 ～ 11 cm 深剖面中的微塑料含量，采样量为 1 ～ 3 kg。Yu 等（2016）调查渤海辽东湾附近海滩微塑料时则采集了海滩表层 2 cm 和表层以下 20 cm 的样品，并比较二者的微塑料丰度差异。可见，微塑料在沉积物剖面中的系统性调查研究工作仍较缺乏。潮滩中微塑料除在表层分布外，还会因沉积、掩埋等因素在不同深度的剖面中分布。因此，未来潮滩微塑料调查除表层外，还应关注潮滩不同深度的剖面中微塑料的存在状况。

4. 现场筛选

为了避免后续烦琐的实验室分离过程或避免前处理对后续化学分析的干扰，可使用手持式筛直接在现场筛选微塑料（图 2.5）。该种方法适用于颗粒较细的沙滩，干燥的沙样可直接干筛，若沙样湿度较大，则可以将筛的下部浸入海水进行现场湿筛。根据研究需要，还可以设置不同孔径的组合筛，以分离不同粒径的微塑料颗粒（注意筛的孔径越小可能保留在筛中的沙粒越多）。这种方法一般用于沙滩上较大粒径（1 ～ 5 mm）的树脂颗粒的收集。该种方法尤其适用于微塑料表面附着物状态或表面化学污染物的分析研究。

5. 采样时间

潮滩采样受潮汐影响较大。不同时间段海水受引潮力的影响，潮位变化较大。潮位过高时不能完全将潮滩裸露，这样将影响潮滩采集样本的代表性，尤其影响在潮线进行调查采样的研究样本。因此，最适宜的采样时间是低潮期。

图 2.5　用干筛收集海滩表层颗粒状树脂微塑料（中国海南）

2.2.2　海洋沉积物中微塑料样品的采集方法

1. 采样工具

海底沉积物采集与海水和潮滩样品采集相比，需要借助更大的人力和物力。通常会采用柱状采样器或抓斗采样器采集海底沉积物。对于底质表层采样而言，多用抓斗抓取底质表面（表层 1 ～ 5 cm）一定量的沉积物。例如，van Cauwenberghe 等（2013b）采用多岩心取样器（multicorer sampler）和水下机器人（remotely operated vehicle，ROV）Victor 6000 采集了深海沉积物（深度为 1100 ～ 5000 m）样品。若需要采集具一定深度的沉积物样品，则可用柱状采样器。一般采集底质区域大小取决于所用采样器的规格。除此之外，在条件许可的情况下，也可以通过潜水员或潜水艇潜入水底进行人工采集海底沉积物（图 2.6）。

2. 采集深度

底质微塑料调查研究多在底质表层（表 2.4），通常为距表层 0 ～ 5 cm 范围内。在沿海潮下带或浅水水域，采集深度往往在距表层 2 cm 或以上，且可考虑

图 2.6　渤海微塑料调查沉积物采样野外照片

表 2.4　海洋底部沉积物中塑料（微塑料）采样方法及其参数比较

研究区	采集位置	样方设计	采集深度	参考文献
大西洋和地中海	深海海域	25 cm^2	表层 1 cm	van Cauwenberghe *et al.*，2013b
意大利威尼斯潟湖	浅水水域	—	表层 5 cm	Vianello *et al.*，2013
葡萄牙南部海岸	沿海潮下带	147.26 ～ 1043.11 cm^3	7.1 ～ 27.4 m	Frias *et al.*，2016
地中海西部马略卡岛和卡布雷拉岛	沿海浅水域	—	表层 3.5 cm	Alomar *et al.*，2016
中国太湖	湖下沉积物	2 kg	—	Su *et al.*，2016
地中海、大西洋东北部、近极的北大西洋	—	—	表层 1 cm	Woodall *et al.*，2014
大西洋东北部、印度洋西南部	—	直径 5.7 cm、7.4 cm 或 10 cm	表层 2 cm 或 5 cm	Woodall *et al.*，2014

柱形采样；而在大洋深海海域，采集深度≤ 1 cm。采集深度不仅与研究目的有关，还与不同深浅海域采样操作的难易性有关。

2.2.3　海洋沉积物和潮滩土壤中微塑料样品的分离与收集方法

1. 文献中关于潮滩和海洋沉积物中微塑料的分离与收集方法

潮滩样品中微塑料的分离与水体样品中微塑料的分离明显不同，由于沉积物等固体介质的存在，分离程序和步骤更为复杂。目前，应用较广泛的是基于密度的分离方法（表 2.5），例如，采用饱和氯化钠溶液、多钨酸钠溶液或海水等对沉积物样品进行浸泡分离。但传统的浸泡分离方法存在步骤烦琐和分离效率低等问题。因此，有不少研究者通过搭建简易装置对固体样品中的微塑料进行快速分离，实现了固体样品微塑料分离过程的创新。例如，Nuelle 等（2014）在实验室搭建了一种简易浮选分离装置，回收率可达 90%。虽然与传统方法相比，在一定程度上提高了分离效率，但仍存在步骤烦琐、人工干预多、耗时耗力等问题。Claessens 等（2013）则设计了一种淘洗管装置，该装置由筛、柱体、曝气石和底部供水系统组成，装置设计简易，主要通过气体和液体产生上升流使微塑料上浮，达到从基质中分离的目的。Zhu（2015）针对该装置的柱长和直径、筛孔大小、流速、分离时间等相关参数进行了优化，在一定程度上提高了微塑料的回收率。最近，Felsing 等（2018）通过静电作用（静电分离器）将微塑料从沙样等不同基质中分离，且回收率高达 99% 或近 100%。因此，找到或建立一种高效便捷且具有稳定、高回收率的方法或装置成为研究的关键环节。

实际的环境样品中物质组成较为复杂。对于一些有机质含量较高或有海藻等附着的沉积物样品，在分离之前还要使用双氧水、酶消化等方法对样品预处理，以消除微塑料表面有机物质对微塑料挑选或鉴定的干扰（Nuelle *et al.*，2014；Cole *et al.*，2014）。此外，还有研究者采用亲脂性染料（如尼罗红等），通过染色进行辅助识别（Andrady，2011）。而目前傅里叶变换显微红外光谱（micro-Fourier transform infrared spectrum，μ-FT-IR）的应用，可在一定程度上实现固体介质中微塑料的原位检测（Harrison *et al.*，2012）。

2. NOAA 关于潮滩和海洋沉积物中微塑料分离与收集方法的统一规定

（1）海滩沉积物样品

图 2.7 显示的是 NOAA 关于海滩沉积物样品中微塑料分析的概述。该方法可应用于许多常见塑料的测定，包括聚乙烯（0.91 ～ 0.97 g/ml）、聚丙烯（0.94 g/ml）、聚氯乙烯（1.4 g/ml）和聚苯乙烯（1.05 g/ml）。

通过该方法分析的塑料碎片被认为是粒径范围在 0.3 ～ 5 mm 的微塑料。通过湿式过氧化氢氧化，并用 5 mol/L NaCl（d=1.15 g/ml）或约 5.4 mol/L 的偏钨酸锂（d=1.62 g/ml）溶液浮选，最后在 40× 的显微镜下视觉分选。

（2）海底沉积物样品

图 2.8 所示方法可用于柱状采样器或抓斗采样器收集的海底沉积物中塑料碎片的分析。塑料包括硬质塑料、软质塑料（如发泡类）、薄膜、线、纤维和碎片。

表 2.5　关于沉积物样品微塑料的分离提取方法

采样区	采样后处理	实验样品量	前处理	浮选液	分离方法	塑料尺寸	参考文献
马来西亚的古晋（Kuching）和沙捞越（Sarawak）海滩	—	—	干燥并过 1 mm 不锈钢筛	NaCl 溶液（ρ=1.2 g/cm^3）	流化密度分离装置	—	Noik and Tuah，2015
德国东弗里西亚群岛的诺德奈岛	室温保存	2 kg（湿）	60℃干燥，取 1 kg 过筛（1 mm），＞ 1 mm 部分直接挑选，＜ 1 mm 部分进行浮选	NaCl 溶液（ρ=1.2 g/cm^3）；NaI 溶液（ρ=1.8 g/cm^3）	空气介导溢流装置（Nuelle *et al.*，2014）	＞ 25 μm	Dekiff *et al.*，2014
德国巴伐利亚玉木河（Würm）沉积物	—	—	—	$ZnCl_2$ 溶液（ρ=1.6 ～ 1.7 kg/L）	慕尼黑塑料泥沙分离器	—	Imhof *et al.*，2012
南非东南部海岸线	—	—	—	饱和盐溶液（类型及密度未知）	快速搅拌	—	Nel and Froneman，2015
比利时沿海海滩	—	—	—	水；NaI 溶液（ρ=1.6 g/cm^3）	淘洗管装置（Claessens *et al.*，2013）	—	van Cauwenberghe *et al.*，2013a
韩国沿海沙滩	否	—	—	—	孔径 5 mm 和 1 mm 的连续筛原位过筛（若是湿土则实验室风干后过筛）	＞ 1 mm	Lee *et al.*，2013
韩国兴南海滩	否	—	—	—	孔径 2 mm 的筛	＞ 2 mm	Heo *et al.*，2013
意大利威尼斯泻湖底质	否	250 g（湿）	—	NaCl 溶液（ρ=1.2 g/cm^3）	搅拌后静置	—	Vianello *et al.*，2013
大西洋和地中海深海底质	—	—	湿筛（孔径 1 mm 和 35 μm）	NaI 溶液（ρ=1.6 g/cm^3）	淘洗管装置（Claessens *et al.*，2013）	35 ～ 1000 μm	van Cauwenberghe *et al.*，2013b
意大利博塞纳湖和丘西湖岸线沙滩	—	—	过 5 mm 筛，40℃干燥，分级湿筛（1.0 ～ 5.0 mm，0.5 ～ 1.0 mm，0.3 ～ 0.5 mm 和 ＜ 0.3 mm）	NaCl 溶液（ρ=1.2 g/cm^3）	搅拌后静置，过滤上浮液，HCl 消解有机质（室温 48 h，70℃ 1 h），尼罗红染色	＜ 5 mm	Fischer *et al.*，2016
巴西瓜纳巴拉海湾海滩	—	—	—	NaCl 溶液	搅拌 3 ～ 4 min，过滤上浮液，60℃干燥	—	de Carvalho and Neto，2016
德国东弗里西亚群岛的施皮克岛（Spiekeroog）Spiekeroog 岛和卡切罗特普拉特岛（Kachelotplate）Kachelotplate 岛	—	—	70℃干燥，30% H_2O_2 浸泡过夜	$ZnCl_2$ 溶液（ρ=1.5 g/cm^3）	过滤上浮液于硝酸纤维素滤膜（1.2 μm）	1.2 ～ 5000 μm	Liebezeit and Dubaish，2012

续表

采样区	采样后处理	实验样品量	前处理	浮选液	分离方法	塑料尺寸	参考文献
葡萄牙南部海岸潮下带底质	保存至96%的乙醇中	1 g（一式三份）	60℃干燥 48 h，测含水量	NaCl 溶液（ρ=1.4 g/cm^3）	搅拌 5 min，静置，过滤上浮液于滤膜（约 1 μm）	1～5000 μm	Frias *et al.*，2016
新加坡沿海红树林湿地	60℃干燥 24 h，轻轻研磨，4℃保存	250 g（干）	—	盐溶液（ρ=1.18 g/L），加入 Tween-80 分散剂	200r/min 振荡 2 min，过 0.1 cm 孔径筛，滤出混合液静置 6 h，取上浮液过滤于玻璃纤维素滤膜（1.6 μm），重复 1 次，保存于玻璃皿中密封，置于干燥器中	＞1.6 μm	Nor and Obbard，2014
地中海西部马略卡岛和卡布雷拉岛沿海浅水域底质	～16℃保存，实验室 50℃干燥 48 h	142.37～879.18 g	分筛（孔径 2 mm、1 mm、0.5 mm、0.25 mm、0.125 mm 和 0.063 mm）	—	密度分离	0.063～5 mm	Alomar *et al.*，2016
比利时海滩	否	1 kg（湿）	—	盐溶液	搅拌 2 min，静置 1 h，上浮液过筛（38 μm），重复操作 1 次	38～5000 μm	Claessens *et al.*，2011
巴西海滩	—	—	100℃干燥，过不锈钢筛（1 mm 和 0.5 mm）	—	—	＜1 mm	Costa *et al.*，2010
葡萄牙沿海卡斯凯什（Cresmina）和特朗哈（Fonte da Telha）海滩	—	—	过不锈钢筛（2 mm）	NaCl 溶液（ρ=1.4 g/L）	—	—	Frias *et al.*，2010
新加坡沿海沙滩	—	250 g（干）	—	NaCl 溶液（ρ=1.2 kg/L）	200 r/min 振荡 1 min，静置 6 h，取上浮液过滤于玻璃纤维滤纸（1.6 μm），保存于玻璃皿中密封，置于干燥器中 12 h	＞1.6 μm	Ng and Obbard，2006
英国普利茅斯海滩、河口及潮下带沉积物	—	250 g	—	NaCl 溶液（ρ=1.2 kg/L）	搅拌 30 s，2 min 后将上浮过滤于玻璃纤维滤纸（1.6 μm），20℃干燥，密封于玻璃皿中	＞1.6 μm	Thompson *et al.*，2004
韩国洛东江河口沙洲和巨济岛海滩	现场连续筛分（孔径 5 mm 和 1 mm），湿沙样实验室风干后筛分	—	—	—	—	1～5 mm	Lee *et al.*，2013

续表

采样区	采样后处理	实验样品量	前处理	浮选液	分离方法	塑料尺寸	参考文献
地中海、大西洋东北部、近极的北大西洋、印度洋西南部深海底质	—	—	—	—	三步连续提取法；改进的 Ludox-TM 40 提取方法	—	Woodall *et al.*，2014
中国南部沿岸和北部湾的东北海岸	—	200 g	50℃干燥至恒重	200 ml NaCl 溶液（300 g/L）加入 50 g 干燥沉积物	振荡 2 min，静置 1 h，取上浮液过滤，50℃干燥 24 h	—	Qiu *et al.*，2015
中国南部沿海旅游海滩	—	—	—	多钨酸钠溶液（ρ=1.4 g/mL）	挑选浮液表面塑料，超声清洗，40℃干燥	≤ 5 mm；5 ～ 20 mm；20 ～ 100 mm；> 100 mm	Zhao *et al.*，2015b
中国香港沿海海滩	—	—	—	自来水	用金属镊子从水面上夹取漂浮塑料，干燥	—	Zurcher，2009
香港沿岸 25 个海滩	加入海水并轻轻搅拌 1 分钟，将上清液通过 0.315 mm 的不锈钢丝网过滤。重复该过程直至在上清液中未发现塑料	—	—	自来水	超声 5 分钟，通过 0.315 mm 筛子湿筛，40℃干燥	—	Fok and Cheung，2015
中国青藏高原湖泊	—	—	在带盖的白色解剖托盘中风干并过 1 mm 筛	甲酸钾溶液（1.5 g/cm^3）	密度分离，静置过夜，抽滤上清液，滤膜于 60℃下干燥 30 分钟至 1 小时	—	Zhang *et al.*，2016
中国河北曹妃甸滨海潮滩	—	—	室温风干	饱和氯化钠溶液，饱和碘化钠溶液（1.8 g/cm^3）	在 Nuelle 等人的简易浮选装置基础上，改进设计了一套新的连续流动 - 气浮分离装置	<5mm	周倩等，2016
渤海辽东湾海滩	50℃干燥至少 48 h	50 g	—	饱和盐溶液 NaCl（ρ=1.27 g/ml）	玻璃杯搅拌 2 min，静置 2 h，沙底物以上的水溶液转移至 500 ml 烧杯再静置 1 h，过滤（孔径 1.0 μm 玻璃纤维素滤膜），密封于培养皿中风干 24 h	—	Yu *et al.*，2016

注：“否”明确未处理；“—”文献未交代

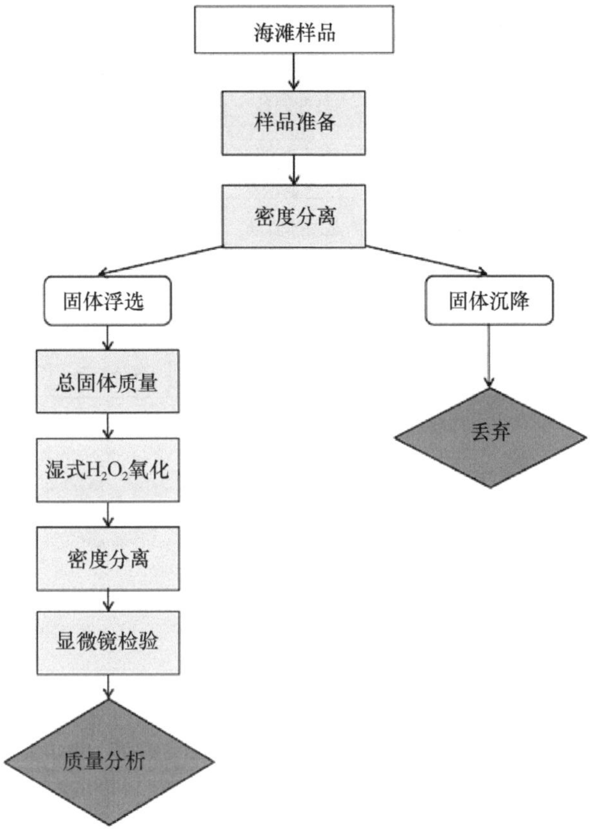

图 2.7　海滩样品中微塑料分析流程图（引自 Masura *et al.*，2015）

该方法介绍了海底沉积物中微塑料的分离步骤：分散干燥沉积物，分散后的沉积物使用组合筛（5 mm 和 0.3 mm）过筛，收集孔径 0.3 mm 筛中的样品，再用湿式过氧化氢氧化（WPO）（用二价铁离子作催化剂）消解不稳定有机质（塑料碎片保持不变），一定时间后再将 WPO 混合液加入 NaCl 溶液进行密度分离。通过浮选的方式分离出塑料碎片，使用密度分离器（详见 Masura *et al.*，2015）将浮选的固体从密度更高的、未被消解的矿物成分中分离。使用定制的 0.3 mm 滤膜将浮选的塑料碎片收集在密度分离器中，风干滤膜，置于显微镜下挑出塑料并称重，确定微塑料的含量。图 2.8 为海底沉积物中微塑料分析概述的流程图。该方法可应用于多种常见塑料的测定，包括聚乙烯（0.91 ～ 0.97 g/ml）、聚丙烯（0.94 g/ml）、聚氯乙烯（1.4 g/ml）和聚苯乙烯（1.05 g/ml）。

通过该方法分析的塑料碎片粒径范围在 0.3 ～ 5 mm，可选择 5 mol/L NaCl（*d*=1.15 g/ml）或约 5.4 mol/L 的偏钨酸锂（*d*=1.62 g/ml）盐溶液进行浮选，并在 40× 的显微镜下视觉分选。

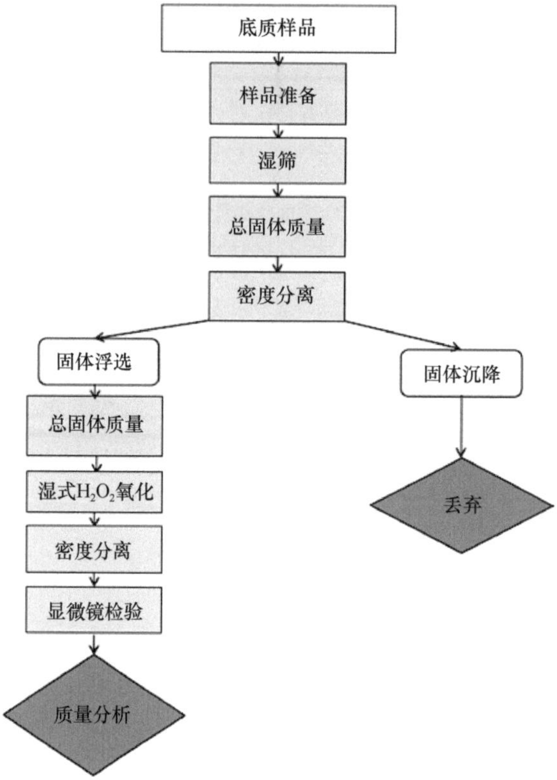

图 2.8　海底样品中微塑料分析流程图（引自 Masura *et al.*，2015）

3. 在浮选分离方法上的改进

在潮滩沉积物中微塑料的分离浮选方面，在 Nuelle 等（2014）的简易浮选装置基础上，我们设计改进了一套新的连续流动 - 气浮分离装置。该装置由液体存储、气浮溢流、筛分回收三部分组成，各部分通过蠕动泵和导管连接，以实现大体积量固体样品的连续流动 - 浮选一体化。同时，开展了模拟回收实验和基于优化方法的渤海（曹妃甸）潮滩土壤微塑料类型、丰度与粒径分布特征研究，并验证了该装置浮选分离潮滩样本中微塑料的可靠性与适用性（图 2.9）。

该装置采用三段式对沉积物中的微塑料进行连续半自动分离浮选。首先，将浮选液（饱和盐溶液）泵入样品杯容积的 3/4，泵入后再向样品杯通入恒定的气流使气体均匀扩散，气体扩散后加入样品，然后将剩余浮选液以恒定的流量持续泵入样品杯 7 的悬浮液中，使低密度物质随着悬浮液溢流到溢流收集杯 6 中。其次，采用磁力搅拌方式对溢流收集杯进行搅拌，使其中的混合液泵入振动筛中进行湿法筛分，直至悬浮液充分溢流并湿法筛分至振动筛。最后，将溢流收集杯内混合液完全转移，更换浮选液为清洗液（去离子水），用清洗液冲洗溢流收集杯，

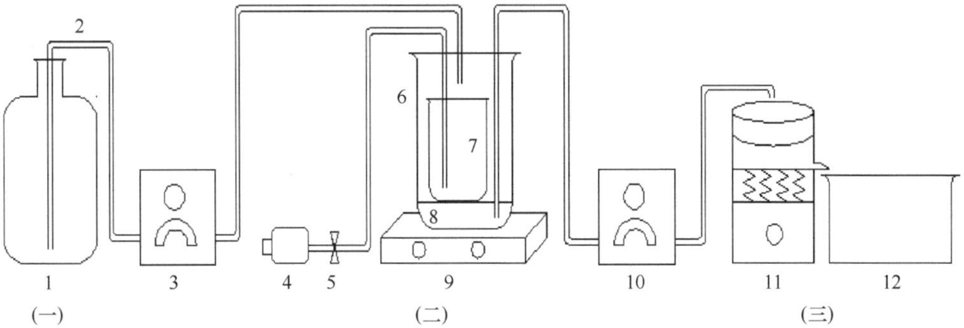

图 2.9　微塑料连续流动分离浮选装置示意图

1 为浮选液 / 清洗液存储桶；2 为玻璃管；3 为蠕动泵 A；4 为空气泵；5 为气体流量计；6 为溢流收集杯（10 L）；7 为样品杯（2 L）；8 为溢流收集杯内的固定支架；9 为磁力搅拌器；10 为蠕动泵 B；11 为振动筛；12 为回收槽。浮选液存储部分（一）主要包括 1；溢流部分（二）主要包括 4 ～ 9；筛分回收部分（三）主要包括 11、12

同时将清洗液泵入振动筛中，洗去盐基，收集振动筛中的残留物，实现样品中微塑料的连续流动分离浮选。上述过程均可通过浮选液和溢流液的连续流动完成，中间过程无须人为干预，只需在振动筛中收集筛分好的样品。

通过实验室模拟回收实验，得到微塑料的回收率高达 97%，该回收率明显高于经典的密度分离法中 39.8% 的回收率（Imhof *et al.*，2012），也高于 Zhu（2015）采用淘洗管装置分离得到的回收率（最高为 50.2%）。可见，该装置及分离程序不仅操作简单、人工干预少，而且分离效率高，适用于土壤和沉积物中微塑料的分离。通过选用河北曹妃甸潮滩土壤样本进行验证，采用该装置进行分离浮选，得到了不同类型、不同丰度及不同粒径大小的微塑料。据上，可以认为改进的连续流动 - 气浮分离装置及方法对土壤或沉积物中微塑料的分离是高效、便捷、适用的。

2.3　海岸大气中微塑料样品的采集与分离方法

近 10 年来，微塑料污染逐渐成为全球关注的环境问题。但对于大气环境中微塑料的研究一直被忽视。大气环境中存在有机碳、浮尘、化石燃料飞灰、碳酸钙、海盐及动植物碎屑等，并且它们能够远距离运输（尹洧，2012）。Dris 等（2016）观察到法国巴黎大气中存在合成纤维、混合纤维、天然聚合物（人造丝、醋酸纤维素等）和天然纤维（棉花、羊毛）等纤维，认为室内空气微塑料（纤维）污染可能是大气环境中微塑料的重要来源（Dris *et al.*，2017）。我们推测，大气环境中可能存在更多的微塑料类型，它们会沉降在陆地，也能通过大气输送沉降到海洋，大气沉降可能是陆海环境微塑料输送的重要途径。

2.3.1 海岸大气中微塑料样品的采集方法

目前，有关大气中微塑料的研究非常有限，研究多为内陆城市区域。从仅有的几篇研究文献分析，大气环境中微塑料样品的采集方法主要有主动采样和被动采样。主动采样多指示大气中的微塑料含量，被动采样则反映大气环境中微塑料的沉降量。如表 2.6 所示，目前多采用被动采样的方式，采样装置各异，主要用玻璃瓶直接或间接收集干、湿沉降样品，也可用滤膜收集或直接扫尘收集；主动采样则采用抽气泵收集滤膜的形式。

表 2.6　大气环境中微塑料样品收集方法

研究地区	研究场所	采样方式	采集装置	参考文献
法国巴黎	巴黎第十二大学（现巴黎东大学）附近	被动采样	漏斗、玻璃瓶	Dris *et al.*，2015
法国巴黎	城区 / 郊区	被动采样	漏斗、玻璃瓶	Dris *et al.*，2016
法国巴黎	起居室 / 办公室内外	主动采样；被动采样	泵、滤膜；滤膜、真空吸尘袋	Dris *et al.*，2017
伊朗德黑兰	街道灰尘	—	植物刷子、金属盘	Dehghani *et al.*，2017
中国东莞	东城区、莞城区、南城区	被动采样	玻璃瓶	Cai *et al.*，2017
中国烟台	中国科学院烟台海岸带研究所草坪	被动采样	收集柱、承接管和终端收集瓶	周倩等，2017

我们采用了大气被动采样器收集大气微塑料沉降样品（图 2.10），该装置主要由收集柱、承接管和终端收集瓶三部分组成，通过收集柱收集大气沉降物质（包括降水、灰尘和微塑料等），再通过承接管进入底部的终端收集瓶中。

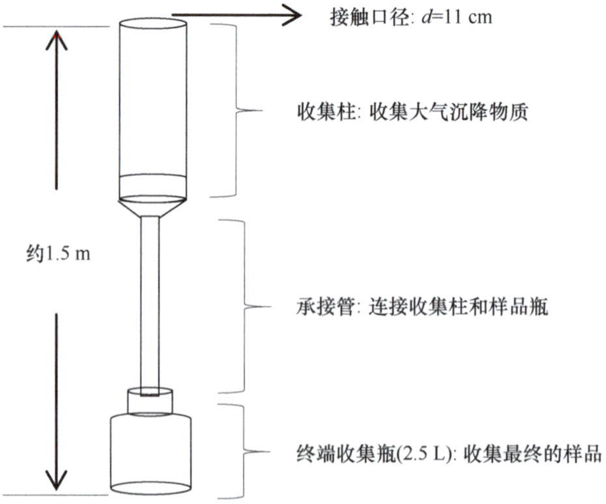

图 2.10　大气微塑料被动采样器

2.3.2　海岸大气中微塑料样品的分离与收集方法

收集到的样品需要进行一定的前处理，表 2.7 归纳了大气环境中微塑料样品前处理的方法。Dris 等在 2015 年和 2016 年的研究中对大气样品未进行任何前处理，采用直接过滤至膜上的方法，并直接在显微镜下观察与统计，而在 2017 年对该方法进行了改进，即先用密度为 1.6 g/cm^3 的氯化锌盐溶液进行样品浮选，再过滤至滤膜上，为后期显微镜下观察与统计提供了有利条件。Dehghani 等（2017）则先用 30% H_2O_2 去除有机质，再用密度为（1.78±0.2）kg/L 的氯化锌盐溶液浮选样品，以利于微塑料的观察。在参考 Dris 等（2016）方法的基础上，我们对样品的分离过程进行了适当的修改，即分别使用孔径 5 mm 和 1 mm 的不锈钢筛进行预过滤（图 2.11），通过孔径 5 mm 的不锈钢筛去除 5 mm 以上的大块杂质（如昆虫残体等），挑出丢弃或存档；再将 1 mm 不锈钢筛上的残留物风干后置于体视显微镜（Nikon SMZ1270，日本）下观测，挑选不同形貌的疑似微塑料，统计 1 ～ 2 mm、2 ～ 3 mm 和 3 ～ 5 mm 大小的微塑料。对于预过筛后＜ 1 mm 的样品，使用抽滤装置，用 5 μm 孔径的硝酸纤维素滤膜（Whatman AE98，德国）过滤，收集滤膜，风干后在体视显微镜下观测，挑选和统计更小的微塑料（＜50 μm、50 ～ 100 μm、100 ～ 200 μm、200 ～ 300 μm、300 ～ 400 μm、0.5 ～ 1 mm）。

表 2.7　大气环境中微塑料样品前处理方法

研究地区	前处理	过滤（滤膜和孔径）	进一步处理	参考文献
法国巴黎	无	玻璃纤维滤膜 1.6 μm	无	Dris *et al.*，2015
法国巴黎	无	石英滤膜 1.6 μm	无	Dris *et al.*，2016
法国巴黎	$ZnCl_2$ 浮选液（ρ=1.6 g/cm^3）	石英滤膜 1.6 μm	无	Dris *et al.*，2017
伊朗德黑兰	30% H_2O_2 去有机质	定量滤纸 2.0 μm	沙浴干燥 5 ～ 8 h；$ZnCl_2$ 浮选液 [ρ=（1.78±0.2）kg/L]	Dehghani *et al.*，2017
中国东莞	无	玻璃纤维滤膜 1.0 μm	无	Cai *et al.*，2017
中国烟台	5 mm 和 1 mm 不锈钢筛预过滤	硝酸纤维素滤膜 5.0 μm	无	周倩等，2017

大气样品的前处理方法需要根据样品的状态进行选择，例如，有机质较多需要用消解液，杂质颗粒较多需要用一定密度的盐溶液浮选等，但前处理操作及选用的试剂可能会对微塑料统计有影响，如微塑料数量的损失或形貌的变化等。

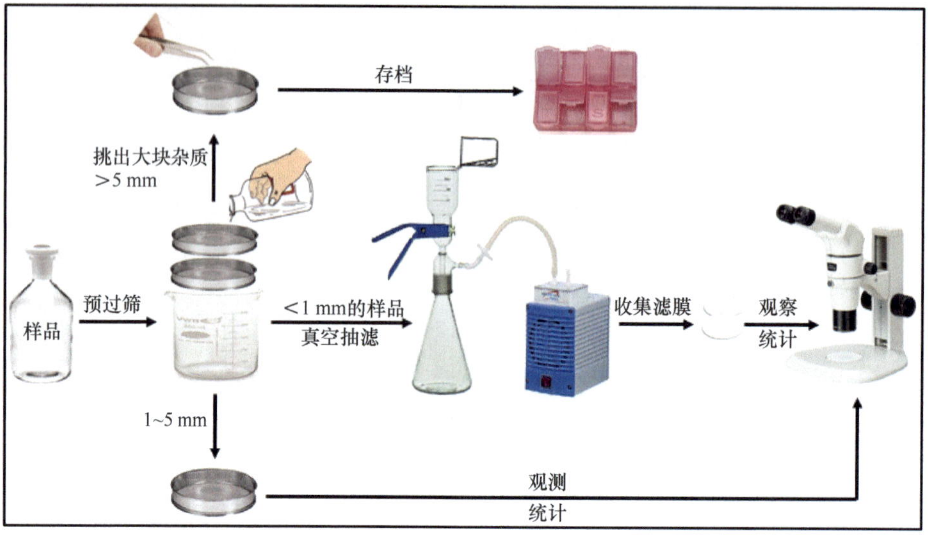

图 2.11　大气沉降微塑料样品分离流程与方法

2.4　海洋生物中微塑料样品的采集、分离与收集方法

研究发现，微塑料不仅存在于水体和沉积物中，甚至存在于众多种类的生物体中，包括浮游生物（甲壳类等）、游泳生物（鱼类等）、底栖生物（双壳类等）及一些鸟类等。

2.4.1　海洋生物中微塑料样品的采集方法

1. 不同种类生物的采集方式

从海洋生物体内微塑料调查研究来看，目前主要调查的目标生物是贝类和鱼类。有关生物样品的采集方式主要有市场直接采购和野外实地采集两种。市场直接采购通过市场采买过程进行，如一些鱼类、贝类等，并通过咨询售卖者了解生物样品的来源。野外实地采集则是在研究区域采集当地生物样品，如采集浮游生物、贝类、鱼类及一些大型海洋动物或鸟类等。野外实地采集方式因研究区域不同而有差异，若采集海岸带地区生物，可通过沿海拾捡（退潮期）或撒网捕获方式采集。若采集近海或大洋中生物，则可通过拖网的形式进行。对于海豹、鲸、海龟等大型动物及海鸟类，根据动物保护条例，国家保护野生动物及其生存环境，禁止任何单位和个人非法猎捕或者破坏。因此，主要采集搁浅或已死亡的动物肠胃中的内容物，并对其进行分析。

2. 生物采样注意事项

采集一些小型可控的生物样品（如鱼、贝类等）时，尽量保证样品大小相似（在环境中生长周期一致），保证生物体采集的量，并记录生物样品大小规格、种类、来源及其周围环境状况等信息。

2.4.2　海洋生物中微塑料样品的分离与收集方法

1. 大型动物胃肠道内微塑料的获得

有关生物体内微塑料的研究，多数研究主要聚焦于生物体胃中内容物的分析，如鱼、双壳类、甲壳类和鸟类等。鸟类胃内容物包含的塑料尺寸范围较广（数厘米至更小），而组织中的塑料尺寸范围更小，因为越小的颗粒越容易在胃肠道内转移。图 2.12 是来自北海的一只北部暴风鹱（*Fulmarus glacialis*）胃中的塑料碎片和微塑料（< 5 mm）（van Franeker *et al.*，2011；Anderson *et al.*，2015），这已被纳入环境管理计划，以提供基于生物体胃内容物塑料平均质量的生态质量目标（ecological quality objective）管理的基础。

2. 小型动物软组织内微塑料的获得

贝类等小型动物软组织中的微塑料通常采用消解软组织的方法分离获得（表 2.8）。分离一些滤食性动物（贝类等）软组织中的微塑料时，最好在消解前对其进行纯化处理，将其肠道清洗干净后做解剖和软组织消解处理，这样可避免肠道内容物中潜在的微塑料对整个分析结果的影响。例如，Claessens 等（2013）

图 2.12　来自北海的一只北部暴风鹱（*Fulmarus glacialis*）胃中的塑料碎片和微塑料（引自 Anderson *et al.*，2015）

在调查比利时沿海贻贝体内软组织中微塑料含量时，消解前将其置于 0.8 μm 滤膜过滤后的人造海水中纯化 24 h 以上以清洗其肠道。若研究目的是分析整个生物体内的微塑料含量，可不做纯化处理（图 2.13）。有些研究者还会通过解剖分离不同组织器官样品，分别消解以研究微塑料在其体内各器官中的分布及含量（Farrell and Nelson，2013；von Moos *et al.*，2012）。

表 2.8　关于生物样品微塑料的分离提取方法

研究对象	生物种类	消解液	参考文献
比利时沿海	贻贝	HNO_3（22.5 mol/L）； H_2O_2（32.6 mol/L）； NaOH（52.5 mol/L）或混合液	Claessens *et al.*，2013
加拿大	贻贝	30% H_2O_2	Mathalon and Hill，2014
德国北海，法国大西洋	贻贝，长牡蛎	69% HNO_3	van Cauwenberghe and Janssen，2014
比利时	贻贝	HNO_3；$HClO_4$	de Witte *et al.*，2014
法国；比利时；荷兰北海	贻贝	69% HNO_3	van Cauwenberghe *et al.*，2015
中国上海渔业市场	9 种双壳类	30% H_2O_2	Li *et al.*，2015
法国（大西洋）	长牡蛎（*Crassostrea gigas*）	69% HNO_3	van Cauwenberghe and Janssen，2014
中国沿海 22 个地点	野生贻贝（12）， 养殖贻贝（10）	30% H_2O_2	Li *et al.*，2016
中国渤海和南海	5 种双壳类、2 种蟹、1 种螺	30% H_2O_2 ∶ 69% HNO_3 （体积比 1 ∶ 3）	周倩，2016
马来西亚雪兰莪州市场	非洲鲶鱼（*Clarias gariepinus*）	NaClO；H_2O_2；NaOH； KOH；HCl；HNO_3	Karami *et al.*，2017

通常采用的消解液是 H_2O_2 和 HNO_3 溶液或多种氧化性试剂混合液（表 2.8），必要时可做加热或振荡处理，以加快消解速率。不同消解方法的消解效果具有一定的差异。消解温度和时间、过滤温度及消解液的不同均影响着软组织的消解效果（Claessens *et al.*，2013）。表 2.9 所示的是使用不同消解方法提取生物体软组织中微塑料的效果。当用 HNO_3 和 H_2O_2 混合溶液作消解液时，在加热过程中易产生较多的泡沫，可能造成样品中部分微塑料的损失。最有效的消解方法是使用 HNO_3 溶液 60℃或 100℃加热 1 h，消解结束后用温水（80℃，预过滤）稀释并用 5 μm 孔径的滤膜过滤。Karami 等（2017）分别用不同浓度的氧化剂（NaClO、H_2O_2）、酸（HCl、HNO_3）和碱（NaOH、KOH）等试剂在不同温度下（40℃、50℃和 60℃）对非洲鲶鱼的软组织进行消解，认为 10% KOH（40℃）的方法是最优的。Roch 和 Brinker（2017）通过酸（HNO_3）、碱（NaOH）连续消解方法对鱼类胃肠道组织中的微塑料实现了有效分离。

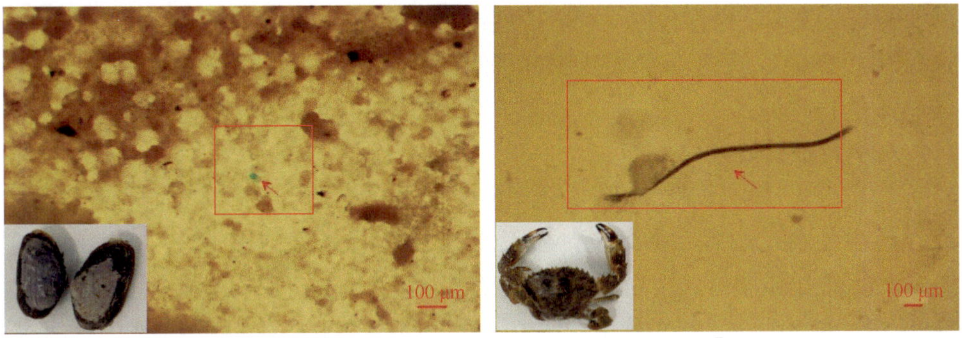

A　　　　　　　　B

图 2.13　皱纹绿螂（*Glauconome corrugate*）体内绿色塑料碎片（采自广西北部湾）（A）和日本蟳（*Charybdis japonica*）体内纤维［采自北黄海（烟台市）］（B）（周倩，2016）

表 2.9　动物（贻贝）软组织中微塑料提取方法比较（Claessens et al.，2013）

过滤条件	消解条件	
	60℃，24 h	60℃，1 h/100℃，1 h
HNO_3		
冷	0.48（±0.07）	0.26（±0.06）
温	0.35（±0.07）	0.15（±0.05）
HNO_3/HCl		
冷	1.62（±0.24）	0.89（±0.14）
温	1.22（±0.21）	1.10（±0.15）
NaOH		
冷	4.05（n.d.）	0.46（n.d.）
温	0.52（n.d.）	0.64（n.d.）
H_2O_2		
冷	1.49（n.d.）	0.45（n.d.）
温	1.43（n.d.）	1.35（n.d.）
HNO_3/H_2O_2		
冷		
温	加热过程中易产生较多的泡沫，造成样品中微塑料潜在性的损失	

注：其中数值代表消解后剩余软组织百分比 /%，即消解效率；括号内数值代表标准差；n.d. 表示未算出标准差

2.5　海洋微塑料生物膜样品的采集、测定与鉴定方法

2.5.1　海洋微塑料生物膜样品的采集方法

（1）微塑料样品采集及保存

将现场采集的装有微塑料的尼龙网袋，放入装有冰袋的保温箱内，3 h 内送

回实验室。在无菌操作台内，将微塑料样品进行分装，用于分子生物学分析的样品保存于 −80℃，用于表面生物膜分析的样品保存于 4℃，用于其他指标分析的样品保存于 −20℃。

（2）样品前处理

超净台内，用灭菌海水清洗微塑料表面 3 次，去除微塑料表面附着的杂质或浮游微生物。然后，将微塑料放入装有 2.5% 戊二醛的固定液中，室温固定 2 ～ 4 h。取出微塑料，用 0.1 mol/L PBS 缓冲液清洗 3 次，依次放入 10%、30%、50%、70% 和 90% 的乙醇中梯度脱水 10 min，再放入 100% 的乙醇溶液中脱水两次，每次 15 min，将脱水后的微塑料自然干燥。

2.5.2 海洋微塑料生物膜样品的测定与鉴定方法

定植在微塑料表面的微生物易在其表面形成生物膜（de Tender *et al.*，2017）。生物膜是指细菌不可逆地附着于惰性或实体的表面，繁殖、分化，并分泌一些胞外聚合物（extracellular polymeric substance，EPS），将菌体包裹其中而形成的细菌聚集体膜状物。目前，关于微塑料表面生物膜的研究方法主要包括生物膜总量的测定、生物膜的表面形貌、生物膜的立体结构及生物膜的微生物群落结构。

（1）生物膜总量

早期的研究使用结晶紫染色液将微塑料表面生物膜内的微生物染色，再使用 95% 乙醇对生物膜进行脱色，在 595 nm 处测定脱色液的吸光度。通过吸光度来反映微塑料表面生物膜的总量。目前已有文献报道了应用该方法表征海水环境中塑料薄膜表面生物膜总量随时间的变化特征（Lobelle and Cunliffe，2011；de Tender *et al.*，2017）。

（2）生物膜表面形貌

扫描电镜（scanning electron microscope，SEM）因其制样简便、放大倍数范围广、分辨率高等特点，可用于微塑料表面生物膜的形貌分析。目前已有研究者使用 SEM 在从大西洋采集的聚乙烯和聚丙烯（Zettler *et al.*，2013）、聚对苯二甲酸乙二醇酯（polyethylene terephthalate，PET）（Oberbeckmann *et al.*，2014），太平洋采集的 PP、PE 和 PS（Carson *et al.*，2013），以及澳大利亚沿岸采集的微塑料（Reisser *et al.*，2014）表面，均观察到了生物膜的形成及其形貌特征。

（3）生物膜立体结构

激光扫描共聚焦荧光显微镜（laser scanning confocal fluorescence microscope，LSCFM）可利用计算机、激光和图片处理技术获得生物膜样品的三维数据，经过三维重构，立体展现生物膜的结构。Webb 等（2009）使用激光扫描共聚焦荧光显微镜，结合 Vybrant CFDA SE Cell Tracer 试剂盒和 Concanavalin A 荧光染料，分别对 PET 表面生物膜内的活细胞及胞外多聚物染色，可视化地呈现出 PET 表面生物膜的立体结构。

（4）生物膜的微生物群落结构

传统的纯培养技术仅能对生物膜内可培养的微生物进行培养，根据其菌落特征进行鉴定。扫描电镜也只能对生物膜内的微生物进行高分辨率成像，再根据微生物形态学做出初步鉴定。这两种方法仅能获得生物膜中微生物群落结构的少量信息。随着分子生物学技术的发展，微塑料表面生物膜 DNA 提取技术与新一代高通量测序技术已被应用于微塑料表面生物膜的微生物群落结构分析。这些技术可通过扩增并测定特定的微生物基因序列，进而获取大量的微塑料表面生物膜中微生物群落结构组成、丰度与多样性信息（表 2.10），并通过结合环境因子，进一步获取微生物群落之间及其与周围环境的内在联系。

表 2.10 基于 DNA 测序的分子生物学技术研究生物膜中微生物群落结构的进展

微塑料来源	微塑料类型	测定方法	生物膜群落物种	参考文献
北大西洋亚热带环流区	PP 和 PE	16 S 扩增测序	PP 表面物种数 1165 种，PE 表面物种数 880 种	Zettler *et al.*，2013
北海、波罗的海及英吉利海峡	PET、HDPE、LDPE、PP 和 EPS	16 S DGGE 和测序	拟杆菌、变形菌、蓝藻、硅藻和褐藻	Oberbeckmann *et al.*，2014
美国芝加哥城市河流	碎片、发泡、树脂颗粒和纤维	16 S 测序	平均物种数 3023 种	McCormick *et al.*，2014
英国北海海岸	PET	16 S 和 18 S 测序	拟杆菌和硅藻	Oberbeckmann *et al.*，2016
比利时海港和近岸底部	PE 薄膜和绳	16 S 测序和基因条形码技术	细菌约 1500 种及真菌约 500 种	de Tender *et al.*，2017
长江口潮间带	PP、PE 和 PS	16 S 测序	3 种微塑料表面不同 OTU 分别为 920、876 和 588	Jiang *et al.*，2018

注：HDPE 为 high density polyethylene，高密度聚乙烯；LDPE 为 low density polyethylene，低密度聚乙烯；DGGE 为 denaturing gradient gel electrophoresis，变性梯度凝胶电泳；OTU 为 operational taxonomic unit，生物学上运算分类单位

2.6 环境微塑料样品的实验室分析方法

为了对获得的微塑料样品进行组分鉴定、表面微形貌分析及其附着物识别，傅里叶变换红外光谱（Fourier transform infrared spectrum，FT-IR）、扫描电镜 - 能谱（scanning electron microscope-energy dispersive spectrometer，SEM-EDS）、显微拉曼光谱（micro-Raman spectrum）及裂解气相色谱 - 质谱（pyrolysis-gas chromatography-mass spectrometry，PGC-MS）等技术方法得到较广泛的应用，有效地分析了环境中微塑料组分、表面微形貌和附着的复合污染物。

迄今，微塑料调查方法正处于创新研究和发展阶段，且多为半定量。研究环境介质中一种新的化学污染物时，需要致力于评价和改进现有方法，然后建立新方法，如参比材料（reference materials）、环试验（ring test）、相互校准（intercalibration）和标准操作规程（standard operating procedure，SOP），以确保数据质量的有效性和可信性。目前，微塑料研究尚处于相对不成熟的阶段，加之环境中微塑料在组成和分布等特性上具有较大的差异性，尚难以形成统一、规范的方法标准。最终所得数据结果仍然只停留在用于确定环境相对状态和提供可能的管理措施阶段。

本节主要从微塑料计量与粒径测量方法、聚合物类型鉴定、表面形貌观测及表面附着物（污染物、生物等）分析方法等几个方面进行介绍。

2.6.1 微塑料计量与粒径测量方法

样品处理后获得的微塑料样品计量与粒径测量一般通过显微镜进行，并根据标尺或在视野下放置测量尺来测量微塑料粒径。粒径是微塑料研究中的一项不可或缺的指标，它对了解环境中微塑料分布、分散与动力学过程，以及基于微塑料粒径尺度的生态效应具有重要意义。然而，我们识别微塑料的难度是随着微塑料粒径的减小而增加的。目前，一般较大粒径的微塑料（1 ～ 5 mm）（肉眼可见），可用镊子直接从环境介质（海水拖网、沙滩或生物样本）或过滤网中挑拣统计。我们在微塑料研究过程中采用对样品进行单层平铺拍照的方式，再利用 Nano Measurer 软件对所得到的照片影像进行处理，粒径大小以最长长度统计。然而，随着对微塑料研究的深入，我们所关注的微塑料尺寸越来越小，从大量介质中分离微塑料的工作则越来越具挑战性。现多将微塑料样品分离浓缩至过滤膜上，再在显微镜等微观手段下观察与统计。这些传统的计量方法具有操作繁、效率低等缺点。因而有研究学者通过开发新软件、应用分析仪器（如声阻抗谱等）（Ji *et al.*，2017）或使用染色剂（如尼罗红）（Maes *et al.*，2017）等手段来实现快速、有效的微塑料计量与统计。

在微塑料量的表述单位上，不同文献之间差异较大，总体来说，有数量上的表征（丰度）和质量上的表征。对于沉积物样品来说，常用的表征数量和质量的单位分别是“N/m^2”或“N/kg”（沉积物）和“g/kg”（沉积物）等；对于海洋表面样品而言，最常用的数量单位是“N/km^2”或“N/m^3”（海水），质量单位是“g/km^2”或“g/m^3”（海水）。然而，表层拖网所得数据仅能用于量化海面二维区域的微塑料丰度；这是因为表层拖网仅部分浸没于海水中，相对于海平面能够垂直移动且移动变异较大，故无法估算过滤海水的体积，而亚表层海水拖网则可以较准确地估计过滤海水的体积。

如渔具碎片等一些较大型的塑料，虽然数量相对少得多但质量较大，而微塑料虽然具有更多的数量但质量相对很低。因此，在量化微塑料时质量丰度与数量丰度应同时表示出来才更有意义（Browne *et al.*，2010；Morét-Ferguson *et al.*，2010；Eriksen *et al.*，2013a）。由于采集的样本基质通常是自然无机颗粒（土壤、沉积物、水体等），塑料的质量多以干重为基础；若是与生物（如浮游动物）丰富度比较分析，则应以湿重计量，以避免对环境中相对丰富度的误导性解释。但计量单位表示的多样化，可能会导致数据结果之间难以比较。

2.6.2　微塑料聚合物类型的分析方法

传统的微塑料鉴定可通过目测或者显微镜辅助下的观测实现，主要依据它们的透明性、颜色、形状、硬度等特征进行鉴别并分类，但这些鉴定方法主观性较强，容易造成误判。一些破坏性的方法（如通过样品燃烧现象或者有机溶剂溶解后的信息来判定聚合物的组成）也被广泛应用。例如，裂解气相色谱 - 质谱法能同时鉴定微塑料及其中添加剂的类型，该种方法具有用量小、直接进样、定性定量等优点（Fries *et al.*，2013；Fischer and Scholz-Böttcher，2017），但具有破坏性，实验条件控制要求高。热分析［如差示扫描量热法（differential scanning calorimetry，DSC）（Shiber，1979；Chialanza *et al.*，2018）等］由于对不同的塑料具有很高的区分率、样品用量少且对共混物的鉴别具有很大的优越性，也被用于微塑料的鉴定，但费时且要完全破坏样品。近年来，微塑料鉴定手段更倾向于通过两种或两种以上仪器相结合的方法实现微塑料有效、精准的鉴定，如傅里叶变换红外光谱（FT-IR）与裂解气相色谱 - 质谱（PGC-MS）相结合的手段（Hendrickson *et al.*，2018），也有研究者通过热重分析（thermogravimetric analysis，TGA）和热解气相色谱 - 质谱（thermodesorption-gas chromatography-mass spectrometry，TDS-GC-MS）相结合的方法，实现对复杂环境微塑料样品的快速鉴定（Dümichen *et al.*，2017）。Zhang 等（2018a）则采用快速加热的方法将微塑料从沙粒、有机质等杂质中区分出来。相比于破坏性的鉴定方法，原位非破坏性的方法在微塑料研究方面更受到关注。这主要是由于微塑料提取的样品量往往较少，非破坏性的分析鉴定方法可以满足在较少样品量的情况下进行多途径分析，得到不同的参数。目前运用较为普遍的是傅里叶变换红外光谱（FT-IR）、拉曼光谱等进行微塑料成分的鉴定。采用光谱成像技术可以实现土壤中微塑料的原位检测（Serranti *et al.*，2018），但检测的微塑料粒径较大（0.5 ～ 5 mm），对更细小的微塑料检测具有一定的困难。在微塑料的形貌及表面元素鉴定方面，还

可以采用扫描电镜 - 能谱等分析手段（Fries *et al.*，2013）。

光谱学可以用来鉴定＜ 1 mm 的塑料颗粒及其合成聚合物。目前，由于原位非破坏性的方法能满足在较少样品量的情况下进行多途径分析，在微塑料研究方面更受到关注。其中运用最为普遍、最具前景的方法是傅里叶变换红外光谱（Browne *et al.*，2011）、拉曼光谱（Murray and Cowie，2011；Oßmann *et al.*，2017）等鉴定方法。傅里叶变换红外光谱不受样品大小、形状等影响，且样本量小，但易受塑料老化的影响，且一些多棱角微塑料颗粒（如树脂颗粒、塑料碎裂颗粒等）不易操作，需要切片或热压成膜后进行检测。一般尺寸＞ 1 mm 的微塑料（纤维除外），往往可直接采用衰减全反射傅里叶变换红外光谱（attenuated total reflection FT-IR，ATR-FT-IR）检测。当尺寸＜ 1 mm 时或检测纤维时，则需要采用傅里叶变换显微红外光谱（μ-FT-IR）（Harrison *et al.*，2012）。拉曼光谱不仅可以获得表面官能团信息，还能观察其局部微观形貌，但获得的仅仅是微塑料表面的信息。

对于野外收集的微塑料，当前方法能够鉴定聚合物类型的最小颗粒尺寸为 10 μm。这些颗粒在光学显微镜下可见，且其大小足以使用 FT-IR 或拉曼光谱鉴定。光谱技术依赖于光的透射及其波长，如果颗粒大小小于这些波长，则无法获得可靠的聚合物红外光谱信息。因而对 20 ～ 10 000 nm 尺寸范围内塑料颗粒的鉴定成为一大挑战。

在实验室研究中，采用荧光标记纳米级或微米级塑料颗粒的方法，可通过荧光检测观察和研究微塑料的具体行为，但无法适用于环境介质中未知和未被标记的微塑料；且目前仍没有可行的用于环境中微米级和纳米级微塑料样品的检测方法。因此，未来需要在海洋环境中微米级和纳米级塑料颗粒的提取、分离与鉴定方面开发新技术及新方法。

2.6.3 微塑料表面形貌的观测与分析

1. 研究背景和基础

微塑料在海岸及海洋普遍存在。在这些环境中存在的微塑料会随着时间的推移而改变其原有的形貌和表面物质。已有研究表明，长期存在于环境中的塑料因风化、侵蚀等作用会发生颗粒大小和形貌的改变。那么如何对获得的微塑料样品进行准确的分析是微塑料研究的关键。对于微塑料表面微形貌分析，目前应用较多的方法是傅里叶变换红外光谱（FT-IR）、扫描电镜 - 能谱（SEM-EDS）和显微拉曼光谱（micro-Roman spectrum）等。例如，Corcoran 等（2009）使用光学显微镜对挑选的微塑料进行表面纹理分析，观察到不同微塑料表面呈现出不同的形状、吸附粒子和氧化程度。Ashton 等（2010）通过比较环境中树脂颗粒和新的树脂颗粒，认为环境中的树脂颗粒表面出现灰化和不同程度的裂化、缝隙与粉化等老化特征。van Cauwenberghe 等（2013b）通过扫描电镜（SEM）呈现了深海沉积物中微塑料的形貌和轮廓。Eriksen 等（2013b）分析并比较了样品中微塑料与购买的面部清洁剂中塑料微珠表面纹理及组成，发现它们具有相似的形状、大小、颜色和元素组成，这为环境中微塑料的源解析提供了依据。总体上，针对海洋及海岸环境中微塑料表面特征的研究相当有限。

从土壤或沉积物环境样品中提取的微塑料，表面存在着较多的细土粒或有机质等杂质。在微塑料形貌分析过程中，如何排除微塑料表面的杂质干扰成为关键性问题。这就需要对微塑料样品进行清洗预处理，其关键在于筛选出合适的清洗剂及技术方法。Eriksen 等（2013b）采用 2 mol/L HCl 溶液清洗微塑料颗粒，以去除其表面的附着物。Nuelle 等（2014）分别采用 30% H_2O_2、35% H_2O_2、20% HCl、30% NaOH 溶液去除有机质，认为 35% H_2O_2 去除有机质效果最好；但该研究主要是了解不依附于微塑料的生物残体的消除作用和一般塑料对溶剂的抗性，而对塑料表面附着的有机质（如生物膜等）的影响未有详细说明。也有研究针对有机质含量较高的样品，采用酶消化法去除有机质，以消除样品中掺杂的有机残体对微塑料挑选和观察的干扰（Cole *et al.*，2014）。

2. 我们的研究

我们以沿海潮滩中提取的微塑料为例，运用扫描电镜 - 能谱（SEM-EDS）和衰减全反射傅里叶变换红外光谱（ATR-FT-IR）分析微塑料微观表面特征，包括微塑料整体形貌轮廓、表面微孔特征等。

通过比较清洗和未清洗处理在扫描电镜观察下微塑料表面的差异（图 2.14），我们发现清洗后的微塑料表面比未做清洗处理的微塑料表面的老化痕迹和孔隙更加清晰可见（周倩等，2016）。并且通过试验 3 种不同微塑料表面清洗液（H_2O、30% H_2O_2 和 2mol/L HCl 溶液）对微塑料表面进行清洗，在扫描电镜下并未观察到明显差异；但通过衰减全反射傅里叶变换红外光谱分析发现，用 30% H_2O_2 清洗后的微塑料红外光谱中杂峰明显少于用 H_2O 和 2 mol/L HCl 溶液清洗的微塑料红外光谱，这说明 30% H_2O_2 对微塑料表面清洗效果较好。此外，在研究过程中还发现，即使是用 2 mol/L HCl 溶液清洗后的微塑料表面，仍有铁氧化物的存在。

2.6.4　微塑料表面附着污染物的分析方法

环境中微塑料在外界条件作用下表面变得复杂（比表面积增大、孔隙度增

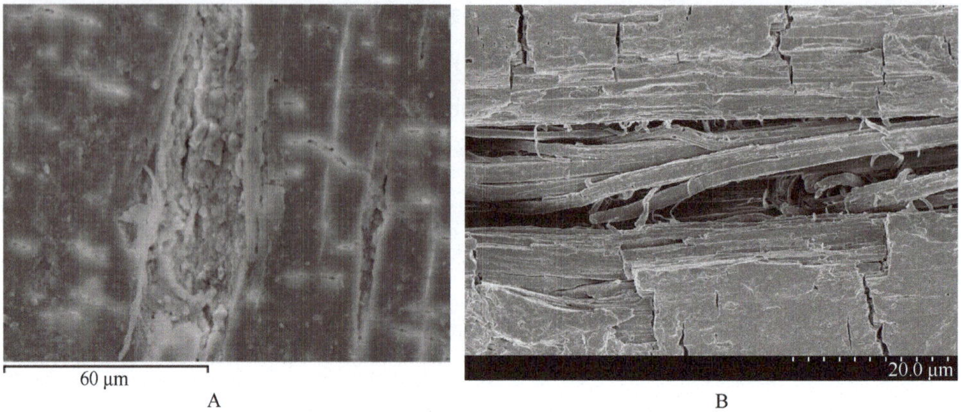

图 2.14　未清洗（A）和清洗（B）的微塑料表面缝隙对比

加等），使其表面易吸附环境污染物质。对于微塑料表面附着污染物的分析，目前应用较多的方法是傅里叶变换红外光谱（FT-IR）、电感耦合等离子体 - 质谱（inductively coupled plasma-mass spectroscopy，ICP-MS）及裂解气相色谱 - 质谱（pyrolysis-gas chromatography-mass spectroscopy，PGC-MS）等。本节所涉及的微塑料表面附着污染物分析方法主要是环境中微塑料样品的调查，并不包括实验室模拟吸附实验研究。

1. 微塑料表面有机污染物分析

环境中微塑料表面有机污染物种类多样，存在的量差异大，这与区域分布特征有很大的关系。从目前已有报道来看，调查研究的微塑料类型主要以树脂颗粒（pellet）居多，主要分析的有机污染物则包括多环芳烃（PAH）和多氯联苯（polychlorinated biphenyl，PCB）。近年来，研究者还将目光聚焦于环境中微塑料表面新型污染物（抗生素和增塑剂或稳定剂等内分泌干扰物）的研究和调查。例如，Zhang 等（2018b）调查分析了山东沿海树脂颗粒类、发泡聚苯乙烯类、纤维类、碎片类及薄膜类 5 种不同类型微塑料表面有机磷阻燃剂和邻苯二甲酸盐的存在情况与含量。

有关微塑料表面有机污染物的分析，主要有定性、半定量及定量的分析方法。定性分析上，可通过野外现场观察或实验室内放大镜或显微镜辅助性观察的方法，定性分析方法适用于肉眼或显微镜下可见的有机污染物，如原油污染。图 2.15 所显示的是我们在渤海近岸潮滩上收集的发泡聚苯乙烯颗粒，其中 1 为表面无明显附着物的白色泡沫塑料，2 为表面被黑色油状物包被的白色泡沫塑料，这可能与海上溢流污染事件有关。半定量分析上，多采用傅里叶变换红外光谱法

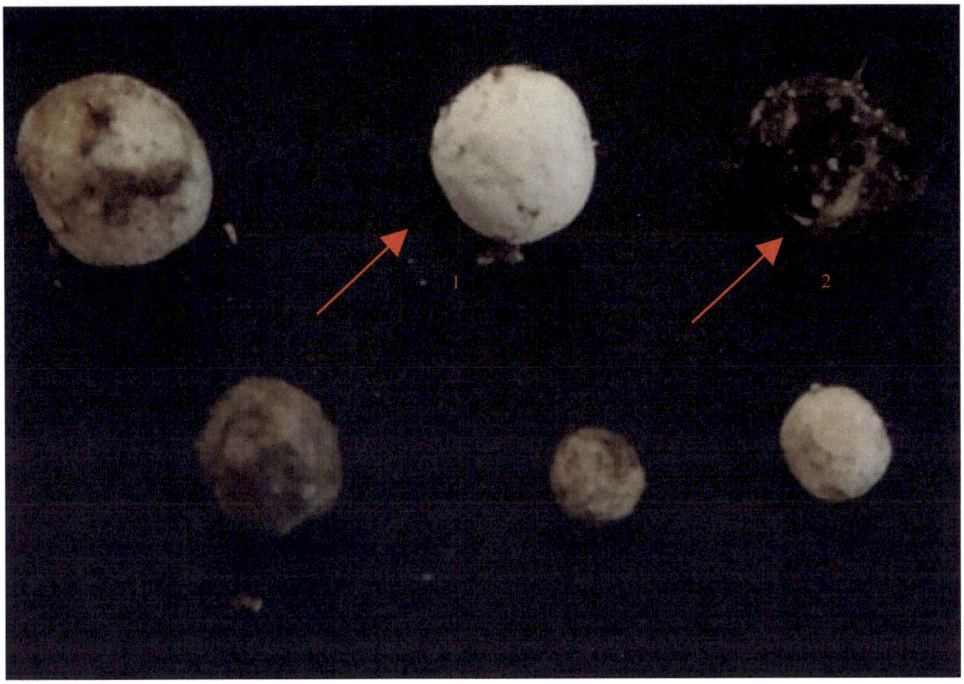

图 2.15　潮滩环境中微塑料（白色泡沫塑料）表面附着物
1 为表面无明显附着物的白色泡沫塑料，2 为表面被黑色油状物包被的白色泡沫塑料

（FT-IR）分析微塑料表面官能团，根据特征基团的存在及其峰值大小对微塑料表面有机污染物进行半定量分析。而定量分析上，则主要采用溶剂提取的方式，通过气相色谱 - 质谱（GC-MS）分析获得相应污染物的量。例如，Karapanagioti 等（2011）通过己烷溶剂提取希腊沿海沙滩中树脂颗粒所含的持久性有机污染物。其中，19 种 PCB 同系物、18 种 PAH 同系物及滴滴伊（dichloro diphenyl dichloro ethylene，DDE）采用气相色谱 - 离子阱质谱仪分析，而滴滴涕（dichloro-diphenyl-trichloroethane，DDT）、DDE 和六六六（hexachlorocyclohexane，HCH）则使用气相色谱电子捕获检测器（gas chromatogram-electron capture detector，GC-ECD）分析。此外，裂解气相色谱 - 质谱法能同时鉴定微塑料及其中添加剂类型和有机污染物类型，该种方法具有用量小、直接进样、可定性定量等优点，但微塑料不可回收，且对实验条件要求较高。

由于微塑料质轻个小，污染物分析时需要足够的量，以保证分析结果的可靠性。以树脂颗粒为例，一般不小于 10 个颗粒，质量应不少于 1 g，并且尽量选择表面黄化的颗粒，因为变黄的微塑料颗粒表面富集的有机污染物量可能更高（Ogata *et al.*，2009）。需要注意，微塑料需要量的大小还取决于分析仪器的精密性，微塑料的选择也取决于研究目标。

2. 微塑料表面无机污染物分析

与环境中微塑料表面有机污染物相比，微塑料表面无机污染物研究相对较少。从目前报道看，调查研究的微塑料类型主要以树脂颗粒居多，主要分析的无机污染物有重金属元素、金属元素及非金属元素等。

有关微塑料表面无机污染物的分析，主要有定性和定量的方法。定性分析上，主要采用扫描电镜 - 能谱（SEM-EDS）分析微塑料表面元素。例如，Fries 等（2013）通过 SEM-EDS 观察并检测到德国诺德奈岛屿（Norderney）附近沉积物中微塑料表面存在 Al、Ti、Ba、S、O、Zn 等元素，并认为微塑料表面 Ti 的存在可能是塑料中纳米二氧化钛添加剂淋滤的结果。定量分析上，一般通过洗脱后用电感耦合等离子体 - 发射光谱（inductively coupled plasma-optical emission spectroscop，ICP-OES）仪或电感耦合等离子体 - 质谱（ICP-MS）仪测定。例如，Ashton 等（2010）使用 2 mol/L HCl 和 3 mol/L HNO_3（3 ∶ 1）混合液消解树脂颗粒样品（每个样品中有 25 ～ 100 个颗粒），再测量消解液中各类元素的量，其中 Al、Fe、Mn、Cu、Cr、Pb 和 Zn 等元素使用电感耦合等离子体 - 发射光谱仪测定，Ag、Cd、Co、Mo、Sn、Sb 和 U 等元素则使用电感耦合等离子体 - 质谱仪测定。图 2.16 是我们通过 SEM-EDS 观察环境中微塑料扁丝碎片表面的结果，发现了含铁物质（可能为氧化铁）的存在。

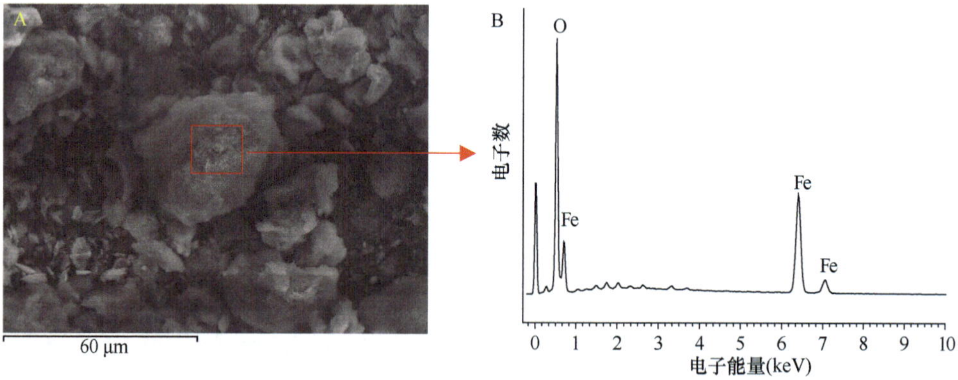

图 2.16　2 mol/L HCl 超声清洗后的碎片类微塑料表面杂质局部电镜图（A）及其能谱图（B）

2.6.5　微塑料表面附着生物的分析方法

环境中微塑料表面附着物具有多样性，能附着不同类型的有机体，包括细菌、病毒、藻类、无脊椎动物等。这些有机体以塑料作为其生境（McCormick *et al.*, 2014），并通过附着在塑料或微塑料表面实现在环境中的迁移。这些生物体对微塑料的附着甚至具有选择偏好性。例如，Carson 等（2013）研究发现环境中塑料表面微生物类型和丰度与聚合物类型及其表面粗糙程度等有关，例如，聚苯乙烯表面微生物群落较多，硅藻更易附着在具有粗糙表面的塑料上等。由此可见，环境中微塑料表面附着物普遍存在且种类多样化（Harrison *et al.*，2014）。这些附着物（如微生物体等）以塑料或微塑料为载体，在环境中迁移，可能会对区域生态环境造成入侵（Barnes，2002；Gregory，2009）而危及生态系统健康。因此，有必要了解和研究微塑料表面附着生物的分析方法。下面是基于目前文献中有关该方面的方法学探讨。

微塑料表面附着生物的研究一般包括生物的种类、丰度、附着状态等。扫描电镜（SEM）是观察微塑料表面附着生物或微生物的常用方法，通过 SEM 可以直接观察到生物体在微塑料表面的附着状态（图 2.17，图 2.18）。例如，Harrison 等（2014）通过 SEM 和荧光原位杂交（fluorescence in situ hybridization，FISH）技术，室内模拟研究了沉积物中低密度聚乙烯表面附着的微生物。Reisser 等（2014）通过扫描电镜，观察到在澳大利亚沿海海域中的毫米级塑料表面存在微生物（细菌、藻类等）、无脊椎动物（藤壶等）及一些海龟的卵等多种附着体。需要注意，用于观察表面微生物的微塑料样品在观察前需要作脱水处理，例如，使用一系列浓度逐渐增大的乙醇溶液（直至 100%）对微塑料样品进行脱水处理，再用 CO_2 进行临界点干燥，然后在扫描电镜下观察。另有些研究通过 DNA 提取和测序研究微塑料表面生物多样性（McCormick *et al.*，2014）。

2.6.6　微塑料表面基团的分析方法

微塑料在环境中会受到紫外线、热、氧、水分等的影响，以及 pH、电场、应力等的作用，其特性会发生改变，微塑料表面官能团及其变化通常可以用 FT-IR、PGC-MS 和差示扫描量热法（differential scanning calorimetry，DSC）分析（杨睿等，2010）。

（1）傅里叶变换红外光谱（FT-IR）分析

一般认为，微塑料的光老化和热老化是由紫外线与热引起的氧化降解过程，生成酮、酯、醇、羧酸及不饱和的双链等产物。这种化学结构的变化及降解动力学都可以用 FT-IR 来表征和研究。最常用的表征参数是羰基指数（carbonyl index，CI）或羟基指数（hydroxyl index，HI），分别定义为羰基吸光度（$A_{C=O}$）或羟基峰的吸光度（A_{O-H}）与参比峰吸光度的比值（A_{ref}）。

$$CI = \frac{A_{C=O}}{A_{ref}} - CI_0 \tag{2-1}$$

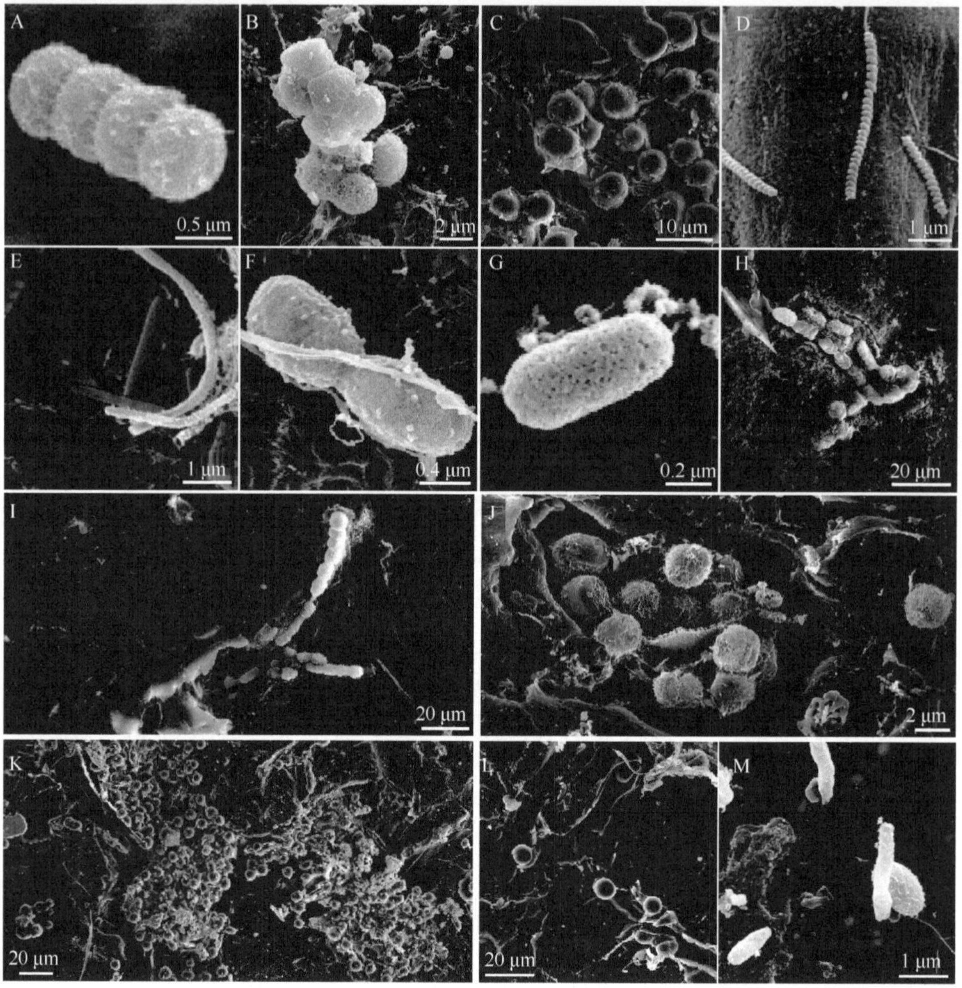

图 2.17　圆形、长形和螺旋形细胞

A ～ C. 圆形细胞；D. 螺旋菌细胞；E ～ H. 长形细胞；I ～ M. 微塑料表面小孔和凹槽中的圆形细胞

（引自 Reisser *et al.*，2014）

$$\mathrm{HI}=\frac{A_{\mathrm{O-H}}}{A_{\mathrm{ref}}}-\mathrm{HI}_0 \tag{2-2}$$

将老化前的羰基指数（CI_0）或羟基指数（HI_0）从试验中减去，就可以消去样品中原有的羰基（材料加工或储存过程中产生）或羟基的影响，而仅得到老化过程中的变化。实际上，光氧化产生的羰基峰包含酮、酯、羧酸等不同的羰基化产物。通过去卷积或分峰计算，可以将这些重叠峰分开，得到不同氧化产物的信息。

（2）裂解气相色谱 - 质谱（PGC-MS）分析

光氧化或热氧化降解会导致聚合物分子链断裂，产生的可挥发性小分子碎

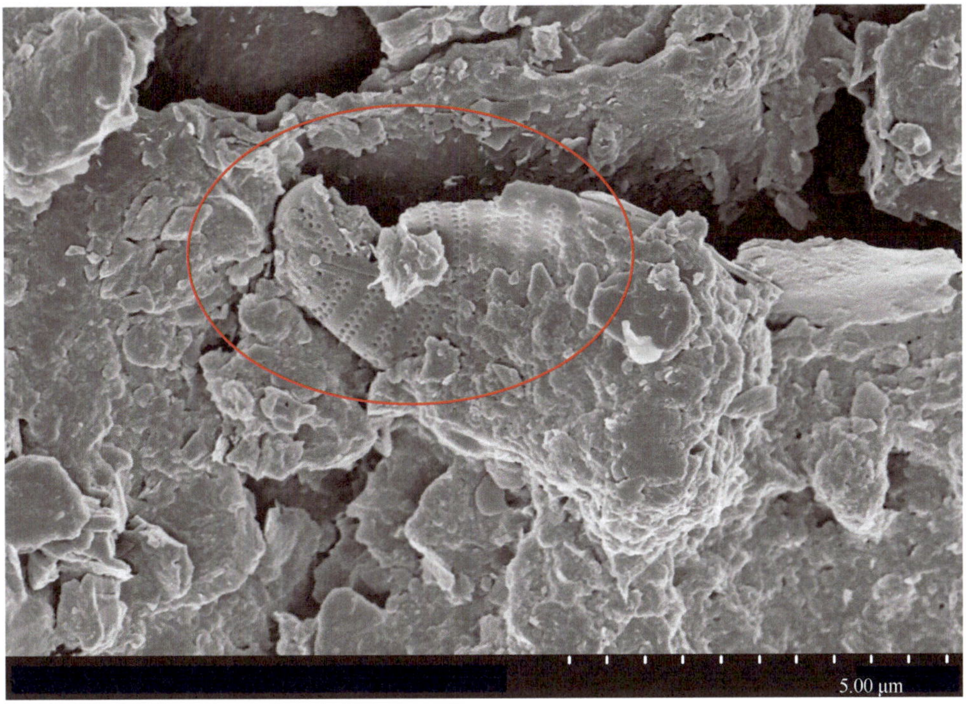

图 2.18　电镜下潮滩环境中树脂颗粒的表面硅藻

片可以用闪蒸 PGC-MS 来研究，即采用较低的闪蒸温度（如 250 ～ 300℃），使其中的小分子碎片挥发出来，同时避免大分子链的断裂，再通过质谱解析可以分析出酮、醇、酯类结构和不饱和键等。

（3）差示扫描量热法（DSC）分析

聚合物链在老化过程中断裂，产生更多具有较大活动能力的分子链端，它们可以规整排列，或在原有晶粒边缘诱导结晶，使得结晶度增人。如果支化或交联的比例较高，或是氧化产生的含氧官能团破坏了链的规整性，则会导致结晶度下降。这方面的变化可用 DSC 进行表征。

2.6.7　微塑料密度的分析方法

参考 Khatmullina 和 Isachenko（2017）的滴定法测定密度，配置体积比分别为 40 ： 160、80 ： 120、100 ： 100、120 ： 80、160 ： 40 的乙醇 - 水溶液（测定聚乙烯颗粒密度）或水 - 饱和 NaCl 溶液（测定聚苯乙烯、尼龙颗粒密度）。用镊子夹起塑料颗粒，放置于某种溶液液面下 1 cm 处停留 5 s 后，释放塑料颗粒，观察其状态（上升或下降），取出后放置于另一溶液中，当其在某两种溶液（如

80 ∶ 120与120 ∶ 80的溶液）之间沉降行为发生变化后，配制其中一种溶液。向其中一种溶液中加液体，如向80 ∶ 120乙醇溶液中加乙醇或向120 ∶ 80乙醇溶液中加水，搅拌后，当其稳定且不再上升或下降也没有上升或下降的趋势时，为悬浮状态（若有气泡附着轻轻搅拌或夹起塑料重新放置甩掉气泡）。微塑料呈现悬浮状态时，取出微塑料颗粒，使用比重瓶测定该溶液的密度。先称量比重瓶的初始质量，再称量装满去离子水时，比重瓶的质量，记下液体温度，最后测定比重瓶装满待测溶液时的质量，记下液体温度。

$$\text{待测溶液密度}=\frac{(\text{装满待测溶液时比重瓶质量}-\text{空比重瓶质量})\times\text{去离子水密度}}{\text{装满去离子水时比重瓶质量}} \quad (2\text{-}3)$$

一个样品袋中选择3个微塑料颗粒测定密度，最终得到的微塑料密度为某时刻、该深度下微塑料密度的平均值。

本章小结

微塑料采样和分析方法是微塑料研究领域的关键，但目前有关微塑料分析方法的研究尚不足，针对微塑料样品研究的方法技术尚不成熟，缺乏高效、便捷、精准的微塑料样品分析方法；采样和分析方法不一，导致各研究之间无法进行科学比较。此外，微塑料粒径范围成为微塑料研究的一大挑战，环境中的微塑料在外界作用下可能会裂解成更为细小的颗粒（如纳米级），这些颗粒目前还难以从环境中获得或从环境介质中分离和分析。因此，未来应注重对微塑料方法学的研究和探索，为微塑料研究和未来的污染治理提供技术支撑。

参考文献

杨睿, 周啸, 罗传秋, 等. 2010. 聚合物近代仪器分析[M]. 3版. 北京: 清华大学出版社.

尹洧. 2012. 大气颗粒物及其组成研究进展(上)[J]. 现代仪器与医疗, 18(2): 1-5.

周倩, 田崇国, 骆永明. 2017. 滨海城市大气环境中发现多种微塑料及其沉降通量差异[J]. 科学通报, 62: 3902-3909.

周倩, 章海波, 周阳, 等. 2016. 滨海潮滩土壤中微塑料的分离及其表面微观特征[J]. 科学通报, 61(14): 1604-1611.

周倩. 2016. 典型滨海潮滩及近海环境中微塑料污染特征与生态风险[D]. 烟台: 中国科学院烟台海岸带研究所硕士学位论文.

Alomar C, Estarellas F, Deudero S. 2016. Microplastics in the Mediterranean Sea: deposition in coastal shallow sediments, spatial variation and preferential grain size[J]. Marine Environmental Research, 115: 1-10.

Anderson A, Andrady A, Arthur C, et al. 2015. Sources, Fate and Effects of Microplastics in the Marine Environment: A Global Assessment[M]. London: International Maritime Organization.

Andrady A L. 2011. Microplastics in the marine environment[J]. Marine Pollution Bulletin, 62(8): 1596-1605.

Ashton K, Holmes L, Turner A. 2010. Association of metals with plastic production pellets in the marine environment[J]. Marine Pollution Bulletin, 60(11): 2050-2055.

Aytan U, Valente A, Senturk Y, et al. 2016. First evaluation of neustonic microplastics in Black Sea waters[J]. Marine Environmental Research, 119: 22-30.

Barnes D K A. 2002. Biodiversity: invasions by marine life on plastic debris[J]. Nature, 416(6883): 808-809.

Berto D, Rampazzo F, Gion C, et al. 2017. Preliminary study to characterize plastic polymers using elemental analyser/isotope ratio mass spectrometry (EA/IRMS)[J]. Chemosphere, 176: 47-56.

Browne M A, Crump P, Niven S J, et al. 2011. Accumulation of microplastic on shorelines worldwide: sources and sinks[J]. Environmental Science & Technology, 45(21): 9175-9179.

Browne M A, Galloway T S, Thompson R C. 2010. Spatial patterns of plastic debris along estuarine shorelines[J]. Environmental Science & Technology, 44(9): 3404-3409.

Cai L, Wang J, Peng J, et al. 2017. Characteristic of microplastics in the atmospheric fallout from Dongguan city, China: preliminary research and first evidence[J]. Environmental Science and Pollution Research, 24(32): 24928-24935.

Carpenter E J, Anderson S J, Harvey G R, et al. 1972. Polystyrene spherules in coastal waters[J]. Science, 178(4062): 749-750.

Carson H S, Nerheim M S, Carroll K A, et al. 2013. The plastic-associated microorganisms of the North Pacific Gyre[J]. Marine Pollution Bulletin, 75(1): 126-132.

Chialanza M R, Sierra I, Parada A P, et al. 2018. Identification and quantitation of semi-crystalline microplastics using image analysis and differential scanning calorimetry[J]. Environmental Science and Pollution Research, 25(17): 1-9.

Cincinelli A, Scopetani C, Chelazzi D, et al. 2017. Microplastic in the surface waters of the Ross Sea (Antarctica): occurrence, distribution and characterization by FTIR[J]. Chemosphere, 175: 391-400.

Claessens M, de Meester S, van Landuyt L, et al. 2011. Occurrence and distribution of microplastics in marine sediments along the Belgian coast[J]. Marine Pollution Bulletin, 62(10): 2199-2204.

Claessens M, van Cauwenberghe L, Vandegehuchte M B, et al. 2013. New techniques for the detection of microplastics in sediments and field collected organisms[J]. Marine Pollution Bulletin, 70(1): 227-233.

Cole M, Webb H, Lindeque P K, et al. 2014. Isolation of microplastics in biota-rich seawater samples and marine organisms[J]. Scientific Reports, 4: 4528.

Corcoran P L, Biesinger M C, Grifi M. 2009. Plastics and beaches: a degrading relationship[J]. Marine Pollution Bulletin, 58(1): 80-84.

Costa M F, do Sul J A I, Silva-Cavalcanti J S, et al. 2010. On the importance of size of plastic fragments and pellets on the strandline: a snapshot of a Brazilian beach[J]. Environmental Monitoring and Assessment, 168(1-4): 299-304.

Courtene-Jones W, Quinn B, Gary S F, et al. 2017. Microplastic pollution identified in deep-sea water and ingested by benthic invertebrates in the Rockall Trough, North Atlantic Ocean[J]. Environmental Pollution, 231: 271-280.

Cózar A, Sanz-Martín M, Martí E, et al. 2015. Plastic accumulation in the Mediterranean Sea[J].

PLoS one, 10(4): e0121762.
de Carvalho D G, Neto J A B. 2016. Microplastic pollution of the beaches of Guanabara Bay, Southeast Brazil[J]. Ocean & Coastal Management, 128: 10-17.
de Lucia G A, Matiddi M, Marra S, et al. 2014. Neustonic microplastic in the Sardinian coast (Central-Western Mediterranean Sea): amount, distribution and impact on zooplankton[J]. Marine Environmental Research, 100: 10-16.
de Scisciolo T, Mijts E N, Becker T, et al. 2016. Beach debris on Aruba, Southern Caribbean: attribution to local land-based and distal marine-based sources[J]. Marine Pollution Bulletin, 106(1): 49-57.
de Tender C A, Devriese L I, Haegeman A, et al. 2017. The temporal dynamics of bacterial and fungal colonization on plastic debris in the North Sea[J]. Environmental Science & Technology, 51: 7350-7360.
de Witte B, Devriese L, Bekaert K, et al. 2014. Quality assessment of the blue mussel (*Mytilus edulis*): comparison between commercial and wild types[J]. Marine Pollution Bulletin, 85(1): 146-155.
Dehghani S, Moore F, Akhbarizadeh R. 2017. Microplastic pollution in deposited urban dust, Tehran metropolis, Iran[J]. Environmental Science and Pollution Research, 24(25): 20360-20371.
Dekiff J H, Remy D, Klasmeier J, et al. 2014. Occurrence and spatial distribution of microplastics in sediments from Norderney[J]. Environmental Pollution, 186: 248-256.
Desforges J P W, Galbraith M, Dangerfield N, et al. 2014. Widespread distribution of microplastics in subsurface seawater in the NE Pacific Ocean[J]. Marine Pollution Bulletin, 79(1): 94-99.
Doyle M J, Watson W, Bowlin N M, et al. 2011. Plastic particles in coastal pelagic ecosystems of the Northeast Pacific ocean[J]. Marine Environmental Research, 71(1): 41-52.
Driedger A G J. 2015. Plastic Debris in the Laurentian Great Lakes: Classification, Distribution and Environmental Drivers[D]. Waterloo: University of Waterloo.
Dris R, Gasperi J, Mirande C, et al. 2017. A first overview of textile fibers, including microplastics, in indoor and outdoor environments[J]. Environmental Pollution, 221: 453-458.
Dris R, Gasperi J, Rocher V, et al. 2015. Microplastic contamination in an urban area: a case study in Greater Paris[J]. Environmental Chemistry, 12(5): 592-599.
Dris R, Gasperi J, Saad M, et al. 2016. Synthetic fibers in atmospheric fallout: a source of microplastics in the environment[J]? Marine Pollution Bulletin, 104(1-2): 290-293.
Dümichen E, Eisentraut P, Bannick C G, et al. 2017. Fast identification of microplastics in complex environmental samples by a thermal degradation method[J]. Chemosphere, 174: 572-584.
Eriksen M, Mason S, Wilson S, et al. 2013b. Microplastic pollution in the surface waters of the Laurentian Great Lakes[J]. Marine Pollution Bulletin, 77(1): 177-182.
Eriksen M, Maximenko N, Thiel M, et al. 2013a. Plastic pollution in the South Pacific subtropical gyre[J]. Marine Pollution Bulletin, 68(1): 71-76.
Farrell P, Nelson K. 2013. Trophic level transfer of microplastic: *Mytilus edulis* (L.) to *Carcinus maenas* (L.)[J]. Environmental Pollution, 177: 1-3.
Felsing S, Kochleus C, Buchinger S, et al. 2018. A new approach in separating microplastics from environmental samples based on their electrostatic behavior[J]. Environmental Pollution, 234: 20-28.
Fischer E K, Paglialonga L, Czech E, et al. 2016. Microplastic pollution in lakes and lake shoreline sediments—a case study on Lake Bolsena and Lake Chiusi (central Italy)[J]. Environmental

Pollution, 213: 648-657.

Fischer M, Scholz-Böttcher B M. 2017. Simultaneous trace identification and quantification of common types of microplastics in environmental samples by pyrolysis-gas chromatography-mass spectrometry[J]. Environmental Science & Technology, 51(9): 5052-5060.

Fisner M, Taniguchi S, Moreira F, et al. 2013. Polycyclic aromatic hydrocarbons (PAHs) in plastic pellets: variability in the concentration and composition at different sediment depths in a sandy beach[J]. Marine Pollution Bulletin, 70(1): 219-226.

Fok L, Cheung P K. 2015. Hong Kong at the Pearl River Estuary: a hotspot of microplastic pollution[J]. Marine Pollution Bulletin, 99(1): 112-118.

Free C M, Jensen O P, Mason S A, et al. 2014. High-levels of microplastic pollution in a large, remote, mountain lake[J]. Marine Pollution Bulletin, 85(1): 156-163.

Frias J, Gago J, Otero V, et al. 2016. Microplastics in coastal sediments from Southern Portuguese shelf waters[J]. Marine Environmental Research, 114: 24-30.

Frias J, Sobral P, Ferreira A M. 2010. Organic pollutants in microplastics from two beaches of the Portuguese coast[J]. Marine Pollution Bulletin, 60(11): 1988-1992.

Fries E, Dekiff J H, Willmeyer J, et al. 2013. Identification of polymer types and additives in marine microplastic particles using pyrolysis-GC/MS and scanning electron microscopy[J]. Environmental Science: Processes & Impacts, 15(10): 1949-1956.

Galgani F, Hanke G, Werner S, et al. 2011. MSFD GES technical subgroup on marine litter[R]. Technical recommendations for the implementation of MSFD requirements. JRC Scientific and Technical Report, EUR, 25009: p 93.

Garaba S P, Dierssen H M. 2018. An airborne remote sensing case study of synthetic hydrocarbon detection using short wave infrared absorption features identified from marine-harvested macro- and microplastics[J]. Remote Sensing of Environment, 205: 224-235.

Goldstein M C, Titmus A J, Ford M. 2013. Scales of spatial heterogeneity of plastic marine debris in the northeast Pacific Ocean[J]. PLoS One, 8(11): e80020.

Gregory M R. 2009. Environmental implications of plastic debris in marine settings—entanglement, ingestion, smothering, hangers-on, hitch-hiking and alien invasions[J]. Philosophical Transactions of the Royal Society of London B: Biological Sciences, 364(1526): 2013-2025.

Harrison J P, Ojeda J J, Romero-González M E. 2012. The applicability of reflectance micro-Fourier-transform infrared spectroscopy for the detection of synthetic microplastics in marine sediments[J]. Science of the Total Environment, 416: 455-463.

Harrison J P, Schratzberger M, Sapp M, et al. 2014. Rapid bacterial colonization of low-density polyethylene microplastics in coastal sediment microcosms[J]. BMC Microbiology, 14(1): 232.

Hendrickson E, Minor E C, Schreiner K. 2018. Microplastic abundance and composition in western Lake Superior as determined via microscopy, Pyr-GC/MS, and FTIR[J]. Environmental Science & Technology, 52(4): 1787-1796.

Heo N W, Hong S H, Han G M, et al. 2013. Distribution of small plastic debris in cross-section and high strandline on Heungnam beach, South Korea[J]. Ocean Science Journal, 48(2): 225-233.

Hidalgo-Ruz V, Gutow L, Thompson R C, et al. 2012. Microplastics in the marine environment: a review of the methods used for identification and quantification[J]. Environmental Science & Technology, 46(6): 3060-3075.

Hidalgo-Ruz V, Thiel M. 2013. Distribution and abundance of small plastic debris on beaches in the SE Pacific (Chile): a study supported by a citizen science project[J]. Marine Environmental Research, 87: 12-18.

Imhof H K, Schmid J, Niessner R, et al. 2012. A novel, highly efficient method for the separation and quantification of plastic particles in sediments of aquatic environments[J]. Limnology and Oceanography: Methods, 10(7): 524-537.

Isobe A, Uchida K, Tokai T, et al. 2015. East Asian seas: a hot spot of pelagic microplastics[J]. Marine Pollution Bulletin, 101(2): 618-623.

Ji X, Su M, Chen J, et al. 2017. A novel method for plastic particle sizing in suspension based on acoustic impedance spectrum[J]. Ultrasonics, 77: 224-230.

Jiang P L, Zhao S Y, Zhu L X, et al. 2018. Microplastic-associated bacterial assemblages in the intertidal zone of the Yangtze Estuary[J]. Science of the Total Environment, 624: 48-54.

Karami A, Golieskardi A, Choo C K, et al. 2017. A high-performance protocol for extraction of microplastics in fish[J]. Science of the Total Environment, 578: 485-494.

Karapanagioti H K, Endo S, Ogata Y, et al. 2011. Diffuse pollution by persistent organic pollutants as measured in plastic pellets sampled from various beaches in Greece[J]. Marine Pollution Bulletin, 62(2): 312-317.

Khatmullina L, Isachenko I. 2017. Settling velocity of microplastic particles of regular shapes[J]. Marine Pollution Bulletin, 114(2): 871-880.

Kukulka T, Proskurowski G, Morét-Ferguson S, et al. 2012. The effect of wind mixing on the vertical distribution of buoyant plastic debris[J]. Geophysical Research Letters, 39(7): L07601.

Lattin G L, Moore C J, Zellers A F, et al. 2004. A comparison of neustonic plastic and zooplankton at different depths near the southern California shore[J]. Marine Pollution Bulletin, 49(4): 291-294.

Law K L, Morét-Ferguson S E, Goodwin D S, et al. 2014. Distribution of surface plastic debris in the eastern Pacific Ocean from an 11-year data set[J]. Environmental Science & Technology, 48(9): 4732-4738.

Lee J, Hong S, Song Y K, et al. 2013. Relationships among the abundances of plastic debris in different size classes on beaches in South Korea[J]. Marine Pollution Bulletin, 77(1): 349-354.

Lee J, Lee J S, Jang Y C, et al. 2015. Distribution and size relationships of plastic marine debris on beaches in South Korea[J]. Archives of Environmental Contamination and Toxicology, 69(3): 288-298.

Li J, Qu X, Su L, et al. 2016. Microplastics in mussels along the coastal waters of China[J]. Environmental Pollution, 214: 177-184.

Li J, Yang D, Li L, et al. 2015. Microplastics in commercial bivalves from China[J]. Environmental Pollution, 207: 190-195.

Liebezeit G, Dubaish F. 2012. Microplastics in beaches of the East Frisian islands Spiekeroog and Kachelotplate[J]. Bulletin of Environmental Contamination and Toxicology, 89(1): 213-217.

Lima A R A, Costa M F, Barletta M. 2014. Distribution patterns of microplastics within the plankton of a tropical estuary[J]. Environmental Research, 132: 146-155.

Lobelle D, Cunliffe M. 2011. Early microbial biofilm formation on marine plastic debris[J]. Marine Pollution Bulletin, 62(1): 197-200.

Lusher A L, Burke A, O'Connor I, et al. 2014. Microplastic pollution in the Northeast Atlantic Ocean: validated and opportunistic sampling[J]. Marine pollution bulletin, 88(1-2): 325-333.

Lusher A L, Tirelli V, O'Connor I, et al. 2015. Microplastics in Arctic polar waters: the first reported values of particles in surface and sub-surface samples[J]. Scientific Reports, 5: 14947.

Maes T, Jessop R, Wellner N, et al. 2017. A rapid-screening approach to detect and quantify microplastics based on fluorescent tagging with Nile Red[J]. Scientific Reports, 7: 44501.

Mathalon A, Hill P. 2014. Microplastic fibers in the intertidal ecosystem surrounding Halifax Harbor, Nova Scotia[J]. Marine Pollution Bulletin, 81(1): 69-79.

McCormick A, Hoellein T J, Mason S A, et al. 2014. Microplastic is an abundant and distinct microbial habitat in an urban river[J]. Environmental Science & Technology, 48(20): 11863-11871.

Morét-Ferguson S, Law K L, Proskurowski G, et al. 2010. The size, mass, and composition of plastic debris in the western North Atlantic Ocean[J]. Marine Pollution Bulletin, 60(10): 1873-1878.

Murray F, Cowie P R. 2011. Plastic contamination in the decapod crustacean *Nephrops norvegicus* (Linnaeus, 1758)[J]. Marine Pollution Bulletin, 62(6): 1207-1217.

Nel H A, Froneman P W. 2015. A quantitative analysis of microplastic pollution along the south-eastern coastline of South Africa[J]. Marine Pollution Bulletin, 101(1): 274-279.

Ng K L, Obbard J P. 2006. Prevalence of microplastics in Singapore's coastal marine environment[J]. Marine Pollution Bulletin, 52(7): 761-767.

Noik V J, Tuah P M. 2015. A first survey on the abundance of plastics fragments and particles on two sandy beaches in Kuching, Sarawak, Malaysia[J]. IOP Conference Series: Materials Science and Engineering, 78(1): 012035.

Nor N H M, Obbard J P. 2014. Microplastics in Singapore's coastal mangrove ecosystems[J]. Marine Pollution Bulletin, 79(1): 278-283.

Nuelle M T, Dekiff J H, Remy D, et al. 2014. A new analytical approach for monitoring microplastics in marine sediments[J]. Environmental Pollution, 184: 161-169.

Oberbeckmann S, Loeder M G J, Gerdts G, et al. 2014. Spatial and seasonal variation in diversity and structure of microbial biofilms on marine plastics in Northern European waters[J]. FEMS Microbiology Ecology, 90(2): 478-492.

Oberbeckmann S, Osborn A M, Duhaime M B. 2016. Microbes on a bottle: substrate, season and geography influence community composition of microbes colonizing marine plastic debris[J]. PLoS One, 11(8): e0159289.

Ogata Y, Takada H, Mizukawa K, et al. 2009. International pellet watch: global monitoring of persistent organic pollutants (POPs) in coastal waters. 1. Initial phase data on PCBs, DDTs, and HCHs[J]. Marine Pollution Bulletin, 58(10): 1437-1446.

Oßmann B E, Sarau G, Schmitt S W, et al. 2017. Development of an optimal filter substrate for the identification of small microplastic particles in food by micro-Raman spectroscopy[J]. Analytical and Bioanalytical Chemistry, 409(16): 4099-4109.

Qiu Q, Peng J, Yu X, et al. 2015. Occurrence of microplastics in the coastal marine environment: first observation on sediment of China[J]. Marine Pollution Bulletin, 98(1): 274-280.

Quik J T K, Stuart M C, Wouterse M, et al. 2012. Natural colloids are the dominant factor in the sedimentation of nanoparticles[J]. Environmental Toxicology and Chemistry, 31(5): 1019-1022.

Reisser J W, Slat B, Noble K D, et al. 2015. The vertical distribution of buoyant plastics at sea: an observational study in the North Atlantic Gyre[J]. Biogeosciences, 12(4): 1249-1256.

Reisser J, Shaw J, Hallegraeff G, et al. 2014. Millimeter-sized marine plastics: a new pelagic habitat for microorganisms and invertebrates[J]. PLoS One, 9(6): e100289.

Reisser J, Shaw J, Wilcox C, et al. 2013. Marine plastic pollution in waters around Australia: characteristics, concentrations, and pathways[J]. PLoS One, 8(11): e80466.

Roch S, Brinker A. 2017. Rapid and efficient method for the detection of microplastic in the gastrointestinal tract of fishes[J]. Environmental Science & Technology, 51(8): 4522-4530.

Sadri S S, Thompson R C. 2014. On the quantity and composition of floating plastic debris entering and leaving the Tamar Estuary, Southwest England[J]. Marine Pollution Bulletin, 81(1): 55-60.

Serranti S, Palmieri R, Bonifazi G, et al. 2018. Characterization of microplastic litter from oceans by an innovative approach based on hyperspectral imaging[J]. Waste Management, 76: 117-125.

Setälä O, Magnusson K, Lehtiniemi M, et al. 2016. Distribution and abundance of surface water microlitter in the Baltic Sea: a comparison of two sampling methods[J]. Marine Pollution Bulletin, 110(1): 177-183.

Shiber J G. 1979. Plastic pellets on the coast of Lebanon[J]. Marine Pollution Bulletin, 10(1): 28-30.

Song Y K, Hong S H, Jang M, et al. 2014. Large accumulation of micro-sized synthetic polymer particles in the sea surface microlayer[J]. Environmental Science & Technology, 48: 9014-9021.

Su L, Xue Y, Li L, et al. 2016. Microplastics in taihu lake, China[J]. Environmental Pollution, 216: 711-719.

Tagg A S, Harrison J P, Ju-Nam Y, et al. 2017. Fenton's reagent for the rapid and efficient isolation of microplastics from wastewater[J]. Chemical Communications, 53(2): 372-375.

Thompson R C, Olsen Y, Mitchell R P, et al. 2004. Lost at sea: where is all the plastic[J]? Science, 304(5672): 838.

Turra A, Manzano A B, Dias R J S, et al. 2014. Three-dimensional distribution of plastic pellets in sandy beaches: shifting paradigms[J]. Scientific Reports, 4(3): 4435.

van Cauwenberghe L, Claessens M, Vandegehuchte M B, et al. 2013a. Assessment of marine debris on the Belgian Continental Shelf[J]. Marine Pollution Bulletin, 73(1): 161-169.

van Cauwenberghe L, Claessens M, Vandegehuchte M B, et al. 2015. Microplastics are taken up by mussels (*Mytilus edulis*) and lugworms (*Arenicola marina*) living in natural habitats[J]. Environmental Pollution, 199: 10-17.

van Cauwenberghe L, Janssen C R. 2014. Microplastics in bivalves cultured for human consumption[J]. Environmental Pollution, 193: 65-70.

van Cauwenberghe L, Vanreusel A, Mees J, et al. 2013b. Microplastic pollution in deep-sea sediments[J]. Environmental Pollution, 182: 495-499.

van Franeker J A, Blaize C, Danielsen J, et al. 2011. Monitoring plastic ingestion by the northern fulmar *Fulmarus glacialis* in the North Sea[J]. Environmental Pollution, 159(10): 2609-2615.

Vandermeersch G, van Cauwenberghe L, Janssen C R, et al. 2015. A critical view on microplastic quantification in aquatic organisms[J]. Environmental Research, 143: 46-55.

Vianello A, Boldrin A, Guerriero P, et al. 2013. Microplastic particles in sediments of Lagoon of Venice, Italy: first observations on occurrence, spatial patterns and identification[J]. Estuarine, Coastal and Shelf Science, 130: 54-61.

von Moos N, Burkhardt-Holm P, Köhler A. 2012. Uptake and effects of microplastics on cells and tissue of the blue mussel *Mytilus edulis* L. after an experimental exposure[J]. Environmental Science & Technology, 46(20): 11327-11335.

Webb H K, Crawford R J, Sawabe T, et al. 2009. Poly (ethylene terephthalate) polymer surfaces as a substrate for bacterial attachment and biofilm formation[J]. Microbes and Environments, 24(1):

39-42.
Wessel C C, Lockridge G R, Battiste D, et al. 2016. Abundance and characteristics of microplastics in beach sediments: insights into microplastic accumulation in northern Gulf of Mexico estuaries[J]. Marine Pollution Bulletin, 109(1): 178-183.
Woodall L C, Gwinnett C, Packer M, et al. 2015. Using a forensic science approach to minimize environmental contamination and to identify microfibres in marine sediments[J]. Marine Pollution Bulletin, 95(1): 40-46.
Woodall L C, Sanchez-Vidal A, Canals M, et al. 2014. The deep sea is a major sink for microplastic debris[J]. Royal Society Open Science, 1(4): 140317.
Yu X, Peng J, Wang J, et al. 2016. Occurrence of microplastics in the beach sand of the Chinese inner sea: the Bohai Sea[J]. Environmental Pollution, 214: 722-730.
Zettler E R, Mincer T J, Amaral-Zettler L A. 2013. Life in the "plastisphere": microbial communities on plastic marine debris[J]. Environmental Science & Technology, 47(13): 7137-7146.
Zhang H, Zhou Q, Xie Z, et al. 2018b. Occurrences of organophosphorus esters and phthalates in the microplastics from the coastal beaches in north China[J]. Science of the Total Environment, 616: 1505-1512.
Zhang K, Gong W, Lv J, et al. 2015. Accumulation of floating microplastics behind the Three Gorges Dam[J]. Environmental Pollution, 204: 117-123.
Zhang K, Su J, Xiong X, et al. 2016. Microplastic pollution of lakeshore sediments from remote lakes in Tibet plateau, China[J]. Environmental Pollution, 219: 450-455.
Zhang S, Yang X, Gertsen H, et al. 2018a. A simple method for the extraction and identification of light density microplastics from soil[J]. Science of The Total Environment, 616: 1056-1065.
Zhao J, Liu L, Zhang Y, et al. 2018. A novel way to rapidly monitor microplastics in soil by hyperspectral imaging technology and chemometrics[J]. Environmental Pollution, 238: 121-129.
Zhao S, Zhu L, Li D. 2015a. Microplastic in three urban estuaries, China[J]. Environmental Pollution, 206: 597-604.
Zhao S, Zhu L, Li D. 2015b. Characterization of small plastic debris on tourism beaches around the South China Sea[J]. Regional Studies in Marine Science, 1: 55-62.
Zhao S, Zhu L, Wang T, et al. 2014. Suspended microplastics in the surface water of the Yangtze Estuary System, China: first observations on occurrence, distribution[J]. Marine Pollution Bulletin, 86(1): 562-568.
Zhu X. 2015. Optimization of elutriation device for filtration of microplastic particles from sediment[J]. Marine Pollution Bulletin, 92(1): 69-72.
Zurcher N A. 2009. Small plastic debris on beaches in Hong Kong: an initial investigation[D]. Hong Kong: HKU Theses Online (HKUTO).

第3章

海洋微塑料的来源和分布特征

微塑料在海洋中普遍存在，有的来自海洋，更多的来自陆地。按微塑料的成因，可将海洋中微塑料分为“原生”和“次生”两类。“原生”微塑料是指直接被生产成微小的、用于塑料生产或其他应用中的塑料（Arthur *et al.*, 2009），而“次生”微塑料是指由大型塑料裂解产生的微塑料（Andrady，2011）。微塑料在海洋中的分布因其自身属性和洋流、人类活动等影响而具有异质性。本章主要从海洋的角度，探讨海洋微塑料的来源及其在海洋环境中的分布特征。其中 3.1 节主要介绍海洋环境中“原生”和“次生”微塑料污染的来源与途径；3.2 节主要从近海、大洋及“垃圾带”的角度，介绍微塑料的分布特征，并简要介绍了海洋环境中微塑料的时空分布趋势及模型应用；3.3 节则介绍海底沉积物中微塑料的分布特征。

3.1 海洋微塑料的来源

全球塑料生产的种类多种多样，市场上主要有 6 类：聚乙烯（高密度和低密度）、聚丙烯、聚氯乙烯、聚苯乙烯（包括发泡型 EPS）、聚氨酯和聚对苯二甲酸乙二醇酯。塑料通常由化石燃料合成，一些生物质也可用作塑料原料。最常见的人造和天然合成的聚合物生产链如图 3.1 所示。所有的塑料在环境暴露下将会裂解形成（次生）微塑料。除了用于建筑行业的塑料（如 PVC）（约占塑料生产的 1/3），大部分用于包装产品的热塑性塑料（PE、PP）具有较短的使用寿命，并最终迅速成为废弃物。人造微塑料特定的应用有工业洗涤器（scrubber）、个人清洁护理品（如牙膏）等。近年来，有研究者通过元素分析仪 / 同位素比例质谱法（elemental analyser/isotope ratio mass spectrometry，EA/IRMS）获得的 δ^{13}C 值区分出了石油来源塑料和生物质来源塑料（Berto *et al.*，2017）。

未来塑料行业中生物质原料（填料）的应用会增加，并会逐渐替代化石燃料原料。然而，生物质加工而成的塑料并不一定具有生物降解性。实际上，诸如生物质 PE 或生物质 PET 等生物质树脂与常规对应塑料材料的寿命、应用和回收能力等属性一致，并用于替代具相同结构的常规塑料。

“原生”与“次生”微塑料的区别是塑料在最初生产时即为 5 mm 以内的尺寸（原生）还是由大块塑料裂解产生（次生）。这种区别可以指示微塑料的潜在来源，从而以此制定相应措施减少微塑料进入环境。

3.1.1 海洋环境中的“原生”微塑料污染

“原生”微塑料包括工业“洗涤器”（用于表面喷砂清洁）、塑料粉（塑模成型）、微珠（化妆品配方）及塑料纳米颗粒（各种工业生产过程）。此外，还包括

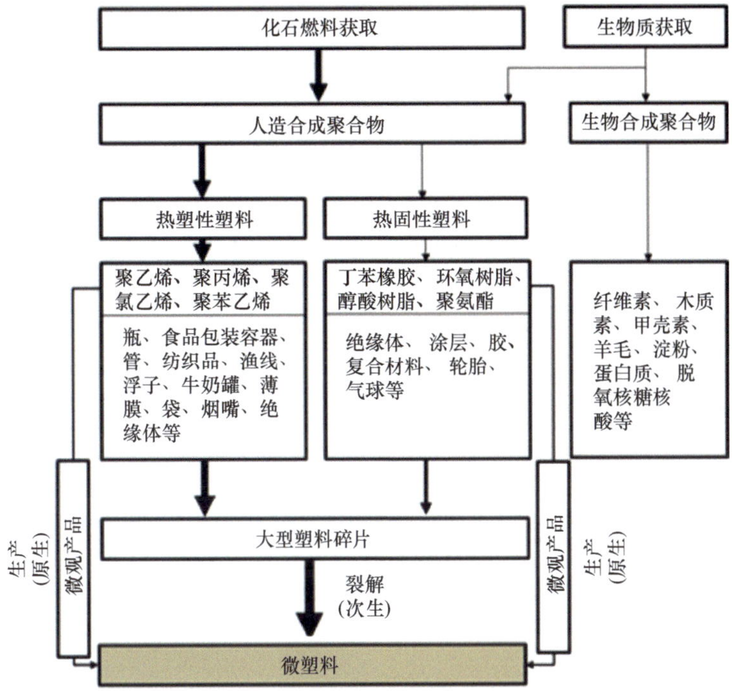

图 3.1　常见的人造（塑料）和天然聚合物的生产及其主要应用

直径约 5 mm 的球状或圆柱状的原始树脂颗粒，其广泛应用于塑料制造业和塑料产品的生产。海洋环境中“原生”微塑料污染包括陆源污染和海源污染。这里所涉及的主要是人工合成塑料。除此之外，一些天然存在的生物聚合物也可能存在于海洋。它们的疏水性能比人工合成塑料低，一般可被生物降解，大多数易被降解为 CO_2 和 H_2O（Poulicek and Jeuniaux，1991）。

1. 陆源污染

海洋作为全球最大的汇，容纳着各类污水和废弃物，而陆源是海洋污染的重要来源。“原生”微塑料陆源污染的途径多样。一些塑料行业在生产或加工工业原料过程中往往会无意将其排入环境中，如树脂颗粒；一些工业污水中会存在大量的工业原料或直接用于产品生产的微珠，以及生活中常使用的含有微塑料的个人护理品；在使用上述原料或产品之后，其中的微塑料会进入生活污水系统，污水处理厂在处理各类污水时由于其粒径过小而无法将其拦截，从而大量进入环境中，这些微塑料会随着河流或地表径流等途径进入海洋中（Cheung and Fok，2016；van Wezel *et al.*，2016；Lebreton *et al.*，2017），有些甚至随污水直接排入海洋中。据估计，美国每年约有 200 t 塑料微珠被添加在个人护理品中，其中近

50% 的微珠会通过污水处理厂进入海洋（Gouin *et al.*，2011）。

2. 海源污染

海源污染主要包括海上人类活动污染和大洋垃圾带污染。

（1）海上人类活动污染

海上人类活动中，工业原料的海上运输是海洋中原生塑料的主要贡献。工业原料在海上运输或转移的过程中可能发生的运输包装的破损、原料的泄露等事件，使之有意或无意地进入海洋环境中。

（2）大洋垃圾带污染

从全球范围来看，在北太平洋和北大西洋的亚热带环流区，均存在大面积的毫米级塑料垃圾富集，从而形成了两个大洋的“垃圾带”（Law *et al.*，2010；Goldstein *et al.*，2013）。垃圾带中也可能存在历史遗留或新进入的“原生”微塑料，这些刚进入海洋的“原生”微塑料会通过洋流等作用汇聚于“垃圾带”中，而“垃圾带”中存在的“原生”微塑料也会在海洋中再分布。

3.1.2 海洋环境中的“次生”微塑料污染

“次生”微塑料是指进入环境中的大块塑料裂解、风化所形成的微塑料，这一现象常在一些纺织品、涂料、橡胶轮胎等产品的使用阶段或其残体及一次性物品进入环境中时发生。与海面漂浮塑料碎片相比，海滩上的塑料碎片风化降解速率更快。与“原生”微塑料类似，海洋环境中“次生”微塑料的来源同样包括陆源和海源两种主要途径。

1. 陆源污染

陆源是海洋环境中“次生”微塑料的主要来源。从海洋中大块塑料碎片来看，80% 来自陆地，20% 则来自海洋（GESAMP，1990）。因此，陆源贡献了大部分的海洋“次生”微塑料污染。海洋中“次生”微塑料的陆源污染，一方面是以大块塑料碎片形式进入海洋环境，然后在海洋中进一步裂解。其主要过程为漂浮在海水中的微塑料被暴露于太阳紫外辐射等外界环境作用下，风化降解并逐渐失去其完整性，随着大面积的风化，塑料表面形成裂纹，并逐渐裂解为微塑料。另一方面则是以微塑料的形式进入海洋环境，即在进入海洋之前就已裂解形成微塑料，如洗涤衣物产生的尼龙纤维等。进入海洋之前的陆地环境中的塑料碎片，在强烈的紫外辐射与其他环境粒子机械撞击等作用下，表面氧化并出现裂纹、凹坑等现象，随后发生裂解形成微塑料，并可能进一步产生微纳米塑料颗粒。上述两种情形是海洋环境中“次生”微塑料形成的基本过程。

陆源污染中，一些生活、工业、养殖等产生的大量污水因不合理处置等进入环境中，随河流、地表径流等途径进入海洋。有研究表明，河流是海洋垃圾的重要来源（Rech *et al.*，2014）。有些污水虽进行了一定程度的处理，但由于粒径过小无法被拦截，从而逃脱污水处理系统的屏障进入环境中（Estahbanati and Fahrenfeld，2016）。Browne 等（2011）研究表明，在日常衣物清洗过程中，每次清洗时有高达 1900 多个衣物纤维进入废水中，其中单位体积废水中的纤维量可达 100 N/L 以上。另外，一些固体废弃物堆埋场的塑料垃圾可能由于地表径流、地下渗透、风等作用进入海洋，成为海洋塑料垃圾的另一个陆源污染。例如，图 3.2 所示为我国沿海附近的塑料垃圾堆放场地，其中许多塑料垃圾随风的作用遍布于附近各个角落，附近的植被与树木覆盖或悬挂着各类塑料袋等垃圾，堆放场不合理的管理与处置给当地环境带来了极大的影响。此外，海洋倾废现象也较为普遍。我国渤海、黄海等海区均有不同程度的海洋倾废行为（李永祺，2012）。

图 3.2　我国渤海某海岸的塑料垃圾堆放场地

2. 海源污染

海源污染主要包括海上人类活动污染和大洋垃圾带污染。

（1）海上人类活动污染

海上客运、游船观光及海上作业（捕鱼、钻井等）等活动带来的塑料污染。例如，游览、客运船只中的生活垃圾向海中的排入，海上作业的渔船及船只上塑料装置的破损及渔具的丢弃等。

（2）大洋垃圾带污染

从全球范围来看，北太平洋和北大西洋的亚热带环流区（Law *et al.*，2010；Goldstein *et al.*,2013），形成的“垃圾带”中聚集着大量的大块塑料碎片和微塑料，其中无论是大块塑料碎片还是微塑料，均会进一步降解成更细小的塑料颗粒。从“垃圾带”来看，一方面，其中部分塑料碎片会因洋流等离开“垃圾带”，随洋流、风力等作用在海洋上漂流；另一方面，“垃圾带”以外的微塑料也会在洋流等外力条件作用下进入“垃圾带”，从而影响着整个海洋中微塑料的再分布。

从全球海洋表面水体中塑料碎片丰度情况来看，在海洋五大环流区域塑料碎片丰度均较高。据估计，公海表面塑料量在 7000 ～ 35 000 t，主要分布在全球五大分布区（与五大环流相对应），其中北太平洋塑料负载量占全球的 33% ～ 35%，这种差异主要与环流大小有关；此外，北太平洋塑料负载量大还与亚洲大陆东部沿海人口数量多（约占全球海岸带人口的 1/3）有关（Cózar *et al.*，2014）。

表 3.1 显示了海洋环境中常见的塑料聚合物类型及其应用和相对密度。这些大块塑料碎片在海洋环境中的存在为海洋“次生”微塑料的形成提供了潜在的多样化来源。虽然在海洋系统中微塑料丰度大大超过大块塑料，但它们仍然只是塑料在海洋中总质量比例的小部分（Browne *et al.*，2010）。这意味着即使现在阻止大型垃圾排放到海洋中，在海上和海滩上已经存在的大型垃圾也将会持续降解产生微塑料，导致微塑料量仍呈持续增长的状态。

表 3.1　海洋环境中塑料的相对密度和常见应用（改编自 Andrady，2011）
（引自 Anderson *et al.*，2015）

树脂类型	常见应用	相对密度
聚乙烯	塑料袋、存储容器	0.91 ～ 0.95
聚丙烯	绳、瓶盖、齿轮、皮带	0.90 ～ 0.92
聚苯乙烯（膨胀）	冷却箱、浮子、杯子	0.01 ～ 1.05
聚苯乙烯	餐具、容器	1.04 ～ 1.09
聚氯乙烯	膜、管子、容器	1.16 ～ 1.30
聚酰胺（polyamide，PA）或尼龙	渔网、绳子	1.13 ～ 1.15
聚对苯二甲酸乙二醇酯乙烯	皮带、瓶子	1.34 ～ 1.39
聚酯树脂 + 玻璃纤维	纺织品、船	＞ 1.35

此外，值得注意的是，海洋中无论是“原生”微塑料还是“次生”微塑料，除了以上所说的几类来源，大气传播与沉降也是海洋环境中微塑料的另一重要来源。一些轻质微塑料（如纤维等）进入环境后漂浮于大气中，并随着风力作用发生迁移，在风力减弱或降雨时发生沉降。大气传播和沉降是微塑料进入海洋环境的不可忽视的途径。

3.2　海水中微塑料的分布特征

微塑料采样的地理覆盖范围逐年增加，北半球海域已进行了大量的微塑料调查研究。当前，有关表层海水中微塑料调查的报道较多，包括近岸海域（Carpenter *et al.*，1972；Doyle *et al.*，2011；Reisser *et al.*，2013）、开放海域（Carpenter and Smith，1972；Law *et al.*，2010；Goldstein *et al.*，2012；Eriksen *et al.*，2013）、封闭或半封闭海域，如地中海（Collignon *et al.*，2012；Law *et al.*，2014）、北海（大西洋）（Dubaish and Liebezeit，2013）和中国南海北部近岸海域（Zhou *et al.*，2011）。空间上涉及河口、海湾、海峡、海岛周边、近海等近岸海域，也有南北太平洋、南北大西洋、印度洋等远洋海区。研究地区包括欧洲、美洲和亚洲，其中欧洲地区的研究更多，而我国有关海水中微塑料的类型、丰度及空间分布方面研究较少，有关海域的微塑料调查数据较为缺乏。本节介绍了全球近岸海域和深海大洋中微塑料的分布特征，为了解海洋中微塑料的分布状态提供系统认识，也为我国海洋微塑料调查研究提供思路和参考。

3.2.1　近岸海域微塑料的水平与垂直分布特征

1. 近岸海域水体表面微塑料分布

近岸海域水面上的微塑料分布较为普遍，其中一些细颗粒的粒径可小于 50 μm。尽管报道的微塑料丰度存在很大的空间变异性，然而在所有研究区域都存在微塑料。例如，在加拿大夏洛特皇后湾海面的微塑料丰度平均可高达 7630 N/m^3（Desforges *et al.*，2014），但在一些河口地区，丰度又低至 0.03 N/m^3（Sadri and Thompson，2014）。海面中微塑料的丰度与粒径有关，例如，在沿海地区调查的微塑料粒径分级中发现，水体中微塑料粒径范围越小，其数量越高，一些大的塑料碎片（如＞10 mm）可逐步破碎成微塑料；通过实际调查及模型估计，一个粒径为 200 mm 的塑料碎片可逐步碎裂成 62 500 个粒径约 0.8 mm 的微塑料（Eriksen *et al.*，2014）。

表 3.2 归纳了全球范围内河流与河口、海湾、海峡、海岛周边、近海等不同类型的近岸海域水面漂浮微塑料的丰度和粒径分布特征。总体上，全球海岸带地区海面漂浮微塑料污染已较普遍。我国也已开展了一些调查，例如，对香港沿海浴场和水体中垃圾碎片（包括大块塑料、微塑料和其他）的调查（Lee，2013），长江口及东海近岸水体表面微塑料的调查（Zhao *et al.*，2014），以及椒江、瓯江、岷江 3 个江口水体中微塑料存在情况的调查（Zhao *et al.*，2015）。其中，我国长

江口地区的微塑料丰度相对较高，仅次于加拿大夏洛特皇后湾。从监测到的微塑料颗粒大小来看，粒径 500 μm 左右的微塑料较为突出，也有一些海岸以 50 μm 以下的微塑料为主。

表 3.2　全球海岸、河口及近岸海域水面漂浮微塑料的粒径和丰度

调查区域	粒径	微塑料丰度*	参考文献
奥地利多瑙河	＜ 20 mm	（0.32±4.67）N/m^3	Lechner *et al.*，2014
英格兰西南部的泰马河口	包括＞ 5 mm	0.03 N/m^3	Sadri and Thompson，2014
巴西戈亚纳河口	＜ 5 mm	0.26 N/m^3	Lima *et al.*，2014
地中海科西嘉岛卡尔维湾	0.2 ～ 10 mm	0.06 N/m^2	Collignon *et al.*，2014
地中海科西嘉岛卡尔维湾	＞ 10 mm	0.01 N/m^2	Collignon *et al.*，2014
以色列沿岸（地中海）	0.3 ～ 5 mm	（7.68±2.38）N/m^3	van der Hal *et al.*，2017
地中海西北部	0.3 ～ 5 mm	0.12 N/m^2	Collignon *et al.*，2012
北海南部的翡翠湾	＜ 5 mm	（64±194）N/L	Dubaish and Liebezeit，2013
加拿大夏洛特皇后湾	（398±376）μm	（7630±1410）N/m^3	Desforges *et al.*，2014
加拿大乔治亚海峡	（513±494）μm	（3210±628）N/m^3	Desforges *et al.*，2014
加拿大温哥华岛西海岸	（558±521）μm	（1710±1110）N/m^3	Desforges *et al.*，2014
加拿大温尼伯湖	0.3 ～ 5 mm	53 000 ～ 748 000 N/km^2	Anderson *et al.*，2017
英吉利海峡西部	＜ 5 mm	0.27 N/m^3	Cole *et al.*，2014
意大利撒丁岛西海域	＜ 5 mm	0.15 N/m^3	de Lucia *et al.*，2014
利古里亚海和撒丁岛海域	＜ 5 mm	0 ～ 10 N/m^3	Fossi *et al.*，2012
葡萄牙海岸	＜ 5 mm	0.002 ～ 0.036 N/m^3	Frias *et al.*，2014
法国布雷斯特湾	＜ 5 mm	（0.24±0.35）N/m^3	Frère *et al.*，2017
南极洲罗斯海	—	0.0032 ～ 1.18 N/m^3	Cincinelli *et al.*，2017
韩国南部海岸	＜ 50 μm	（103±59）N/L	Song *et al.*，2014
韩国南部海岸	50 ～ 100 μm	（69±41）N/L	Song *et al.*，2014
韩国南部海岸	100 ～ 200 μm	（23±20）N/L	Song *et al.*，2014
韩国南部海岸	200 ～ 500 μm	（11±11）N/L	Song *et al.*，2014
韩国南部海岸	500 ～ 1000 μm	（2.9±3.4）N/L	Song *et al.*，2014
韩国南部海岸	＞ 1000 μm	（2.1±2.9）N/L	Song *et al.*，2014
中国长江口	0.5 ～ 5 mm	（4137.3±2461.5）N/m^3	Zhao *et al.*，2014
中国东海海岸	0.5 ～ 5 mm	（0.167±0.138）N/m^3	Zhao *et al.*，2014
中国椒江口	0.333 ～ 5 mm	（955.6±848.7）N/m^3	Zhao *et al.*，2015
中国瓯江口	0.333 ～ 5 mm	（680.0±284.6）N/m^3	Zhao *et al.*，2015
中国闽江口	0.333 ～ 5 mm	（1245.8±531.5）N/m^3	Zhao *et al.*，2015
北大西洋西部海岸	0.333 ～ 5 mm	0.01 ～ 14.1 N/m^3	Carpenter *et al.*，1972

*：丰度单位中 N 代表微塑料的个数

近岸海域表面微塑料分布受多种因素的影响。首先是地理位置、潮汐、海浪、风等自然因素的影响。一些诸如海湾、河口附近的近岸水域易聚集大量的微塑料。对于海湾来说，无论是陆源输入的微塑料还是洋流带来的微塑料进入海湾后易在此滞留；河流输入是海洋微塑料陆源污染的重要途径。Zhao 等（2014）通过调查长江口及其附近近岸水体中的微塑料发现，距离长江口越远，水体中微塑料丰度越低，呈现了近岸海域明显的陆源污染特征。因此，在河口附近的近岸海域微塑料丰度相对较高；潮汐涨落、海浪大小及风力与风向影响着近岸海域微塑料的迁移，从而影响其微塑料丰度的变化及其再分布。其次是来源、海岸带人口及管理政策等社会因素的影响。微塑料来源是近岸海域微塑料污染的主要贡献因素，尤其是一些靠近近海养殖、港口、码头、浴场及垃圾倾废区等具有微塑料潜在来源的近岸海域微塑料丰度较高，反之则相对较低；沿岸人口密度较高的近岸海域受人类活动的影响较大，污染程度也相对较高；一个地区的垃圾管理政策与治理措施实施的力度对沿海海域垃圾的输入同样具有重要影响。

2. 近岸海域水体垂直分布

关于近岸海域水体表面微塑料污染已有大量的调查研究，而水体垂直剖面中微塑料的调查相对较少，对微塑料在水体中垂直分布情况缺乏全面的认识与了解。除表面水体调查研究外，有部分研究报道了近表面水体中微塑料的存在（主要为水面下 10 m 以内）（Lattin *et al.*，2004；Doyle *et al.*，2011；Kukulka *et al.*，2012），而超过 200 m 深度的研究很少，可能由于采样方法还不完善（Anderson *et al.*，2015）。

Lattin 等（2004）调查了加利福尼亚南部沿岸水域不同深度（表层、中部、底部，深度＜ 30 m）中塑料碎片的丰度，发现底部水体中塑料碎片丰度最高，而中部水体中塑料碎片丰度最少。其原因可能是底部水体在一定程度上受底质中塑料的影响（再悬浮），而中部水体受表面和底质的干扰均较小。Lima 等（2014）通过调查巴西的戈亚纳河口上下游表层和底层水体中不同季节微塑料分布发现，河口上游硬塑料全年保持较高的丰度，而河口下游底部水体硬塑料丰度在雨季后期最高，在雨季前期和旱季前期最低。对于软塑料而言，其丰度在河口下游底部水体全年保持最高，并在雨季后期和旱季后期达到峰值；河口上游的表层水体中软塑料丰度在雨季后期也达到一个高峰，但河口下游底部水体中其丰度在旱季前期达到最低。总体上，戈亚纳河口水体中微塑料丰度随季节、位置和水体深度变化的差异并不大。如表 3.3 所示，Desforges 等（2014）调查了太平洋东北部及近岸海域亚表层（深度约为 4.5 m）水体中微塑料丰度及其各粒径分布情况，发现太平洋东北部亚表层微塑料丰度要明显低于温哥华西海岸、夏洛特皇后湾及乔治亚海峡等近岸亚表层；从粒径分布上看，亚表层海水中微塑料粒径主要集中在 100 ～ 1000 μm，并以 100 ～ 500 μm 的粒径范围为主。

表 3.3　近岸海域亚表层（深度约为 4.5 m）水体中微塑料丰度（Desforges *et al.*，2014）

地理位置	丰度 / （N/m^3）	粒径 /μm	粒径分布（占总量的百分比 /%）			
			62 ～ 100 μm	100 ～ 500 μm	500 ～ 1000 μm	＞ 1000 μm
太平洋东北部	279±178	684±953	8.04±10.3	52.4±17.2	20.7±12.2	18.8±8.28
温哥华西海岸	1710±1110	558±521	3.48±5.00	59.9±17.6	22.5±12.9	14.0±9.04
夏洛特皇后湾	7630±1410	398±376	8.78±6.65	67.2±2.31	22.5±12.9	5.43±1.84
乔治亚海峡	3210±628	513±494	7.02±6.93	56.4±13.1	21.6±6.39	14.9±11.7

在对北大西洋环流 5 m 深的海水调查中，观测到塑料的个数和质量随深度的增加呈现指数衰减，质量衰减率大于数量衰减率，粒径较小的塑料更容易进入深层水体，在垂直方向迁移（Reisser *et al.*，2015）。Lusher 等（2015）在北极海水的表层和次表层分别使用拖网与采水泵的方法采集微塑料样品，发现次表层水体的微塑料丰度大于表层水体，但不能排除采样方法引起的差异。Courtene-Jones 等（2017）在北大西洋一个孤岛附近采集了 2227 m 深的水样，监测出较高的微塑料丰度；Bagaev 等（2018）采集 10 L 或 30 L 水体并过 174 μm 滤膜，发现波罗的海不同深度水体中人造微塑料纤维在表层水和底层水（水深的 1/10）中的含量是海洋水柱中的 3 ～ 5 倍。

微塑料如何从表层海水迁移至中层、底层直至海底沉积物的研究主要以现场实验、实验室模拟和研究调查的方式开展。Ye 和 Andrady（1991）将几种生活中常见的塑料放置于海水中，随着在环境中暴露时间的增加，几乎所有的塑料样品密度都增加。通过生物附着，塑料与生物形成一个整体，密度增加，导致沉降（Kooi *et al.*，2017）。Collignon 等（2014）在对地中海的调查中，观测到在卡尔维海湾（Calvi Bay）采集的塑料样品中有大约 22% 的样品存在附生生物，多为藻类和有孔虫。赵世烨（2017）分离出了自然海洋雪中的微塑料颗粒，海洋雪是指海洋中的生物质、无机物质或碎屑等的团聚行为，普遍存在于沿岸和大洋中。通过海洋雪，微塑料可以由表层水体向下迁移，进而沉降至海底（van Cauwenberghe *et al.*，2013）。Katija 等（2017）通过喂养实验发现，微塑料可以被海洋生物摄入并包裹于该生物的粪便中，排出体内后，能够随粪便沉降至深海中。Kowalski 等（2016）将 HDPE、PET 等塑料与泥沙、海水混合后，均振荡 27 天和 165 天后，可以在塑料表面观察到黏土矿物和石英颗粒镶嵌于塑料的空隙中，颗粒物的存在可能会增加微塑料的沉降速度。移植于生物体，附着在浮游植物上，或者与有机碎片或小颗粒团聚等过程，影响了微塑料与环境物质形成的团聚体的密度，促进了微塑料在海洋环境中的沉降（Katija *et al.*，2017；Woodall *et al.*，2014）。

此外，微塑料在海洋环境中的迁移还会受到海洋环流、潮汐、风、海啸等气象因素的影响（Wang *et al.*，2016）。Collignon 等（2012）发现在地中海的西北部，强风之前海洋表面漂浮的塑料颗粒是强风之后的 5 倍，风力促进了塑料颗粒在表层水柱中的混合，实现垂直方向上的再分配。洋流随着深度的不同而发生变化。因此，塑料颗粒在海洋中特定垂直层面上的传输路径会随着洋流和颗粒性质的变化而改变（Anderson *et al.*，2015）。

总体来说，目前有关近岸海域微塑料垂直分布的研究很少，但由于湍流、生物、海水物理条件等作用，推测微塑料可能存在于整个海水剖面中。微塑料在受物理、化学、生物等外界环境作用下不仅在海洋表面迁移，还会在不同海水深度中呈三维空间上的迁移。此外，微塑料本身属性也是影响其迁移行为的重要因素，其中塑料相对于海水的密度是影响塑料在海洋环境中行为的重要属性。例如，一些空塑料瓶，最初可能漂浮在海面上，而一旦失去其完整性，塑料的密度将决定物体是漂浮还是下沉，这将影响塑料离开源头后迁移的距离。另外，塑料颗粒表面生物膜的形成也可能会改变其密度，导致漂浮。

3. 我们的研究——以渤海为例

（1）渤海表层海水中微塑料的丰度及变化特征

海洋水文状况影响着微塑料在海洋中的变化和迁移行为（Frère *et al.*，2017）。渤海表层水体微塑料丰度受到人为活动的强烈影响。渤海海水中微塑料的丰度在 0.4 ～ 5.2 N/L，平均丰度为（2.2±1.4）N/L，最高值出现在渤海海峡，最低值出现在辽东湾。渤海湾、黄河口、莱州湾、辽东湾、渤海海峡及渤海中央海区的微塑料平均丰度分别是 3.0 N/L、1.6 N/L、4.2 N/L、1.7 N/L、2.6 N/L、和 0.9 N/L。从平均丰度上看，渤海湾、莱州湾和渤海海峡的微塑料平均丰度较高，最高值出现在渤海海峡（E0 点）；黄河口附近海域、辽东湾及渤海中央海区的微塑料平均丰度相对较低，最低值出现在辽东湾。对近岸站点和中央海区的站点开展相关性分析，结果表明，近岸站点的微塑料丰度相对于整个渤海海域显著较高，中央海区则显著较低。

本研究的结果与 Zhang 等（2017）和周倩（2016）渤海微塑料分布研究的结果一致。Zhang 等（2017）于 2016 年在渤海辽东湾、渤海湾、中央海区布设 11 个采样点，使用 330 μm 浮游生物网采集样品，研究发现相对于近岸海域，渤海中央海区的微塑料丰度较低；周倩（2016）在 2015 年使用 160 μm 的浮游生物网采集渤海表层水体微塑料，将渤海海峡的一个微塑料站点与另一个中央海区的站点相对比，渤海海峡的微塑料丰度明显高于中央海区。

Zhao 等（2014）在对长江口的研究中，使用 32 μm 孔径筛网分选微塑料，与本研究中 20 μm 滤膜孔径相近。本研究中黄河口站点微塑料丰度低于长江口。黄河口位于国家级自然保护区内，水质、生态环境都相对较好（李小建等，2012；国家海洋局，2017）。与 Kang 等（2015）在韩国洛东江河口使用 50 μm 手抄网的调查结果相比，黄河口微塑料丰度也较低。Frère 等（2017）、Song 等（2015）、Dubaish 和 Liebezeit（2013）分别调查了法国布雷斯特湾、韩国镇海湾、荷兰翡翠湾，和这 3 个海湾相比，渤海湾、莱州湾、辽东湾的微塑料丰度明显高于布雷斯特湾，低于镇海湾、翡翠湾，但不能排除微塑料分选孔径差异对调查结果的影响。与全球其他分选孔径小于 100 μm 的近岸海域调查相比，渤海近岸海域的微塑料污染情况较新加坡、瑞典近岸海域严重。

与 Zhang 等（2017）使用 333 μm 拖网采集微塑料样品的研究相比，本研究的结果高了 3 个数量级，可能主要是由不同的采样方法和筛选孔径差异引起的。Noren（2007）和 Kang 等（2015）等的研究表明大样本法采样检测到的微塑料丰度远高于使用较大孔径拖网采样法。

在渤海表层海水收集到的所有塑料碎片中，微塑料占 96.5%。微塑料中以小于 3 mm 的微塑料为主，占 95.9%。小于 1 mm 的微塑料约占 70.4%，小于 300 μm 的微塑料约占 28.2%。粒径较小的微塑料在渤海水体微塑料中占比很高，这部分微塑料比表面积较大，容易吸附污染物，易被各类海洋生物误食，并在食物链中传递，威胁海洋生态系统的稳定与健康。从形貌类型上分，表层海水中微塑料的类型有纤维类、碎片类和颗粒类，其中纤维类最多，占 75%；碎片类次之，占 24.55%；颗粒类较少，占 0.45%。

（2）渤海水层中微塑料的垂直变化特征

在整个海洋水柱中微塑料的丰度在 0.2 ～ 23.0 N/L，平均值为 4.38 N/L。与表层海水相似，微塑料丰度与温度、盐度、pH、叶绿素 a 含量无显著相关性。

假定本研究区域能够代表渤海海域的整体污染情况，对于海域面积 7.7×10^4 km^2、平均水深 18 m 的渤海海域，微塑料的总含量为 2.8×10^{14} ～ 3.2×10^{16} N。本研究中渤海塑料的平均长度为 1396.2 μm，平均宽度为 45.2 μm，绝大多数塑料类型为纤维类，纤维类聚合物类型以聚酯类最多。假定这些微塑料均为聚酯纤维类（密度约为 1.37 g/cm^3），渤海水体中塑料质量为 860 ～ 9.84×10^4 t。Lebreton 等（2017）根据污水排放、人口密度、水文信息对世界主要河流对于海洋塑料垃圾的贡献量进行了估计，本研究的最大估算结果小于该研究估计的我国长江年塑料最大入海贡献量。实际上，由于许多近岸浅海地带存在搁浅的危险，船只无法航行，布设的采样点难以涵盖这些海域；而这些近岸浅海是滨海塑料垃圾迁移至海洋的必经之路，是微塑料污染更为严重的海域，微塑料的最大含量和最大质量应大于本研究调查的微塑料最大含量（3.2×10^{16} N）与最大质量（9.84×10^{4} t）。

微塑料在垂直方向上的分布具有一定的空间异质性。在辽东湾、黄河口、渤海海峡，微塑料的最大丰度均出现在次表层水体，微塑料的差异可能是由渤海环流流速在不同深度上的差异引起的。渤海表层流流速比中层流、底层流流速快（张志欣，2014）。在仅考虑海流的情况下，由于湍流作用强，微塑料比较容易在表层和次表层之间迁移，而从次表层海水迁移至更深层次海水则相对困难。

将本研究与国内外其他海洋水柱中的微塑料调查相比（表3.4），本研究的结果与Lusher等（2015）的研究结果一致，均发现在海洋水柱中的微塑料丰度大于表层海水中的丰度。Kooi等（2016）在对北大西洋环流0～5 m深海水中塑料的调查中发现，在0～5 m深度范围内塑料碎片丰度以指数形式递减。在本研究中，未发现渤海中微塑料在深度上的指数型递减。Courtene-Jones等（2017）在罗卡尔岛附近使用CTD采水器采集了2227 m深海中的微塑料，使用80 μm滤膜过滤。本研究渤海水体中的微塑料丰度远高于该研究监测出的微塑料丰度，相对于受人为活动干扰少的海域，生产生活等活动强度更大、水体交换能力较弱的渤海微塑料污染更为严重。

表3.4 渤海与其他海域更深层海水中微塑料丰度的对比

研究区域	深度/m	滤膜/筛网孔径/μm	微塑料丰度/（N/m^3）	参考文献
太平洋东北部	4.5	62.5	2080±2190	Desforges *et al.*，2014
罗卡尔岛附近	2227	80	70.8	Courtene-Jones *et al.*，2017
北极	0.16	333	0.34±0.31	Lusher *et al.*，2015
	6	250	2.68±2.95	
北大西洋环流	0～0.5	150	0.68	Kooi *et al.*，2016
	0～5	150	0.11	
	4.5～5	150	0.02	
渤海	表层	20	2200±1387	代振飞，2018
	5～30	20	4375±2010	代振飞，2018

水体中，随着深度的增加，纤维类微塑料的比例增加；粒径上，收集到的大部分塑料碎片属于微塑料的范围，大于5000 μm的塑料碎片占比较小，且大多数微塑料的尺寸范围小于3000 μm；粒径小于300 μm的微塑料比例随着深度的增加而增加，表明较小的微塑料和纤维类微塑料更易迁移至底层水体。Fazey和Ryan（2016）将不同粒径的塑料碎片放置于海洋中，发现较小的微塑料会通过生物附着作用最先改变悬浮状态。较小的微塑料和纤维类微塑料比表面积大，与环境中物质有更多的接触和碰撞机会。

3.2.2 大洋及“垃圾带”中微塑料的分布特征

1. 海域表面微塑料分布

北大西洋、北太平洋和地中海是海洋中漂浮微塑料的极佳采样区（表 3.5）。微塑料在整个温带和热带水域中广泛存在，由于其在海洋表面长距离传输，不仅在人口稠密区附近微塑料丰度较高，即使在更遥远地区也存在一定丰度的微塑料。

表 3.5 开放水域表面塑料碎片负载量（Cózar *et al.*，2014） （单位：t）

塑料碎片负载量	北太平洋	北大西洋	印度洋	南大西洋	南太平洋	总量
低预估	2.3	1.0	0.8	1.7	0.8	6.6
中预估	4.8	2.7	2.2	2.6	2.1	14.4
高预估	12.4	6.7	5.1	5.4	5.6	35.2

从全球范围来看，各大洋中塑料或微塑料的分布不均一，主要受洋流影响，形成两个大洋的“垃圾带”（Law *et al.*，2010；Goldstein *et al.*，2013）。从表 3.5 可以看出，北太平洋和北大西洋水域表面塑料碎片负载量估计值最高，垃圾带为大洋中微塑料提供了潜在的巨大来源。通过调查及模型估计，在北太平洋和北大西洋的亚热带环流区，均存在大面积的毫米级塑料垃圾富集。在一些局部地区，如黑潮延伸区、海洋漩涡带等也存在大范围的塑料垃圾，有些海洋底部沉积物中的塑料碎片可能会因涡流等影响，将再次悬浮于水体中（Dubaish and Liebezeit，2013）。这些区域的塑料垃圾在风力、洋流等作用下（Andrady，2011）还可能进一步迁移，在海洋及海岸环境中重新分布（Cózar *et al.*，2014；Browne *et al.*，2010）。从粒径上看，根据 Eriksen 等（2014）在深海海洋表层调查的结果，发现微塑料粒径在 1.01 ～ 4.75 mm 的数量比其他粒径范围相对较高。

塑料在海洋环境中的传输和聚集主要依赖于洋流与风的作用。微塑料在亚热带海洋环流区大规模聚集成为其在海洋表面最广泛的空间分布格局，海洋表面环流能使微塑料在亚热带海洋环流区内长时间聚集和滞留（Wilber，1987；Law *et al.*，2014，2010；Goldstein *et al.*，2012）。由于与北大西洋的水体交换受阻，封闭海域如地中海（Collignon *et al.*，2012）的表层海水能够长时间停留。基于海洋物理学知识，模拟预测了海洋漂浮垃圾将会积累在海洋表面一定区域，进一步支持了这种滞留机制的存在。尽管在亚热带环流区和地中海已经观测到最高丰度的漂浮垃圾，在这些区域内依然存在小范围的变异性，以及在数十千米范围内漂浮垃圾的丰度存在数量级上的变异（Law *et al.*，2014）。

漂浮的微塑料充当被动示踪物的角色，随着净流的方向传输，这种净流的方向是由大范围风与风驱动下的洋流导致的结果，而在亚热带环流区则缩小为数厘米规模的湍动，还包括所有规模的涡流和表面、内部波浪。此外，当涡流具有相对稳定的环流特征时，由于水体运动受当地快速变化的风和海洋条件所驱动，以至于小规模水体运动高度依赖于时间。因此，尽管在给定的任意时间内可以预测漂浮的微塑料在亚热带环流区中心附近聚集，但无法预测在一个特定的时间与地点条件下环流中微塑料的丰度。相似地，在环流区边缘的边际流中或在赤道、近极地不太可能出现漂浮微塑料的大量聚集。然而，在任意特定时间内，微塑料仍然可能存在于这些地方，特别是靠近微塑料源的地区。

2. 大洋海域垂直分布

同近海区域类似，由于采样方法的局限和大洋垂直剖面采样困难，有关大洋海域微塑料垂直分布的研究很少。Desforges 等（2014）调查了东北太平洋亚表层（4.5 m 深）海水中的微塑料分布情况，发现微塑料丰度为（279±178）N/m^3（显著低于海域表面微塑料丰度）（表 3.6），平均粒径为（684±953）μm，其中一半以上的微塑料粒径在 100 ～ 500 μm。然而，大洋海域微塑料垂直分布受多种因素影响，如海水混合作用。Lattin 等（2004）通过调查东北太平洋水体微塑料，发现表层与表层以下 5 m 深处海水中微塑料的丰度和质量类似，这可能是由海洋混合作用所致。此外，需要注意的是，有关大洋中微塑料的分布可能不仅是在海水介质中的分布，还与不同层次海水中吃进微塑料的海洋生物有关。但有关大洋海域中微塑料垂直分布的认识相当有限，未来需要注重海域垂直剖面中微塑料的分布调查。

3. 大洋海域微塑料时空分布趋势

目前，仅有少量的数据库拥有足够分析的微塑料样本时间和空间丰度。环境因素驱动的时间 - 空间变异性、微塑料来源及在各种介质（海水表层、潮间带、海底沉积物）间的传输，使得分析微塑料时空分布的过程较为困难。Thompson 等（2004）首次报道了微塑料丰度随时间变化，研究发现在 19 世纪 60 ～ 70 年代和 19 世纪 80 ～ 90 年代的两个 10 年内，大不列颠群岛和冰岛微塑料的数量增加，但在随后的 10 年内，微塑料的数量并未显著增加。Law 等（2010）发现 1986 ～ 2008 年北大西洋西部的亚热带环流区，以及 2001 ～ 2012 年北太平洋东部的亚热带环流区内（Law *et al.*，2014）漂浮微塑料浓度的年平均值没有显著增加。Goldstein 等（2012）在 1972 ～ 1987 年和 1999 ～ 2010 年两个时间段内测定了 41 个数据，分析发现北太平洋东部漂浮的微塑料的数量显著增加了两个数量级。然而，后一时间段内是在微塑料浓度最高的研究区域内获得数据，而早期数

表 3.6　海水中微塑料的观察（**Anderson *et al*.，2015**）

地理位置	过滤网孔径	丰度	参考文献
北海开放水域海水表面	280 μm	最大丰度 0.04 ～ 0.05 N/m^3	Thompson *et al*.，2004
北大西洋西部沿岸海水表面	333 μm	0.01 ～ 14.1 N/m^3	Carpenter *et al*.，1972
北大西洋西部开放海域海水表面	0.33 mm	47 ～ 12 080 N/km^2	Carpenter and Smith，1972
北大西洋西部海岸和开放海域海水表面	0.947 mm	60.6 ～ 5 465.7 N/km^2（平均值）	Colton *et al*.，1974
北大西洋西部开放海域海水表面	335 μm	20 328 N/km^2（靠近 30°N）	Law *et al*.，2010
北大西洋东部开放海域海水表面	180 μm，280 μm，335 μm	0.01 ～ 0.32 cm^3/m^3	Frias *et al*.，2014
地中海海水表面	333 μm	平均丰度：0.116 N/m^2，0.202 mg/m^2	Collignon *et al*.，2012
地中海海水表面	200 μm	平均丰度：0.94 N/m^3（利古里亚海）；0.13 N/m^3（撒丁岛海）	Fossi *et al*.，2012
北太平洋开放海域海水表面	150 μm	最大丰度：34 000 N/km^2，3.5 g/m^2	Wong *et al*.，1974
北太平洋开放海域海水表面	333 μm	平均丰度：80 N/km^2（白令海）；3 370 N/km^2（近北极）；96 100 N/km^2（亚热带）	Day and Shaw，1987
东北太平洋开放海域海水表面	330 μm	31 982 ～ 96 977 N/km^2；64 ～ 30 169g/km^2	Moore *et al*.，2001
北太平洋东部开放海域海水表面	335 μm	聚集区：156 800 N/km^2（平均值）；33 909 N/km^2（中值）	Law *et al*.，2014
北太平洋西部黑潮洋流海水表面	330 μm	平均丰度：174 000 N/km^2，3 600g/km^2	Yamashita and Tanimura，2007
澳大利亚沿海和开放海域海水表面	333 μm，335 μm	4 256 N/km^2（平均值）；1 932 N/km^2（中值）	Reisser *et al*.，2014
千岛海沟（太平洋西北部）- 海面 20 cm 深	300 ～ 1 000 μm	600 ～ 2 020 N/m^2	Fischer *et al*.，2015

据是在更广的海面随机取样所得。尽管有可能海洋中漂浮微塑料的丰度一直随时间在增加（从 20 世纪 50 年代开始，塑料的生产量、使用量和处置量都在增加），但是单独考虑海洋中微塑料增加这种趋势仍面临很多挑战。考虑到海洋参数和面积的变异性，需要定期和随机取样来正确解释这种变异性。

3.2.3 海洋环境中微塑料研究的模型应用

由于以直接调查的结果评价海洋环境微塑料分布存在着数据不全面的问题，因此一些理论模型、数值模型等技术手段被用来评估海洋环境中微塑料的数量及其可能出现的区域。理论模型和数值模型这两种方法都基于微塑料源、汇及风力。运用数值模型追踪海洋垃圾的研究主要集中于海面漂浮垃圾（Lebreton *et al.*，2012；Maximenko *et al.*，2012；van Sebille *et al.*，2012）。模型需要已知点源数量等初始条件，以及风及风驱动下近表面的洋流，然后才可以预测颗粒物的迁移途径和着陆点。理想情况下已知其中的两个参数，可以利用模型评估第三个参数。以微塑料为例，源或汇可能是已知的，传输机制假设为洋流。因此，这个模型可以利用已知的输入或输出和传输机制来评估迁移途径。传输机制包括海洋洋流（气溶胶和大气层存在的情形下）及海洋生物的迁移。洋流的传输可以使用海洋数值模型进行精确评价，海洋生物迁移的评价则面临很多困难。目前利用模型研究的案例较多，包括跟踪单个大型物体（碎片、船等）、水面下的物体（Wilcox *et al.*，2013）、小颗粒物的扩散（如溢油、浮游生物幼虫）、水团的形成和分布等。Lebreton 等（2012）的模型被用于大尺度海洋生态系统中微塑料相对丰度的预测，各大洲近岸海域中均有微塑料的存在，但丰度各异，其中亚洲等近岸海域微塑料丰度显著。区域模型研究试图识别微塑料在海洋（Pichel *et al.*，2007；Eriksen *et al.*，2013）和海岸的局部积累（Kako *et al.*，2010）。Pichel 等（2007）研究了北太平洋副热带辐合带（North Pacific subtropical convergence zone，STCZ）垃圾的聚集，并将这种聚集与多种相关驱动力（如风）及汇聚指标（海洋表面温度梯度）联系起来，导出塑料碎片评估似然指数（debris estimated likelihood index，DELI）。由于许多影响因素的存在，因此不能使用数值模型直接外推来研究海洋微塑料的迁移途径。首先，初始条件（微塑料的源）不明确。Lebreton 等（2012）试验了不同的垃圾点源，包括城市流域、海岸带人口密度、航运密度，还研究了微塑料的着陆位置（沉积在海岸上）。与之相反，Maximenko 等（2012）假设颗粒物的分布是连续的。两项研究中颗粒物均汇聚在开放海域的离散区域，但是后者没有重现部分海域的异常值。其次，由于添加了额外的垂直方向维度，颗粒物密度可能随时间改变。大部分研究假定颗粒物的密度是常数，同时假定表面洋流是唯一的驱动力。再次，这些颗粒物直接的归趋尚不清楚，极有可能包含完全不同的地球物理机制，包括开放海域、海底、近海岸和海岸上。最后，这些颗粒还可能通过生物的摄食和排泄（再分配）进入海洋生态系统。因此，颗粒物的迁移路径不能仅仅视为洋流作用的"被动"追踪。尽管如此，数值模型为评估微塑料的迁移途径和地理位置提供了重要依据。基于已知漂浮塑料密度的变化率，并增加垂直方向上的元素，这将是研究漂浮垃圾模型的另一延伸。

总而言之，数值模型是评估海洋微塑料源、汇和迁移路径的工具。为了更有效地利用这一模型，还需要对初始条件（向前的源轨迹或向后的汇轨迹）和颗粒物密度的改变做出详细的说明，且海洋中微塑料迁移路径的问题需要特别提出。从一定意义上来说，环流数值模型的实际应用是个统计学问题。广义上海洋模型可以用于评估或预测微塑料聚集区，而将这些技术应用于单个颗粒物则较为困难。综上，虽然通过数值模拟方法无法得出精确的真实丰度值，但其为未来的管理决策提供了重要的参考依据。

3.3　海底沉积物中微塑料的分布特征

最近，从全球尺度定量评估海洋表面塑料取得了较大进展（Cózar *et al.*，2014；Eriksen *et al.*，2014），而有关微塑料在深海沉积物中的报道非常少。与评价海面塑料碎片相比，评价深海的塑料碎片状况则面临着更大的挑战（Pham *et al.*，2014；Woodall *et al.*，2014）。已有资料表明，大量的大块塑料和微塑料积累在海底，包括太平洋西北方向深度为 5766 m 的千岛 - 堪察加海沟（Kuril-Kamchatka Trench）（Fischer *et al.*，2015）。大量的微塑料纤维存在于深海沉积物中，即使是污染严重的环流区海域，深海沉积物中微塑料纤维的量也要比该污染海域高出 4 个数量级，表明海床可能是微塑料最终的汇（Woodall *et al.*，2014）。

表 3.7 显示了有关海底沉积物中微塑料的存在情况，调查对象包括大西洋、印度洋、地中海等海域，采集的沉积物所在深度达 5000 m。从表 3.7 可以看出，无论是沿海水下沉积物还是大洋深海沉积物中都有微塑料的存在，其中纤维类最为常见。例如，Fischer 等（2015）调查了太平洋西北部千岛 - 堪察加海沟（4869 ～ 5768 m）深海沉积物中的微塑料，发现每个点采集的样品中均有微塑料存在，且丰度具有较大的差异，最小为 60 N/m^2，而最大值能达 2020 N/m^2，其中纤维类占 75%。van Cauwenberghe 等（2013）调查了深海底质（深度为 1100 ～ 5000 m）中微塑料的存在与分布情况，包括近极地区的南大洋（大西洋一部分）（深度为 2749 ～ 4881 m）、北大西洋波丘派恩河的深海平原（Porcupine Abyssal Plain）（深度为 4842 ～ 4844 m）、几内亚湾的刚果峡谷远裂区（Distal Lobe of Congo

表 3.7　海底沉积物中的微塑料丰度

研究区	深度 /m	微塑料粒径	微塑料丰度	参考文献
近极地南大洋、北大西洋、几内亚湾、地中海	1100 ～ 5000	5 ～ 1000 μm	平均 0.5 N/25cm^2	van Cauwenberghe *et al.*，2013
北大西洋近极区	2000	长 2 ～ 3 mm；直径＜ 1 mm	（纤维）15 N/50ml 沉积物	Woodall *et al.*，2014
北大西洋近极区	1000	长 2 ～ 3 mm；直径＜ 1 mm	（纤维）10 N/50ml 沉积物	Woodall *et al.*，2014
东北大西洋	1400	长 2 ～ 3 mm；直径＜ 1 mm	（纤维）6 N/50ml 沉积物	Woodall *et al.*，2014
东北大西洋	2000	长 2 ～ 3 mm；直径＜ 1 mm	（纤维）40 N/50ml 沉积物	Woodall *et al.*，2014
地中海	300	长 2 ～ 3 mm；直径＜ 1 mm	（纤维）35 N/50ml 沉积物	Woodall *et al.*，2014
地中海	1300	长 2 ～ 3 mm；直径＜ 1 mm	（纤维）10 N/50ml 沉积物	Woodall *et al.*，2014
地中海	900	长 2 ～ 3 mm；直径＜ 1 mm	（纤维）10 N/50ml 沉积物	Woodall *et al.*，2014
东北大西洋	2200	长 2 ～ 3 mm；直径＜ 1 mm	（纤维）10 N/50ml 沉积物	Woodall *et al.*，2014
地中海	3500	长 2 ～ 3 mm；直径＜ 1 mm	（纤维）15 N/50ml 沉积物	Woodall *et al.*，2014
西南印度洋	900	长 2 ～ 3 mm；直径＜ 1 mm	（纤维）3.5 N/50ml 沉积物	Woodall *et al.*，2014
西南印度洋	1000	长 2 ～ 3 mm；直径＜ 1 mm	（纤维）4 N/50ml 沉积物	Woodall *et al.*，2014
西南印度洋	900	长 2 ～ 3 mm；直径＜ 1 mm	（纤维）1.4 N/50ml 沉积物	Woodall *et al.*，2014
太平洋西北部千岛 - 堪察加海沟	4869 ～ 5768	＜ 1 mm	60 ～ 2020 N/m^2	Fischer *et al.*，2015
葡萄牙南部沿海潮下带	7.9 ～ 27.4	—	0 ～ 0.2628 N/g 干沉积物	Frias *et al.*，2016
地中海沿海浅水域	8 ～ 10	＞ 63 μm	（0.10±0.06）～（0.90±0.10）N/g 干沉积物	Alomar *et al.*，2016
法国布雷斯特湾	—	＜ 1 mm	（0.40±0.67）～（1.53±2.84）N/kg 干沉积物	Frère *et al.*，2017
印度文伯纳德湖	—	＜ 5 mm	96 ～ 496[均值为（252.80±25.76）N/m^2]	Sruthy and Ramasamy，2017
澳大利亚东南部浅水域	—	0.038 ～ 4.0 mm	3.4 N/ml 沉积物	Ling *et al.*，2017
中国东海长江口	—	＜ 5 mm	20 ～ 340 N/kg 干沉积物	Peng *et al.*，2017

Canyon）（深度为 4785 m）、地中海的尼罗河深海扇（Nile Deep Sea Fan）（深度为 1176m），共 11 个样品，其平均微塑料丰度为 0.5 N/25cm^2，波丘派恩河的海底平原沉积物中微塑料平均丰度可达 1.0 N/25cm^2；粒径则主要在 1 mm 以下。Alomar 等（2016）调查了地中海地区沿岸（沿海城市化区域、海洋保护区及其附近）浅海域沉积物中的微塑料，发现沉积物中的微塑料丰度范围为（0.10±0.06）～（0.90±0.10）N/g（干沉积物），其中海洋保护区的沉积物中微塑料含量最高，初步表明微塑料从源迁移至终端区域的现象；类型上，微塑料纤维在沿海居民区附近的沉积物中所占比例较高，而微塑料碎片在海洋保护区沉积物中则更为常见；粒径上，常见的微塑料粒径大小在 0.5 ～ 2 mm 范围内。

本章小结

海洋中的微塑料包括“原生”和“次生”微塑料，微塑料的来源包括陆源和海源，其中人类活动是海洋中微塑料的基本污染源。微塑料存在于全球范围内的海域中，不仅存在于沿岸海域海面和水下沉积物中，还存在于深海大洋水体甚至是海底沉积物中。环境中微塑料的形貌类型和聚合物成分多样，不同海域的微塑料丰度差异性较大，尤其是近海海域，是微塑料相对集中区域，主要受人类活动影响较大。海域中微塑料存在的普遍性及其分布与组成受社会、经济、技术和环境等多种因素的影响。未来应加强对海域微塑料的风险评估，加强海洋垃圾监管和治理力度，共同保护人类的海洋。

参考文献

代振飞. 2018. 渤海微塑料分布及其影响因素研究[D]. 烟台: 中国科学院烟台海岸带研究所硕士学位论文.

国家海洋局. 2017. 2016年中国海洋环境状况公报[EB/OL]. [2018.2.15]. http://www.soa.gov.cn/zwgk/hygb/zghyhjzlgb/201712/t20171204_59423.html.

李小建, 徐家伟, 任星, 等. 2012. 黄河沿岸人地关系与发展[J]. 人文地理, (1): 1-5.

李永祺. 2012. 中国区域海洋学——海洋环境生态学[M]. 北京: 海洋出版社.

魏皓, 田甜, 周锋, 等. 2002. 渤海水交换的数值研究——水质模型对半交换时间的模拟[J]. 青岛海洋大学学报, 32(4): 519-525.

张志欣. 2014. 中国近海沿岸流及毗邻流系的观测与分析研究[D]. 青岛: 中国海洋大学博士学位论文.

赵世烨. 2017. 中国部分河口微塑料的赋存特征及海洋雪中微塑料分析方法研究[D]. 上海: 华东师范大学博士学位论文.

周倩. 2016. 典型滨海潮滩及近海环境中微塑料污染特征与生态风险[D]. 烟台: 中国科学院烟台海岸带研究所硕士学位论文.

Alldredge A L, Gotschalk C. 2003. In situ settling behavior of marine snow[J]. Limnology & Oceanography, 33(3): 339-351.

Alomar C, Estarellas F, Deudero S. 2016. Microplastics in the Mediterranean Sea: deposition in coastal shallow sediments, spatial variation and preferential grain size[J]. Marine Environmental Research, 115: 1-10.

Anderson A, Andrady A, Arthur C, et al. 2015. Sources, Fate and Effects of Microplastics in the Marine Environment: A Global Assessment[M]. London: International Maritime Organization.

Anderson P J, Warrack S, Langen V, et al. 2017. Microplastic contamination in Lake Winnipeg, Canada[J]. Environmental Pollution, 225: 223-231.

Andrady A L. 2011. Microplastics in the marine environment[J]. Marine Pollution Bulletin, 62(8): 1596-1605.

Arthur C, Baker J, Bamford H. et al. 2009. Proceedings of the International Research Workshop on the Occurrence, Effects, and Fate of Microplastic Marine Debris[R]. Tacoma: University of Washington Tacoma.

Bagaev A, Khatmullina L, Chubarenko I. 2018. Anthropogenic microlitter in the Baltic Sea water column[J]. Marine Pollution Bulletin, 129(2): 918-923.

Berto D, Rampazzo F, Gion C, et al. 2017. Preliminary study to characterize plastic polymers using elemental analyser/isotope ratio mass spectrometry (EA/IRMS)[J]. Chemosphere, 176: 47-56.

Browne M A, Crump P, Niven S J, et al. 2011. Accumulation of microplastic on shorelines woldwide: sources and sinks[J]. Environmental Science & Technology, 45(21): 9175-9179.

Browne M A, Galloway T S, Thompson R C. 2010. Spatial patterns of plastic debris along estuarine shorelines[J]. Environmental Science & Technology, 44(9): 3404-3409.

Carpenter E J, Anderson S J, Harvey G R, et al. 1972. Polystyrene spherules in coastal waters[J]. Science, 178(4062): 749-750.

Carpenter E J, Smith K L. 1972. Plastics on the Sargasso Sea surface[J]. Science, 175(4027): 1240-1241.

Cheung P K, Fok L. 2016. Evidence of microbeads from personal care product contaminating the sea[J]. Marine Pollution Bulletin, 109(1): 582-585.

Cincinelli A, Scopetani C, Chelazzi D, et al. 2017. Microplastic in the surface waters of the Ross Sea (Antarctica): occurrence, distribution and characterization by FTIR[J]. Chemosphere, 175: 391-400.

Cole M, Webb H, Lindeque P K, et al. 2014. Isolation of microplastics in biota-rich seawater samples and marine organisms[J]. Scientific Reports, 4(3): 4528.

Collignon A, Hecq J H, Galgani F, et al. 2014. Annual variation in neustonic micro- and meso-plastic particles and zooplankton in the Bay of Calvi (Mediterranean–Corsica)[J]. Marine Pollution Bulletin, 79(1): 293-298.

Collignon A, Hecq J H, Glagani F, et al. 2012. Neustonic microplastic and zooplankton in the North Western Mediterranean Sea[J]. Marine Pollution Bulletin, 64(4): 861-864.

Colton J B, Knapp F D, Burns B R. 1974. Plastic particles in surface waters of the northwestern Atlantic[J]. Science, 185(4150): 491-497.

Courtene-Jones W, Quinn B, Gary S F, et al. 2017. Microplastic pollution identified in deep-sea water and ingested by benthic invertebrates in the Rockall Trough, North Atlantic Ocean[J]. Environmental Pollution, 231: 271-280.

Cózar A, Echevarría F, González-Gordillo J I, et al. 2014. Plastic debris in the open ocean[J].

Proceedings of the National Academy of Sciences, 111(28): 10239-10244.
Day R H, Shaw D G. 1987. Patterns in the abundance of pelagic plastic and tar in the North Pacific Ocean, 1976-1985[J]. Marine Pollution Bulletin, 18(6): 311-316.
de Lucia G A, Caliani I, Marra S, et al. 2014. Amount and distribution of neustonic micro-plastic off the western Sardinian coast (Central-Western Mediterranean Sea)[J]. Marine Environmental Research, 100: 10-16.
Desforges J P W, Galbraith M, Dangerfield N, et al. 2014. Widespread distribution of microplastics in subsurface seawater in the NE Pacific Ocean[J]. Marine Pollution Bulletin, 79(1): 94-99.
Doyle M J, Watson W, Bowlin N M, et al. 2011. Plastic particles in coastal pelagic ecosystems of the Northeast Pacific ocean[J]. Marine Environmental Research, 71(1): 41-52.
Dubaish F, Liebezeit G. 2013. Suspended microplastics and black carbon particles in the Jade system, southern North Sea[J]. Water, Air, & Soil Pollution, 224: 1352.
Eriksen M, Lebreton L C M, Carson H S, et al. 2014. Plastic pollution in the world's oceans: more than 5 trillion plastic pieces weighing over 250, 000 tons afloat at sea[J]. PLoS One, 9(12): e111913.
Eriksen M, Maximenko N, Thiel M, et al. 2013. Plastic pollution in the South Pacific subtropical gyre[J]. Marine Pollution Bulletin, 68(1): 71-76.
Estahbanati S, Fahrenfeld N L. 2016. Influence of wastewater treatment plant discharges on microplastic concentrations in surface water[J]. Chemosphere, 162: 277-284.
Fazey F M C, Ryan P G. 2016. Biofouling on buoyant marine plastics: an experimental study into the effect of size on surface longevity[J]. Environmental Pollution, 210: 354-360.
Fischer V, Elsner N O, Brenke N, et al. 2015. Plastic pollution of the Kuril–Kamchatka Trench area (NW pacific)[J]. Deep Sea Research Part II: Topical Studies in Oceanography, 111: 399-405.
Fossi M C, Panti C, Guerranti C, et al. 2012. Are baleen whales exposed to the threat of microplastics? A case study of the Mediterranean fin whale (*Balaenoptera physalus*)[J]. Marine Pollution Bulletin, 64(11): 2374-2379.
Frère L, Paul-Pont I, Rinnert E, et al. 2017. Influence of environmental and anthropogenic factors on the composition, concentration and spatial distribution of microplastics: a case study of the Bay of Brest (Brittany, France)[J]. Environmental Pollution, 225: 211-222.
Frias J, Gago J, Otero V, et al. 2016. Microplastics in coastal sediments from Southern Portuguese shelf waters[J]. Marine Environmental Research, 114: 24-30.
Frias J, Otero V, Sobral P. 2014. Evidence of microplastics in samples of zooplankton from Portuguese coastal waters[J]. Marine Environmental Research, 95: 89-95.
GESAMP (Group of Experts on the Scientific Aspects of Marine Pollution). 1990. The State of the Marine Environment[M]. London: Blackwell Scientific: 1-146.
Goldstein M C, Rosenberg M, Cheng L. 2012. Increased oceanic microplastic debris enhances oviposition in an endemic pelagic insect[J]. Biology Letters, 8(5): 817-820.
Goldstein M C, Titmus A J, Ford M. 2013. Scales of spatial heterogeneity of plastic marine debris in the northeast Pacific Ocean[J]. PLoS One, 8(11): e80020.
Gouin T, Roche N, Lohmann R, et al. 2011. A thermodynamic approach for assessing the environmental exposure of chemicals absorbed to microplastic[J]. Environmental Science & Technology, 45(4): 1466-1472.
Kako S, Isobe A, Magome S. 2010. Sequential monitoring of beach litter using webcams[J]. Marine

Pollution Bulletin, 60(5): 775-779.
Kang J H, Kwon O Y, Lee K W, et al. 2015. Marine neustonic microplastics around the southeastern coast of Korea[J]. Marine Pollution Bulletin, 96: 304-312.
Katija K, Choy C A, Sherlock R E, et al. 2017. From the surface to the seafloor: how giant larvaceans transport microplastics into the deep sea[J]. Science Advances, 3(8): e1700715.
Kooi M, Nes E H, Scheffer M, et al. 2017. Ups and downs in the ocean: effects of biofouling on vertical transport of microplastics[J]. Environmental Science & Technology, 51(14): 7963-7971.
Kooi M, Reisser J, Slat B, et al. 2016. The effect of particle properties on the depth profile of buoyant plastics in the ocean[J]. Scientific Reports, 6: 33882.
Kowalski N, Reichardt A M, Waniek J J. 2016. Sinking rates of microplastics and potential implications of their alteration by Physical, Biological, and chemical factors[J]. Marine Pollution Bulletin, 109(1): 310-319.
Kukulka T, Proskurowski G, Morét-Ferguson S, et al. 2012. The effect of wind mixing on the vertical distribution of buoyant plastic debris[J]. Geophysical Research Letters, 39(7): L07601.
Lattin G L, Moore C J, Zellers A F, et al. 2004. A comparison of neustonic plastic and zooplankton at different depths near the southern California shore[J]. Marine Pollution Bulletin, 49(4): 291-294.
Law K L, Morét-Ferguson S E, Goodwin D S, et al. 2014. Distribution of surface plastic debris in the eastern Pacific Ocean from an 11-year data set[J]. Environmental Science & Technology, 48(9): 4732-4738.
Law K L, Morét-Ferguson S, Maximenko N A, et al. 2010. Plastic accumulation in the North Atlantic subtropical gyre[J]. Science, 329(5996): 1185-1188.
Lebreton L C M, Greer S D, Borrero J C. 2012. Numerical modelling of floating debris in the world's oceans[J]. Marine Pollution Bulletin, 64(3): 653-661.
Lebreton L C M, van der Zwet J, Damsteeg J W, et al. 2017. River plastic emissions to the world's oceans[J]. Nature Communications, 8: 15611.
Lechner A, Keckeis H, Lumesberger-Loisl F, et al. 2014. The Danube so colourful: a potpourri of plastic litter outnumbers fish larvae in Europe's second largest river[J]. Environmental Pollution, 188: 177-181.
Lee H. 2013. Plastics at Sea (Microplastics): A Potential Risk for Hong Kong[D]. Hong Kong: The University of Hong Kong.
Lima A R A, Costa M F, Barletta M. 2014. Distribution patterns of microplastics within the plankton of a tropical estuary[J]. Environmental Research, 132: 146-155.
Ling S D, Sinclair M, Levi C J, et al. 2017. Ubiquity of microplastics in coastal seafloor sediments[J]. Marine Pollution Bulletin, 121(1-2): 104-110.
Lusher A L, Tirelli V, O'Connor I, et al. 2015. Microplastics in Arctic polar waters: the first reported values of particles in surface and sub-surface samples[J]. Scientific Reports, 5: 14947.
Maximenko N, Hafner J, Niiler P. 2012. Pathways of marine debris derived from trajectories of Lagrangian drifters[J]. Marine Pollution Bulletin, 65(1): 51-62.
Moore C J, Moore S L, Leecaster M K, et al. 2001. A comparison of plastic and plankton in the North Pacific central gyre[J]. Marine Pollution Bulletin, 42(12): 1297-1300.
Norén F. 2007. Small plastic particles in coastal Swedish waters[M]. KIMO Sweden: N-Research.
Peng G, Zhu B, Yang D, et al. 2017. Microplastics in sediments of the Changjiang Estuary, China[J]. Environmental Pollution, 225: 283-290.

Pham C K, Ramirez-Llodra E, Alt C H S, et al. 2014. Marine litter distribution and density in European seas, from the shelves to deep basins[J]. PLoS One, 9(4): e95839.

Pichel W G, Churnside J H, Veenstra T S, et al. 2007. Marine debris collects within the North Pacific subtropical convergence zone[J]. Marine Pollution Bulletin, 54(8): 1207-1211.

Poulicek M, Jeuniaux C. 1991. Chitin biodegradation in marine environments: an experimental approach[J]. Biochemical Systematics and Ecology, 19(5): 385-394.

Rech S, Macaya-Caquilpán V, Pantoja J F, et al. 2014. Rivers as a source of marine litter—a study from the SE Pacific[J]. Marine Pollution Bulletin, 82(1): 66-75.

Reisser J, Shaw J, Hallegraeff G, et al. 2014. Millimeter-sized marine plastics: a new pelagic habitat for microorganisms and invertebrates[J]. PLoS One, 9(6): e100289.

Reisser J, Shaw J, Wilcox C, et al. 2013. Marine plastic pollution in waters around Australia: characteristics, concentrations, and pathways[J]. PLoS One, 8(11): e80466.

Reisser J W, Slat B, Noble K D, et al. 2015. The vertical distribution of buoyant plastics at sea: an observational study in the North Atlantic Gyse. Biogeosciences, 12: 1249-1256.

Sadri S S, Thompson R C. 2014. On the quantity and composition of floating plastic debris entering and leaving the Tamar Estuary, Southwest England[J]. Marine Pollution Bulletin, 81: 55-60.

Song Y K, Hong S H, Jang M, et al. 2014. Large accumulation of micro-sized synthetic polymer particles in the sea surface microlayer[J]. Environmental Science & Technology, 48: 9014-9021.

Song Y K, Hong S H, Jang M, et al. 2015. Occurrence and distribution of microplastics in the sea surface microlayer in Jinhae Bay, South Korea[J]. Archives of Environmental Contamination and Toxicology, 69: 279-287.

Sruthy S, Ramasamy E V. 2017. Microplastic pollution in Vembanad Lake, Kerala, India: the first report of microplastics in lake and estuarine sediments in India[J]. Environmental Pollution, 222: 315-322.

Thompson R C, Olsen Y, Mitchell R P, et al. 2004. Lost at sea: where is all the plastic?[J] Science, 304(5672): 838.

van Cauwenberghe L, Vanreusel A, Mees J, et al. 2013. Microplastic pollution in deep-sea sediments[J]. Environmental Pollution, 182: 495-499.

van der Hal N, Ariel A, Angel D L. 2017. Exceptionally high abundances of microplastics in the oligotrophic Israeli Mediterranean coastal waters[J]. Marine Pollution Bulletin, 116(1-2): 151-155.

van Sebille E, England M H, Froyland G. 2012. Origin, dynamics and evolution of ocean garbage patches from observed surface drifters[J]. Environmental Research Letters, 7(4): 044040.

van Wezel A, Caris I, Kools S A E. 2016. Release of primary microplastics from consumer products to wastewater in The Netherlands[J]. Environmental Toxicology and Chemistry, 35(7): 1627-1631.

Wang J, Tan Z, Peng J, et al. 2016. The behaviors of microplastics in the marine environment[J]. Marine Environmental Research, 113: 7-17.

Wilber R J. 1987. Plastic in the North Atlantic[J]. Oceanus, 30(3): 61-68.

Wilcox C, Hardesty B D, Sharples R, et al. 2013. Ghostnet impacts on globally threatened turtles, a spatial risk analysis for northern Australia[J]. Conservation Letters, 6(4): 247-254.

Wong C S, Green D R, Cretney W J. 1974. Quantitative tar and plastic waste distributions in the Pacific Ocean[J]. Nature, 247: 30-32.

Woodall L C, Sanchez-Vidal A, Canals M, et al. 2014. The deep sea is a major sink for microplastic debris[J]. Royal Society Open Science, 1(4): 140317.

Yamashita R, Tanimura A. 2007. Floating plastic in the Kuroshio current area, western North Pacific Ocean[J]. Marine Pollution Bulletin, 54(4): 485-488.

Ye S, Andrady A L. 1991. Fouling of floating plastic debris under Biscayne Bay exposure conditions[J]. Marine Pollution Bulletin, 22(12): 608-613.

Zhang W, Zhang S, Wang J, et al. 2017. Microplastic pollution in the surface waters of the Bohai Sea, China[J]. Environmental Pollution, 231: 541-548.

Zhao S, Zhu L, Li D. 2015. Microplastic in three urban estuaries, China[J]. Environmental Pollution, 206: 597-604.

Zhao S, Zhu L, Wang T, et al. 2014. Suspended microplastics in the surface water of the Yangtze Estuary System, China: first observations on occurrence, distribution[J]. Marine Pollution Bulletin, 86: 562-568.

Zhou P, Huang C, Fang H, et al. 2011. The abundance, composition and sources of marine debris in coastal seawaters or beaches around the northern South China Sea (China)[J]. Marine Pollution Bulletin, 62(9): 1998-2007.

第4章

海岸环境微塑料的来源和分布特征

海岸带潮滩是微塑料主要聚集区，因为它接纳着陆源、海源及海岸源的塑料垃圾和微塑料。国际上，有关海岸潮滩的调查研究已有所开展，包括海湾和开阔性海滩等。一些特色性潮滩，诸如红树林湿地、河口湿地、旅游海滩等，由于自然因素（水动力条件）和人为因素成为微塑料重要污染域，逐渐被人们所重视。目前，有关我国海岸带潮滩或沉积物中微塑料污染调查研究的报道较少。本章主要从海岸潮滩中微塑料来源和分布两个方面，探讨潮滩中不同类型微塑料的潜在污染源，并结合不同用途或类型的潮滩，包括旅游沙滩、养殖海滩、河口湿地、红树林湿地、天然海湾等潮滩，探讨微塑料的丰度、空间分布特征及其影响因素，为我国海岸带微塑料研究提供参考依据。

4.1 潮滩中微塑料的来源

潮滩是陆海连接的纽带，是海岸带的重要组成部分。海岸带潮滩中微塑料来源较为复杂，既有垃圾堆放、排污、河流及地表径流等陆源输入，也有来自海洋的塑料垃圾随洋流和潮汐的输入，同时又有海岸带人类活动诸如旅游、晒盐和海水养殖等的带入（图 4.1）。

潮滩中微塑料可分为“原生”微塑料和“次生”微塑料（见第 3 章）。微塑料在潮滩中的分布因其自身属性、风浪、潮汐等环境因素及人类活动因素的影响而具异质性。

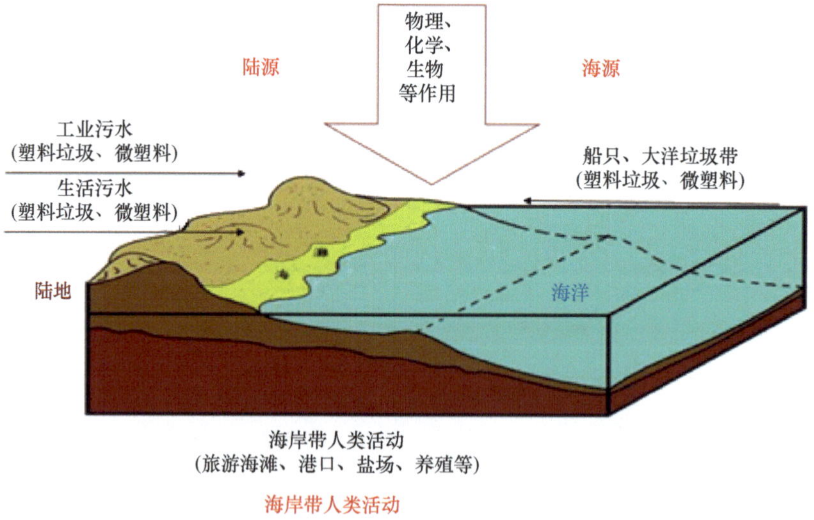

图 4.1　海岸潮滩环境中微塑料的来源

4.1.1 潮滩中的“原生”微塑料污染

潮滩中“原生”微塑料污染包括陆源污染、海源污染和海岸源污染。

1. 陆源污染

对于陆源输入来说，污水（包括工业污水和生活污水等）的大量排放是微塑料的主要来源之一。某些工业原料、生活护肤品（Fendall and Sewell，2009；Lei *et al.*，2017）、洗涤剂等产品中含有大量用于清洁等作用的塑料微珠，由于其粒径小、密度低等而不易从污水中分离去除，从而随污水一起排入环境中。通过河流向河口输入是海岸带潮滩中陆源微塑料输入的另一个重要途径。此外，微塑料还可以通过地表径流的形式进入海岸带。有证据显示，靠近塑料加工厂的点源也对“原生”微塑料有贡献，因为这些塑料加工厂能产生大量塑料小球或粉末（Norén and Ekendahl，2009）。

2. 海源污染

海源污染主要包括海上人类活动污染和大洋垃圾带污染。对于海源输入来说，一方面，来自工业原料运输船只在海上的运输泄漏（Derraik，2002；Ashton *et al.*，2010；Lee，2013）；另一方面，从全球范围来看，在北太平洋和北大西洋的亚热带环流区，均存在大面积的毫米级塑料垃圾富集，从而形成了两个大洋的“垃圾带”，垃圾带中可能也存在历史遗留或新进入的“原生”微塑料。这些微塑料会随着洋流、潮汐、风浪等作用在海洋中迁移，其中一部分可能会被迁移至海岸带并在沿海潮起潮落的过程中被冲入潮滩中。此外，在一些海上作业（渔业等）等活动中微塑料也会随渔网等装置被带入岸滩上。

3. 海岸源污染

除了陆源和海源，海岸带自身的人类活动也会产生“原生”微塑料污染。例如，一些港口，尤其是运输原料的工业港口，工业原料在堆放、搬运或装船等过程中同样会发生包装破损导致泄漏的现象。

4.1.2 海岸环境中的“次生”微塑料污染

潮滩中“次生”微塑料污染亦包括陆源污染、海源污染和海岸源污染。

1. 陆源污染

污水的大量排放和垃圾堆放等是“次生”微塑料的重要来源之一。塑料是人类日常生活中必不可少的物质。各种食品包装袋、购物袋、洗涤剂、生活护肤品等塑料垃圾比比皆是，部分被填埋或经污水处理厂处理，还有一部分排入环境中，最终进入海洋或海岸带（Fendall and Sewell，2009；Hidalgo-Ruz *et al.*，2012；Browne *et al.*，2011），一部分会滞留于潮滩中。Browne 等（2011）研究表明，在日常衣物清洗过程中，每次清洗时有高达 1900 多个衣物纤维进入废水中，其中单位体积废水中的纤维量可达 100 N/L 以上。此外，通过河流向河口及近海输入是微塑料陆源输入的另一个重要途径。Zhao 等（2014）调查发现，在长江口及其附近海域地区水体表面漂浮的微塑料丰度分别达（4137.3±2461.5）N/m^3 和（0.167±0.138）N/m^3。可见，从长江口进入东海海域的水体中，微塑料的丰度急剧下降，显示了明显的陆源特征。

2. 海源污染

海源污染主要包括海上人类活动污染和大洋垃圾带污染。一方面，船舶运输和海上作业等海上人类活动带来的塑料污染（Lee，2013；Derraik，2002）。例如，海上作业的渔船及其他船只上塑料装置的破损等导致的塑料污染。另一方面，大洋“垃圾带”的存在同样是海岸带潮滩中“次生”微塑料的间接来源。这些塑料碎片或微塑料会随着风、洋流等作用发生迁移，聚集在海岸带或一些湾口处的海水或海滩上。

3. 海岸源污染

除了陆源和海源，海岸带自身的人类活动密集地区，如浴场、养殖场、港口、盐场等也会产生大块塑料或微塑料污染。在这些地区因人类活动产生了大量大块塑料碎片或微塑料，导致其在海岸地区不断积累。例如，在美国、巴拿马、亚洲、澳大利亚沿海码头地区的浮筒（发泡聚苯乙烯）和水产养殖设施，在遭损害后可形成数以千计的细颗粒微塑料，成为当地海岸带微塑料污染的一个重要来源（Davidson，2012）。

上述不论是哪一种源，海岸带潮滩中的“次生”微塑料，一部分是以微塑料的形式进入潮滩中，还有一部分是以大块塑料碎片的形式进入，这些进入潮滩中的大块塑料碎片会在潮滩环境作用下裂解形成微塑料，而微塑料也会在环境作用下发生进一步裂解，形成更细小的颗粒。有研究显示，潮滩上塑料碎片风化裂解的速率要高于海水中塑料碎片的裂解速率（Zurcher，2009）。

总体上，迄今尚未建立起海岸带复杂环境下微塑料的源解析技术体系。未来需要重视海岸带微塑料的源解析研究。

4.2　潮滩中微塑料的分布特征

潮滩塑料垃圾的研究大部分集中在大块塑料的调查工作上。在全球范围内已有许多关于潮滩微塑料的报道（Gregory，1978；Wilber，1987；Browne *et al.*，2011；do Sul *et al.*，2009；Hidalgo-Ruz *et al.*，2012）。在潮滩中出现的微塑料聚合物类型主要有聚乙烯、聚丙烯、聚苯乙烯、聚氯乙烯、聚酯、聚酰胺及其共混物或共聚物（表 4.1）；根据微塑料形貌特征，潮滩中出现的微塑料类型可分为颗粒类、发泡类、碎片类、纤维类及薄膜类等，其中树脂颗粒由于易被肉眼辨别，因而被大量报道。国际树脂颗粒观测项目（International Pellet Watch Programme）将其当作吸附污染物的目标物来研究（Takada，2006）。深度分布上，大部分研究主要集中在表层沉积物中（Claessens *et al.*，2011），但也有研究调查了表层沉积物下方的微塑料分布。Turra 等（2014）发现巴西海滩沉积物的 2 m 深处都有塑料小球的分布，在次表层沉积物中观测到更大的微塑料丰度。还有研究表明，微塑料在潮下带的丰度比海岸线更高（Thompson *et al.*，2004；Browne *et al.*，2011；Claessens *et al.*，2011），且人口、降水及距河口位置等均是影响微塑料空间分布的重要因素（Eo *et al.*，2018）。

表 4.1　在多种介质中微塑料的聚合物成分及比例（Anderson *et al.*，2015）

基质	尺寸 /mm	主要聚合物成分及比例	参考文献
沉积物 / 海岸线	＜1	聚酯（56%）；聚丙烯酸（23%）；聚丙烯（7%）；聚乙烯（6%）；聚酰胺（尼龙）（3%）	Browne *et al.*，2011
沉积物 / 污水处理厂	＜1	聚酯（78%）；聚丙烯酸（22%）	Browne *et al.*，2011
沉积物 / 海滩	＜1	聚酯（35%）；聚氯乙烯（26%）；聚酰胺（尼龙）（18%）；聚丙烯酸；聚丙烯；聚乙烯；可发性聚苯乙烯	Browne *et al.*，2008
沉积物 / 潮间带	0.03 ～ 0.5	聚乙烯（48.4%）；聚丙烯（34.1%）；聚乙烯 + 聚丙烯（5.2%）；聚酯（3.6%）；聚丙烯腈（2.6%）；聚苯乙烯（3.5%）；醇酸树脂（alkyd resin）（1.4%）；聚氯乙烯（0.5%）；聚乙烯醇（0.4%）；聚酰胺（尼龙）（0.3%）	Vianello *et al.*，2013
沉积物 / 海滩	1 ～ 5（颗粒）	聚乙烯（54%、87%、90%、78%）；聚丙烯（32%、13%、10%、22%）	Karapanagioti *et al.*，2011
水 / 海岸表层	＜1	醇酸树脂（75%）；苯乙烯 - 丙烯腈共聚物（20%）；聚乙烯 + 聚丙烯（2%）；聚乙烯；聚对苯二甲酸乙二醇酯；可发性聚苯乙烯	Song *et al.*，2014
水 / 污水流出物	＜1	聚酯（67%）；聚丙烯酸（17%）；聚酰胺（尼龙）（16%）	Browne *et al.*，2011

当前，有关潮滩微塑料的研究主要涉及港湾、河口、自然潮滩湿地、岛屿周边海域沉积物、旅游海滩、养殖海滩、拆船厂附近海域等，也有些文献未指明研究区域的潮滩性质。本节主要介绍旅游海滩、养殖海滩、河口湿地、红树林湿地、自然海湾等海岸带区域微塑料的空间分布。海岸潮滩与深海沉积物相比，前者微塑料的丰度总体上更高，变幅在 0.21 ～ 77 000 N/m^2（Imhof *et al.*，2013）。

4.2.1 旅游海滩中微塑料的分布特征

海滨旅游业是沿海地区一项重要的经济推动项目。浴场、旅游海滩、海上娱乐场等是人类度假的青睐之地。沿海旅游业的发展极大地促进了沿海地区的经济发展，但同时给沿海生态环境带来了巨大的压力。近年来，微塑料作为一种新兴污染物，被广泛报道存在于世界各地的滨海旅游海滩中（表 4.2）。

表 4.2 归纳了一些旅游海滩中微塑料的丰度情况。可见，各地区旅游海滩微塑料的空间分异性较大，这可能主要与人类活动有关。例如，Yu 等（2016）通过调查我国渤海辽东湾附近笔架山、兴城及北戴河 3 处海滩，研究了潮滩中微塑料分布受人类旅游活动行为的影响；发现 3 个地区潮滩中微塑料类型主要为聚乙烯（PE）、低密度聚乙烯（LDPE）、高密度聚乙烯（HDPE）、聚乙酸乙烯酯（polyvinyl acetate，PEVA）、聚丙烯（PP）、聚对苯二甲酸乙二醇酯（PET）、聚苯乙烯（PS）、醇酸树脂（alkyd resin）等，其微塑料丰度分别为（102.9±39.9）N/kg、（163.3±37.7）N/kg 和（117.5±23.4）N/kg，而浴场区（人为活动强）潮滩中微塑料丰度要高于附近非浴场区（人为活动弱）。此外，海滩中微塑料分布还受海滩深度的影响，微塑料在表层 2 cm 潮滩中的丰度要显著高于表层以下 20 cm。因此，从横向维度（潮滩表面）来看，3 处海滩表面潮滩中微塑料的聚合物在类型上相似，在微塑料丰度上差异不大，与人类活动密切程度有关；而从纵向维度（潮滩深度）来看，微塑料不仅存在于潮滩表面，还分布于表面以下一定深度处的沉积物中，但表层潮滩中微塑料丰度较高，这在一定程度上指示了潮滩中微塑料的沉积或掩埋现象。Ng 和 Obbard（2006）调查了新加坡沿海 7 个海滩沉积物（距潮线 0.5 m 处）中微塑料的分布特征，发现人类利用率较高（休闲娱乐等）的海滩，其潮滩中微塑料出现的频率也高。

上述旅游海滩微塑料分布除了受人为活动因素的影响，潮滩（包括旅游海滩或其他一些海滩）中微塑料的丰度及其分布还受其他多种因素的影响。①洪水的影响。例如，印度钦奈玛丽娜海滩高潮线上树脂颗粒丰度在洪水发生前后存在差异，洪水发生后其微塑料丰度是洪水发生前的 3 倍（Veerasingam *et al.*，2016）。②潮滩所在位置的影响（相对于微塑料源的位置）。例如，玛丽娜海滩中分别靠

表 4.2　旅游海滩中微塑料的粒径和丰度

调查区域		粒径 /mm	微塑料丰度	参考文献
巴西东北部累西腓市的博阿 • 维亚任海滩海滨线		＜1	≈ 100 N/988cm^2	Costa *et al.*，2010
印度钦奈玛丽娜海滩高潮线		＜5	（汛前）树脂颗粒 304 N/m^2	Veerasingam *et al.*，2016
印度钦奈玛丽娜海滩高潮线		＜5	（汛后）树脂颗粒 896 N/m^2	Veerasingam *et al.*，2016
韩国巨济岛兴南海滩高潮线		＞2	树脂颗粒（41±19）N/m^2	Heo *et al.*，2013
韩国巨济岛兴南海滩横截线		＞2	树脂颗粒（5±1）N/m^2	Heo *et al.*，2013
中国香港地区海滩潮上带		2～5	树脂颗粒 74～2704 N/m^2	Zurcher，2009
中国香港地区海滩高潮线		2～5	树脂颗粒 11～178 N/m^2	Zurcher，2009
中国南海旅游海滩		＜5	0～132 N/m^2	Zhao *et al.*，2015
中国广东阳江市沙扒湾		＜5	250.7 N/50g	Qiu *et al.*，2015
中国海南海口市海滩		＜5	396.7 N/50g	Qiu *et al.*，2015
中国海南万宁市海滩		＜5	435.7 N/50g	Qiu *et al.*，2015
中国海南三亚海滩		＜5	343.6 N/50g	Qiu *et al.*，2015
中国广西北海海滩		＜5	304 N/50g	Qiu *et al.*，2015
中国渤海笔架山海滩	浴场	＜5	≈ 330 N/kg	Yu *et al.*，2016
	非浴场	＜5	≈ 100 N/kg	Yu *et al.*，2016
	表层 2 cm	＜5	≈ 100 N/kg	Yu *et al.*，2016
	表层 20 cm	＜5	≈ 75 N/kg	Yu *et al.*，2016
中国渤海兴城海滩	浴场	＜5	≈ 240 N/kg	Yu *et al.*，2016
	非浴场	＜5	≈ 160 N/kg	Yu *et al.*，2016
	表层 2 cm	＜5	≈ 170 N/kg	Yu *et al.*，2016
	表层 20 cm	＜5	≈ 140 N/kg	Yu *et al.*，2016
中国渤海北戴河海滩	浴场	＜5	≈ 200 N/kg	Yu *et al.*，2016
	非浴场	＜5	≈ 110 N/kg	Yu *et al.*，2016
	表层 2 cm	＜5	≈ 120 N/kg	Yu *et al.*，2016
	表层 20 cm	＜5	≈ 80 N/kg	Yu *et al.*，2016
比利时沿海潮间带		＜1	（17±11）N/L	van Cauwenberghe *et al.*，2013

近库姆河（Cooum）河口和阿达亚河（Adyar）河口的两个点位的潮滩中微塑料丰度要高于远离这两个河口的点位。③潮汐与海浪的影响。潮滩中微塑料在微域空间上（不同潮带）的分布具有差异性。例如，中国香港地区海滩潮上带沉积物中微塑料（各个粒级）的丰度远高于潮间带（Zurcher，2009）；比利时沿海低水

位线潮滩中微塑料丰度［(9±5) N/kg］明显低于高水位线［(18±9) N/kg］，其中低水位线潮滩中纤维类和颗粒类微塑料在丰度上相近（调查区中微塑料以纤维类和颗粒类为主），而高水位线中则以纤维类为主（所占比例达 90% 以上）（van Cauwenberghe *et al.*，2013）。④海岸带地区风向和洋流也是海滩微塑料丰度与分布的重要影响因素。图 4.2 显示了印度钦奈沿海汛前（2015 年 3 月）和汛后（2015 年 11 月）洋流的平均流速及其方向，11 月钦奈沿海地区盛行东北风，洋流方向向西，这种强烈的东北风及其驱动的表层洋流导致微塑料被运输至钦奈沿海地区。图 4.3 是印度钦奈沿海汛前（2015 年 3 月）和汛后（2015 年 11 月）微塑料的驱动与传输过程及其可能来源的简化模型图。从图 4.3 中可以看出，河流是该地区微塑料的主要来源，而不同的水文条件（汛前和汛后）影响着河口微塑料的分布。Veerasingam 等（2016）通过调查印度果阿州 6 个著名的热带海滩（旅游业为主）在 1 月和 6 月微塑料树脂颗粒丰度及分布的变化，发现在当地西南季风期间水动力条件使微塑料树脂颗粒进入当地果阿沿海，西南季风期间的风向及海洋表面洋流将树脂颗粒运输至果阿沿海海岸并在海滩中沉积；微塑料树脂颗粒表面特征表明海源可能是其主要来源（运输过程中的泄露），并认为西南季风和洋流是影响果阿沿海海滩中微塑料树脂颗粒聚集与分布的关键性因素。

另有研究者将潮滩中微塑料的分布与年份联系起来。例如，Claessens 等（2011）在调查比利时沿海海滩［格伦恩迪耶克（Groenendijk）和科克赛德 - 巴德（Koksijde-Bad）］高水位线处沉积物剖面中微塑料分布时，通过将不同深度与代表性年份对应起来（基于当地沉积速率），以研究微塑料丰度随时间的变化进程（图 4.4）。在 Koksijde-Bad 海滩的高水位线处，发现最上层（代表 2008 年）和最底层（代表 2005 年）微塑料丰度分别为（95.5±9.0）N/kg 和（97.3±17.4）N/kg（以干沉积物计），表明在 2005 ～ 2008 年近 4 年内微塑料丰度并无

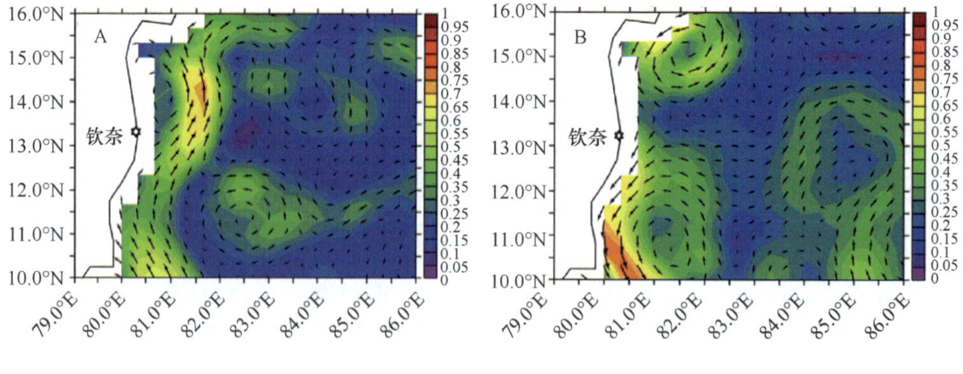

图 4.2　印度钦奈沿海汛前（2015 年 3 月）（A）和汛后（2015 年 11 月）（B）洋流平均流速（m/s）及方向（Veerasingam *et al.*，2016）

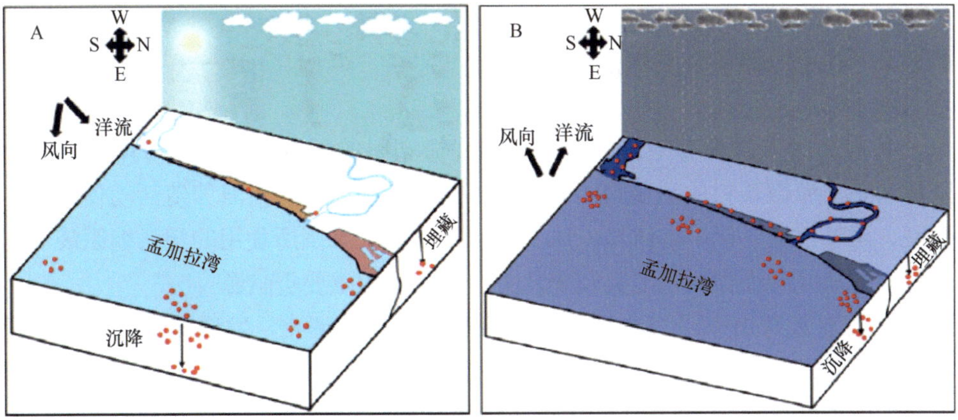

图 4.3　印度钦奈沿海汛前（2015 年 3 月）（A）和汛后（2015 年 11 月）（B）微塑料的驱动与传输过程及其可能来源的简化模型图（Veerasingam *et al.*，2016）

红色圆点代表微塑料

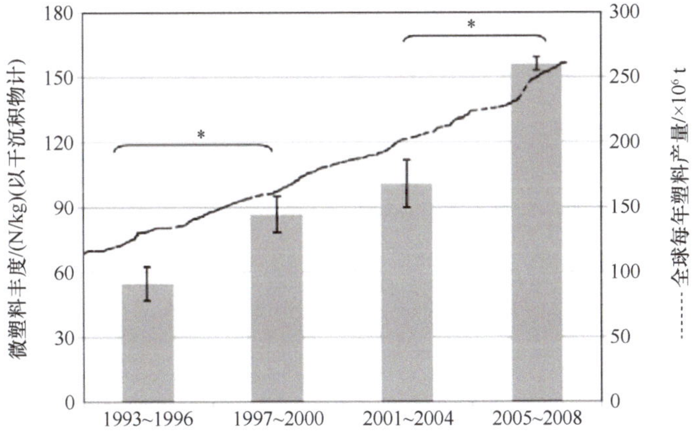

图 4.4　比利时 Groenendijk 海滩高水位线沉积物不同剖面中的微塑料（包括纤维、颗粒和薄膜等）含量（Plastics Europe，2008）（Claessens *et al.*，2011）

* 代表不同处理间差异显著（$P < 0.05$），曲线代表塑料年产量

明显变化；而在 Groenendijk 海滩的高水位线点位（共 4 层 ×8 cm，每层代表 4 年左右），最上层（代表 2005 ～ 2008 年）和最底层（代表 1993 ～ 1996 年）微塑料丰度分别为（54.7±8.7）N/kg 和（156.2±6.3）N/kg（以干沉积物计），表明该点位沉积物中微塑料量自 1993 年以来增长了近 2 倍。

由此可见，潮滩中微塑料空间分布受人类活动、洪水、潮汐与海浪、风与洋流及时间等因素的影响。沿海潮汐引起的潮位高低变化，使得微塑料多在潮线上分布，而潮起潮落的循环往复导致潮滩上微塑料在陆海之间不断前移，并影响微塑料在潮滩上的再分布。可见，潮滩中微塑料分布复杂且多变。

4.2.2 养殖海滩中微塑料的分布特征

目前，尚未发现有专门的养殖海滩中微塑料的调查报道。但海岸带地区养殖活动是沿海微塑料的重要来源之一（Andrady，2011）。沿海养殖活动使用的养殖网、聚苯乙烯浮标、泡沫箱，以及养殖池防渗或堆围所使用的塑料编织袋等均是海岸带地区纤维类、发泡类及碎片类等微塑料的重要贡献源。

我们通过对山东沿海典型养殖区海滩微塑料的调查，发现养殖区潮滩中微塑料类型以发泡类为主，微塑料丰度在不同研究区变异性较大，有些养殖区潮滩中微塑料丰度可高达 8020 N/kg（以沉积物鲜重计）（图 4.5）。根据我们的实地调查，这些丰度异常高值处在一些废弃的养殖场，由于其中用于防渗、堆围的塑料编织袋长期存在于环境中已被风化裂解，形成大量的塑料扁丝薄片类微塑料散落于周围，并在风、潮汐等作用下散布于整个潮滩。

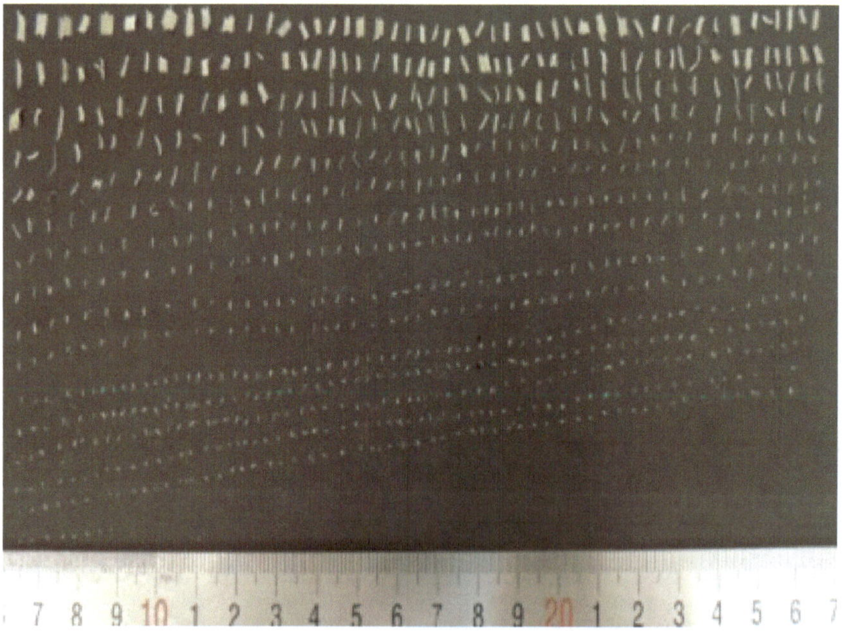

图 4.5　山东沿海废弃养殖区潮滩中分离挑出的扁丝薄片类微塑料

沿海养殖活动不仅会对近岸海水造成微塑料污染，而且其对养殖区及其周围的潮滩中微塑料污染的影响也不容忽视。沿海养殖活动造成的微塑料污染值得关注，尤其是废弃养殖场，应重视沿海养殖活动的规范和管理，并及时处置废弃的养殖场。

4.2.3　河口湿地中微塑料的分布特征

河口是陆源微塑料的一个庞大的汇，已成为沿海地区微塑料重要的源。在河口区的潮滩中微塑料丰度往往较高。例如，韩国洛东江河口潮滩中微塑料（1 ～ 5 mm）丰度可达 8205 ～ 27 606 N/m^2（Lee *et al.*，2013）；中国香港珠江口 25 个海滩高潮线中微塑料（0.315 ～ 5 mm）丰度达 5595 N/m^2（Fok and Cheung，2015）。

在河口潮滩中微塑料的空间分布上，以珠江口为例（Fok and Cheung，2015），在中国香港珠江口 25 处海滩高潮线上，微塑料类型主要有发泡类、碎片类和树脂颗粒类，其中发泡类微塑料占 90% 以上，可见珠江口发泡类微塑料污染较为严重。微塑料丰度上，中国香港地区微塑料平均丰度为 5595 N/ m^2，高于国际平均水平；研究区中 25 个海滩的微塑料丰度具有空间变异性，总体上西部沿海（靠近珠江口）潮滩中微塑料丰度要高于东部沿海（相对远离珠江口），表明珠江可能是研究区塑料碎片的潜在性来源，也体现了珠江口海滩中微塑料的陆源性污染。

河口潮滩中微塑料的空间分布特征同样受人类活动、潮汐与海浪、风与洋流等各因素的影响（详见 4.2.1），这在前人的研究工作中也有所体现。首先是污染源的影响。例如，在新加坡沿海海滩微塑料调查过程中发现（Ng and Obbard，2006），由于加冷河（Kallang River）流域接纳着来自梧槽运河（Rochor Canal）、加冷河、芽笼河（Geylang River）、黄埔河（Whampoa River）和佩尔顿运河（Pelton Canal）五大河流的污水（城市污水）排放，因此在加冷河河口潮滩中微塑料出现频率较高。其次，季节变化影响着河口水体径流量的变化，进而影响微塑料分布。例如，韩国洛东江河口沉积物中雨季后的微塑料丰度要高于雨季前（Lee *et al.*，2013）。在微塑料的粒径分布上，沉积物中的微塑料大多为 1 mm 以下，有的甚至小于几十微米。雨季前后微塑料多样性变化不大，但各类型微塑料的丰度具有变化，但总体上均以发泡类微塑料占较高比例（90% 以上）。在中国香港沿海潮滩中微塑料丰度季节变异性较大，一般在湿热夏季微塑料丰度显著高于干冷冬季，这种变异性还与珠江口的输入作用密切相关（Cheung *et al.*，2016）。再次，动力学因素的影响。例如，在调查位于巴西南部巴拉那州巴拉那河口附近的蓬多苏尔海滩（Pontal do Sul Beach）时发现，树脂颗粒的时空分布过程受海滩动力学过程的影响，具有小尺度区域的变异性（Moreira *et al.*，2016）。最后，风和沉积作用的影响。例如，英国泰马河（Tamar）河口潮滩微塑料或大块塑料碎片分布受风向的影响，下风向区域是微塑料的汇（Browne *et al.*，2010）。风和沉积流型对不同大小和密度塑料碎片的分布具有重要影响，密度较大的微塑料多分布在下风口，且多分布在具有更多细颗粒物沉积作用下的点位（细颗粒沉积的区域水流速较小而导致微塑料在此沉积，但二者之间相关性不明显）；而密度较小的微塑料（聚乙烯和聚丙烯类）则分布于整个河口地区。

4.2.4 红树林湿地中微塑料的分布特征

红树林湿地是沿海的一种独特景观。近年来，有研究发现红树林中微塑料污染问题的存在，但相关报道还很有限。根据有关红树林大块塑料碎片的研究报道，塑料垃圾在不同红树林湿地中的滞留期是有差异的，主要与当地水动力条件（如水体流速、传输体积等）、植被（红树林）的高低和密度等条件有关（do Sul *et al.*，2014）。还有研究指出红树林小溪中浮游鱼类和塑料碎片（包括微塑料）在组成上均与潮汐变化相关（Lima and Barletta，2016）。红树林湿地中塑料污染严重威胁着红树林地区的生物多样性（Sandilyan and Kathiresan，2012）。

在新加坡红树林湿地中（表 4.3），研究者（Nor and Obbard，2014）调查了其沿海 7 个红树林湿地潮滩中（表层 3 ～ 4 cm 的氧化层）微塑料的分布情况，发现微塑料的粒径范围主要集中在 20 μm 以下，塑料类型主要为纤维类，聚合物类型主要包括聚乙烯、聚丙烯、尼龙和聚氯乙烯等；在微塑料丰度上，西北方向的林厝港红树林中微塑料丰度最高，达（15.7±6.8）N/250g（以干沉积物计），同时也观察到一些海洋大块塑料碎片，包括渔网、塑料洗涤剂容器、塑料鼓、塑料瓶、食品包装袋等。通过分析微塑料丰度与沉积物粒径的关系，发现二者并无明显相关性。但位于新加坡西北方位的林厝港红树林与柔佛海峡（Johor Straits）相连，这里具有众多渔场，大块塑料或微塑料可能来源于此。同样，在伯拉尔溪红树林（Berlayar Creek Mangroves）中的微塑料丰度较高[（14.3±2.9）N/250g（以干沉积物计）]，推测微塑料可能来自其邻近吉宝港口处的划船活动及地表径流产生的污水的排入。此外，由于红树林地区水动力条件较弱，塑料碎片易在此聚集。因此，红树林潮滩中微塑料分布与人类活动和水动力条件有关。由此可推测，在时间动态上红树林潮滩中微塑料丰度将持续增长。

红树林生态系统是世界上多样性最丰富、生产力最高的海岸带生态系统之一。红树林除具有对沿海生态环境的调控功能外，还具有极大的研究价值和观赏价值。在中国，国家级红树林保护区主要有广东深圳福田红树林自然保护区、海南海口东寨港红树林自然保护区、广西合浦山口红树林自然保护区、广东湛江红树林自然保护区、福建漳江口红树林国家级自然保护区 5 个红树林自然保护区。近年来，红树林湿地已经受到了大块塑料或微塑料污染。图 4.6 是我们实地调查

表 4.3　红树林潮滩中微塑料的粒径和丰度（Nor and Obbard，2014）

调查区域	粒径 /mm	微塑料丰度 /（N/250g）（以干沉积物计）
新加坡樟宜红树林	＜ 5	9.7±5.7
新加坡乌敏岛红树林	＜ 5	3.0±2.0
新加坡实马高岛红树林	＜ 5	5.3±5.1
新加坡双溪布洛红树林	＜ 5	9.3±4.0
新加坡伯拉尔溪（Berlayar Creek）红树林	＜ 5	14.3±2.9
新加坡巴西立（Pasir Ris）红树林	＜ 5	7.0±4.4
新加坡林厝港红树林	＜ 5	15.7±6.8

中发现的红树林湿地受大块塑料和微塑料污染的照片。从图 4.6 中可以看出，一方面，较弱的水动力条件使大量的大块塑料或微塑料滞留于红树林潮滩中；另一方面，潮水涨退也可使大块塑料或微塑料滞留、悬挂或黏附于红树林树干和枝叶上。未来，我国应该加强对红树林湿地微塑料污染的研究。

图 4.6　我国南方红树林湿地大块塑料和微塑料污染

A. 红树林枝干上悬挂的五颜六色的塑料袋或塑料碎片；B. 红树林滩涂上滞留的大量聚苯乙烯泡沫；C. 退潮后的红树林枝干上附着的大量发泡类微塑料颗粒；D. 退潮后的红树林叶片上附着的大量发泡类微塑料颗粒

4.2.5 天然海湾潮滩中微塑料的分布特征

海湾作为一种沿海自然景观，与开阔水域相比具有不同的水动力条件。因此，海湾中微塑料等污染物汇聚的条件也有所差异，有关微塑料污染物在此空间上的分布也具有变异性。有研究表明，在洋流下风向并被潮汐强烈影响的区域，微塑料丰度更高。与受海洋影响较小的区域相比，在直接暴露于海洋洋流和潮汐流的潮滩，微塑料丰度和多样性更高，其中较大密度的微塑料占有更高的比例（Wessel *et al.*，2016）。由于海湾犹如半封闭水库，当大块塑料或微塑料被运输至此后易汇聚，并能为大块塑料或微塑料提供降解的时间，因而可能成为微塑料日益聚集的库。不同地区的海湾潮滩中微塑料类型及其丰度具有差异。例如，巴西东南部瓜纳巴拉湾海滩微塑料丰度范围为 12 ～ 1300 N/m^2，主要类型有纤维类、碎片类、发泡类和树脂颗粒类，其中碎片类最多，占一半以上，而纤维类最少。这些微塑料的来源主要与当地的河流、渔业及港口运输等因素有关（de Carvalho and Neto，2016）。墨西哥湾莫比尔湾潮间带沙质沉积物（表层 3 ～ 6 cm 厚）中微塑料类型包括硬质塑料、薄膜、发泡类及线类等几种不同形状的微塑料，其聚合物成分主要为聚乙烯、聚丙烯、聚苯乙烯、聚酯和脂肪族聚酰胺等；这些不同类型的微塑料多来自烟头、瓶盖、食品包装、饮料瓶、购物袋和塑料吸管等多种塑料垃圾，微塑料丰度在 5 ～ 117 N/m^2（Wessel *et al.*，2016）。

与开放海域相比，海湾独特的地理条件可能会导致微塑料更易在此聚集和分布（表 4.4）。Nel 和 Froneman（2015）对南非东南沿海海湾微塑料进行了调查，发现海滩沉积物中微塑料的丰度范围为（688.9±348.2）～（3308±1449）N/m^2。数据显示，海湾海滩沉积物中微塑料丰度与开阔海域海滩沉积物中微塑料丰度并无明显差异，但海湾水体和开阔海域水体中微塑料丰度则具有明显差异，表明海湾中微塑料的丰度与陆源输送或人口密度可能并无相关性，而是取决于水流循环。

同样，海湾中的微塑料不仅在潮滩表面分布，还会因沉积、掩埋等作用存在于潮滩的不同深度中。例如，巴西桑托斯湾海滩中树脂颗粒不仅在海滩表层分布，还存在于不同深度的剖面（深至 2 m）中，呈三维空间分布（Turra *et al.*，2014）。由图 4.7 可看出，颗粒丰度在不同深度剖面中具有变异性，其中表层树脂颗粒量占沙体中总颗粒的比例不足 10%，并认为树脂颗粒在海滩沉积物剖面梯度中的分布，更多是受海洋地理学的影响而不仅仅是受人类活动过程的影响。因此，研究微塑料在潮滩中整体分布时应将人类活动和沉积环境作为统一的整体综合考虑。

表 4.4　海湾潮滩中微塑料的粒径和丰度

调查区域		粒径 /mm	微塑料丰度	参考文献
英国神龙湾（Sennon Bay）		＜ 1	31 ～ 40 N/250ml	Browne *et al.*，2011
巴西瓜纳巴拉湾海滩		＜ 5	12 ～ 1300 N/m^2	de Carvalho and Neto，2016
墨西哥湾莫比尔湾潮间带		＜ 5	5 ～ 117 N/m^2	Wessel *et al.*，2016
波斯湾哈尔克岛		＜ 5	59 ～ 217 N/200g（以干物质计）	Akhbarizadeh *et al.*，2017
南非东南部阿尔戈阿湾（Algoa Bay）沿海	蓝水湾	＜ 5	≈ 2500 N/m^2	Nel and Froneman，2015
	伊丽莎白港主海滩	＜ 5	≈ 1900 N/m^2	Nel and Froneman，2015
	夏日斯瑞德	＜ 5	≈ 1800 N/m^2	Nel and Froneman，2015
南非东南部杰弗里湾沿海	杰弗里湾	＜ 5	≈ 1000 N/m^2	Nel and Froneman，2015
	阿斯顿湾	＜ 5	≈ 900 N/m^2	Nel and Froneman，2015
	圣弗朗西斯	＜ 5	≈ 1700 N/m^2	Nel and Froneman，2015
南非东南部普利登堡湾沿海	克尔邦	＜ 5	≈ 1900 N/m^2	Nel and Froneman，2015
	普利登堡湾	＜ 5	≈ 2000 N/m^2	Nel and Froneman，2015
	罗伯格	＜ 5	≈ 1800 N/m^2	Nel and Froneman，2015
南非东南部莫塞尔湾沿海	哈坦柏斯	＜ 5	≈ 1800 N/m^2	Nel and Froneman，2015
		＜ 5	≈ 1900 N/m^2	Nel and Froneman，2015
	迪亚兹斯特兰德	＜ 5	≈ 1000 N/m^2	Nel and Froneman，2015
巴西桑托斯湾海滩（树脂颗粒）	深度 0.2 m	—	5385.07 N/m^3	Turra *et al.*，2014
	深度 0.4 m	—	8867.09 N/m^3	Turra *et al.*，2014
	深度 0.6 m	—	5002.80 N/m^3	Turra *et al.*，2014
	深度 0.8 m	—	1994.47 N/m^3	Turra *et al.*，2014
	深度 1 m	—	1803.33 N/m^3	Turra *et al.*，2014
	深度 1.2 m	—	2160.68 N/m^3	Turra *et al.*，2014
	深度 1.4 m	—	1886.44 N/m^3	Turra *et al.*，2014
	深度 1.6 m	—	1072.03 N/m^3	Turra *et al.*，2014
	深度 1.8 m	—	781.17 N/m^3	Turra *et al.*，2014
	深度 2 m	—	822.72 N/m^3	Turra *et al.*，2014

4.2.6　其他类型潮滩中微塑料的分布特征

除以上所述的不同类型潮滩以外，港口、内陆湖泊等也是微塑料潜在汇集区。港口活动是沿海人类活动形式之一，包括渔业活动、客运和货运等活动，港口也因此遭受大块塑料或微塑料的污染。例如，在葡萄牙蓬塔德尔加达港、加拿大哈利法克斯港、澳大利亚道格拉斯港海滩及比利时沿海港口等，均发现了塑料的存在（表 4.5）。港口微塑料的污染主要与人类活动密切相关。以比利时沿海为例（Claessens *et al.*，2011），通过调查比利时沿海港口潮滩、海滩及潮下带沉积

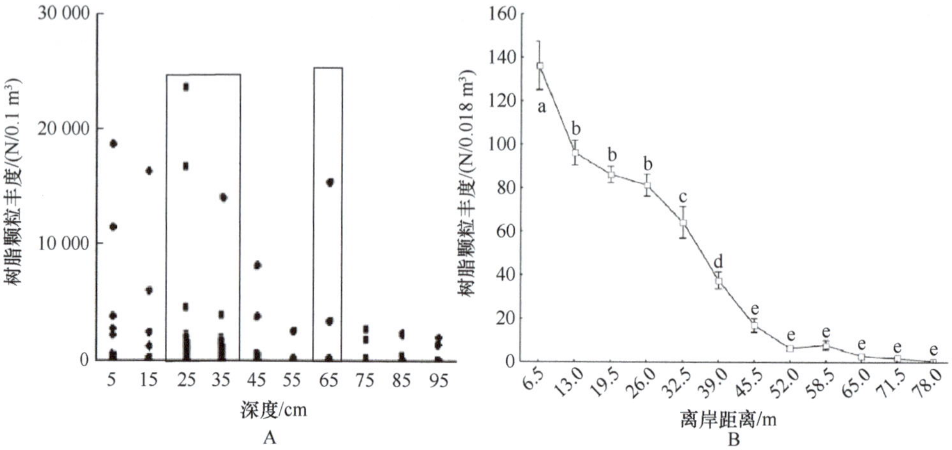

图 4.7　巴西桑托斯湾海滩树脂颗粒三维空间分布（Turra *et al.*，2014）

物中的微塑料分布，发现港口潮滩中微塑料丰度最高，可达 390 N/kg（以干沉积物计）。这些港口分别包括比利时西北部泽布吕赫（Zeebrugge）港（海军和商业船只，如货运渡轮、集装箱船、大型客船）、奥斯坦德（Oostende）港（海上娱乐船、渔业船和客运轮渡）、纽波特（Nieuwpoort）港（游船）3 个港口。分别由内而外采样，调查微塑料的丰度及其分布情况，发现这些港口中普遍存在纤维类、颗粒类、塑料薄膜类、聚苯乙烯颗粒类等类型；与港口中部和外部相比，港口内部微塑料丰度较高，而与河流邻近的点位潮滩中微塑料丰度最高。

表 4.5　港口沉积物中微塑料的粒径和丰度

调查区域	粒径 /mm	微塑料丰度	参考文献
葡萄牙蓬塔德尔加达港	＜1	21 ～ 30 N/250ml	Browne *et al.*，2011
加拿大哈利法克斯港	＜5	20 ～ 80 N/10g	Mathalon and Hill，2014
澳大利亚道格拉斯港海滩	＜1	21 ～ 30 N/250ml	Browne *et al.*，2011
比利时泽布吕赫港	—	（86.6±0.6）～（390.7±32.6）N/kg	Claessens *et al.*，2011
比利时奥斯坦德港	—	（109.2±22.5）～（273.4±4.3）N/kg	Claessens *et al.*，2011
比利时纽波特港	—	（66.9±7.9）～（186.3±21.7）N/kg	Claessens *et al.*，2011

除海域和沿海地区微塑料污染外，一些远离海洋的内陆地区也受到微塑料的污染，其中最为典型的就是内陆淡水湖泊流域的微塑料污染。目前，国内外已有研究发现，远离海洋的内陆湖泊潮滩中存在大量的微塑料（表 4.6）。例如，意大利加尔达湖（Imhof *et al.*，2013，2016）属于亚高山湖泊，是意大利北部的一个最受欢迎的旅游地。经调查，其南岸潮滩中微塑料丰度达（108±55）N/m²，而北岸则高达（1108±983）N/m²；这种南北岸差异可能是由南吹向北的“奥拉”风，

使湖北岸形成强烈的表面循环和反时针旋涡所致（Imhof *et al.*，2013）。在加拿大安大略湖岸线潮滩中的微塑料丰度可高达 28 000N/kg（以干沉积物计），靠近城市和工厂区域的湖岸线中微塑料污染程度较高，微塑料类型以＜ 2 mm 的纤维类和碎片类居多（Ballent *et al.*，2016）。由此可见，湖泊流域潮滩中微塑料的丰度和分布受污染源、人类活动等社会因素及风力等自然因素的影响。在中国，除人类活动密集的太湖湖泊流域受到微塑料污染的影响外（Su *et al.*，2016），在一些人类活动稀少的高原湖泊中也发现了微塑料的存在，这可能主要受河流输入的影响（Zhang *et al.*，2016）。

表 4.6　内陆淡水湖泊沉积物中微塑料的粒径和丰度

调查区域	粒径 /mm	微塑料丰度	参考文献
意大利加尔达湖北岸	＜ 5	（1 108±983）N/m^2	Imhof *et al.*，2013
意大利加尔达湖南岸	＜ 5	（108±55）N/m^2	Imhof *et al.*，2013
意大利中部博尔塞纳湖	＜ 5	112 N/kg（以干物质计）	Fischer *et al.*，2016
意大利中部丘西湖	＜ 5	234 N/kg（以干物质计）	Fischer *et al.*，2016
加拿大安大略湖	＜ 5	20 ～ 28 000 N/kg（以干物质计）	Ballent *et al.*，2016
中国藏北部色林错湖岸	＜ 5	＜ 4 ～（563±1 219）N/m^2	Zhang *et al.*，2016
中国藏北部格仁错湖岸	＜ 5	（42±47）N/m^2	Zhang *et al.*，2016
中国藏北部吴如错湖岸	＜ 5	（117±126）N/m^2	Zhang *et al.*，2016
中国藏北部木纠错湖岸	＜ 5	（17±20）N/m^2	Zhang *et al.*，2016
中国太湖	＜ 5	11.0 ～ 234.6 N/kg（以干物质计）	Su *et al.*，2016
中国北江	＜ 5	（178±69）～（544±107）N/kg（以干物质计）	Wang *et al.*，2017

最近，有研究者还关注了农田生态系统中微塑料的污染问题，提出了对“微塑料污染农业土壤了吗？”的思考，并在 *Nature* 杂志上发表（Nizzetto *et al.*，2016）。该研究认为，大量来自化妆品、衣物和工业活动中的微塑料颗粒随着城市污水污泥的排放过程最终进入农业用地并污染农业土壤，进而对农田生态系统和食品安全造成潜在的影响。Nizzetto 等（2016）估计了每年进入欧洲和北美洲农田中的微塑料分别有 63 000 ～ 430 000 t 和 44 000 ～ 300 000 t，该估算值甚至超过全球海洋表面微塑料量的估计值（93 000 ～ 236 000 t），数量之大令人震惊。但是，目前对微塑料污染的关注主要集中在海洋和海岸带地区，以及一些内陆湖泊等生态系统，但对农业用地土壤中微塑料的关注极其缺乏。我国是一个农业大国，农田生态系统的健康发展对食品安全、陆地生态系统与人类健康具有重要意义。因而，未来不仅需要进行海洋及海岸带地区微塑料污染与管控的研究，还要

迫切关注并开展农田生态系统中微塑料污染与管控的研究。

本章小结

本章综述了有关潮滩中微塑料污染的来源和分布特征。首先，沿海潮滩中微塑料来源较为复杂，既有生活污水、工业污水排放的陆源污染，也有来自大洋“垃圾带”和海上作业的海源污染，同时还有海岸带地区特有的人类活动与自然带来的多源污染。其次，微塑料存在于各种类型的潮滩中，包括旅游沙滩、养殖海滩、河口湿地、红树林湿地、天然海湾，甚至还出现在内陆湖泊等；但不同潮滩微塑料丰度及其分布随潮滩水动力等自然条件和人类活动类型的不同而具有变异性。未来需要关注不同环境介质下的微塑料污染研究，不仅需要继续关注沿海地区各类型潮滩中微塑料的污染、监管与治理，还应该关注农用地土壤中的微塑料污染问题。

参考文献

Akhbarizadeh R, Moore F, Keshavarzi B, et al. 2017. Microplastics and potentially toxic elements in coastal sediments of Iran's main oil terminal (Khark Island)[J]. Environmental Pollution, 220: 720-731.

Anderson A, Andrady A, Arthur C, et al. 2015. Sources, Fate and Effects of Microplastics in the Marine Environment: A Global Assessment[M]. London: International Maritime Organization.

Andrady A L. 2011. Microplastics in the marine environment[J]. Marine Pollution Bulletin, 62(8): 1596-1605.

Antunes J C, Frias J G L, Micaelo A C, et al. 2013. Resin pellets from beaches of the Portuguese coast and adsorbed persistent organic pollutants[J]. Estuarine, Coastal and Shelf Science, 130: 62-69.

Ashton K, Holmes L, Turner A. 2010. Association of metals with plastic production pellets in the marine environment[J]. Marine Pollution Bulletin, 60(11): 2050-2055.

Ballent A, Corcoran P L, Madden O, et al. 2016. Sources and sinks of microplastics in Canadian Lake Ontario nearshore, tributary and beach sediments[J]. Marine Pollution Bulletin, 110(1): 383-395.

Browne M A, Crump P, Niven S J, et al. 2011. Accumulation of microplastic on shorelines worldwide: sources and sinks[J]. Environmental Science & Technology, 45(21): 9175-9179.

Browne M A, Dissanayake A, Galloway T S, et al. 2008. Ingested microscopic plastic translocates to the circulatory system of the mussel, *Mytilus edulis* (L.)[J]. Environmental Science & Technology, 42(13): 5026-5031.

Browne M A, Galloway T S, Thompson R C. 2010. Spatial patterns of plastic debris along estuarine shorelines[J]. Environmental Science & Technology, 44(9): 3404-3409.

Cheung P K, Cheung L T O, Fok L. 2016. Seasonal variation in the abundance of marine plastic debris in the estuary of a subtropical macro-scale drainage basin in South China[J]. Science of the Total Environment, 562: 658-665.

Claessens M, de Meester S, van Landuyt L, et al. 2011. Occurrence and distribution of microplastics in marine sediments along the Belgian coast[J]. Marine Pollution Bulletin, 62(10): 2199-2204.

Costa M F, do Sul J A I, Silva-Cavalcanti J S, et al. 2010. On the importance of size of plastic fragments and pellets on the strandline: a snapshot of a Brazilian beach[J]. Environmental Monitoring and Assessment, 168(1-4): 299-304.

Davidson T M. 2012. Boring crustaceans damage polystyrene floats under docks polluting marine waters with microplastic[J]. Marine Pollution Bulletin, 64: 1821-1828.

de Carvalho D G, Neto J A B. 2016. Microplastic pollution of the beaches of Guanabara Bay, Southeast Brazil[J]. Ocean & Coastal Management, 128: 10-17.

Derraik J G B. 2002. The pollution of the marine environment by plastic debris: a review[J]. Marine Pollution Bulletin, 44(9): 842-852.

do Sul J A I, Costa M F, Silva-Cavalcanti J S, et al. 2014. Plastic debris retention and exportation by a mangrove forest patch[J]. Marine Pollution Bulletin, 78(1): 252-257.

do Sul J A I, Spengler Â, Costa M F. 2009. Here, there and everywhere. Small plastic fragments and pellets on beaches of Fernando de Noronha (Equatorial Western Atlantic)[J]. Marine Pollution Bulletin, 58(8): 1236-1238.

Eo S, Hong S H, Song Y K, et al. 2018. Abundance, composition, and distribution of microplastics larger than 20 μm in sand beaches of South Korea[J]. Environmental Pollution, 238: 894-902.

Fendall L S, Sewell M A. 2009. Contributing to marine pollution by washing your face: microplastics in facial cleansers[J]. Marine Pollution Bulletin, 58(8): 1225-1228.

Fischer E K, Paglialonga L, Czech E, et al. 2016. Microplastic pollution in lakes and lake shoreline sediments—a case study on Lake Bolsena and Lake Chiusi(central Italy)[J]. Environmental Pollution, 213: 648-657.

Fok L, Cheung P K. 2015. Hong Kong at the Pearl River Estuary: a hotspot of microplastic pollution[J]. Marine Pollution Bulletin, 99(1): 112-118.

Gregory M R. 1978. Accumulation and distribution of virgin plastic granules on New Zealand beaches[J]. New Zealand Journal of Marine and Freshwater Research, 12(4): 399-414.

Heo N W, Hong S H, Han G M, et al. 2013. Distribution of small plastic debris in cross-section and high strandline on Heungnam beach, South Korea[J]. Ocean Science Journal, 48(2): 225-233.

Hidalgo-Ruz V, Gutow L, Thompson R C, et al. 2012. Microplastics in the marine environment: a review of the methods used for identification and quantification[J]. Environmental Science & Technology, 46(6): 3060-3075.

Imhof H K, Ivleva N P, Schmid J, et al. 2013. Contamination of beach sediments of a subalpine lake with microplastic particles[J]. Current Biology, 23(19): R867-R868.

Imhof H K, Laforsch C, Wiesheu A C, et al. 2016. Pigments and plastic in limnetic ecosystems: a qualitative and quantitative study on microparticles of different size classes[J]. Water Research, 98: 64-74.

Karapanagioti H K, Endo S, Ogata Y, et al. 2011. Diffuse pollution by persistent organic pollutants as measured in plastic pellets sampled from various beaches in Greece[J]. Marine Pollution Bulletin, 62(2): 312-317.

Lee H. 2013. Plastics at Sea(Microplastics): A Potential Risk for Hong Kong[D]. Hong Kong: The University of Hong Kong.

Lee J, Hong S, Song Y K, et al. 2013. Relationships among the abundances of plastic debris in

different size classes on beaches in South Korea[J]. Marine Pollution Bulletin, 77(1): 349-354.
Lei K, Qiao F, Liu Q, et al. 2017. Microplastics releasing from personal care and cosmetic products in China[J]. Marine Pollution Bulletin, 123(1-2): 122-126.
Lima A R A, Barletta M, Costa M F, et al. 2015. Changes in the composition of ichthyoplankton assemblage and plastic debris in mangrove creeks relative to moon phases[J]. Journal of Fish Biology, 89(1): 619-640.
Lima A R A, Barletta M. 2016. Lunar influence on prey availability, diet shifts and niche overlap between Engraulidae larvae in tropical mangrove creeks[J]. Journal of Fish Biology, 89(4): 2133-2152.
Mathalon A, Hill P. 2014. Microplastic fibers in the intertidal ecosystem surrounding Halifax Harbor, Nova Scotia[J]. Marine Pollution Bulletin, 81(1): 69-79.
Moreira F T, Prantoni A L, Martini B, et al. 2016. Small-scale temporal and spatial variability in the abundance of plastic pellets on sandy beaches: methodological considerations for estimating the input of microplastics[J]. Marine Pollution Bulletin, 102(1): 114-121.
Nel H A, Froneman P W. 2015. A quantitative analysis of microplastic pollution along the south-eastern coastline of South Africa[J]. Marine Pollution Bulletin, 101(1): 274-279.
Ng K L, Obbard J P. 2006. Prevalence of microplastics in Singapore's coastal marine environment[J]. Marine Pollution Bulletin, 52(7): 761-767.
Nizzetto L, Langaas S, Futter M. 2016. Pollution: do microplastics spill on to farm soils[J]? Nature, 537(7621): 488.
Nor N H M, Obbard J P. 2014. Microplastics in Singapore's coastal mangrove ecosystems[J]. Marine Pollution Bulletin, 79(1): 278-283.
Norén F, Ekerdahl S. 2009. Microscopic anthropogenic particles in Swedish waters many more than believed[M]. Sweden: Helcom Monas.
Plastics Europe. 2008. The compelling facts about plastics 2007, an analysis of plastics production, demand and recovery for 2007 in Europe[R]. Brussels: Plastics Europe.
Qiu Q, Peng J, Yu X, et al. 2015. Occurrence of microplastics in the coastal marine environment: first observation on sediment of China[J]. Marine Pollution Bulletin, 98(1): 274-280.
Sandilyan S, Kathiresan K. 2012. Plastics—a formidable threat to unique biodiversity of Pichavaram mangroves[J]. Current Science, 103(11): 1262-1263.
Song Y K, Hong S H, Jang M, et al. 2014. Large accumulation of micro-sized synthetic polymer particles in the sea surface microlayer[J]. Environmental Science & Technology, 48(16): 9014-9021.
Su L, Xue Y, Li L, et al. 2016. Microplastics in taihu lake, China[J]. Environmental Pollution, 216: 711-719.
Takada H. 2006. Call for pellets! International Pellet Watch Global Monitoring of POPs using beached plastic resin pellets[J]. Marine Pollution Bulletin, 52(12): 1547-1548.
Thompson R C, Olsen Y, Mitchell R P, et al. 2004. Lost at sea: where is all the plastic[J]? Science, 304(5672): 838.
Turra A, Manzano A B, Dias R J S, et al. 2014. Three-dimensional distribution of plastic pellets in sandy beaches: shifting paradigms[J]. Scientific Reports, 4(3): 4435.
van Cauwenberghe L, Claessens M, Vandegehuchte M B, et al. 2013. Assessment of marine debris on the Belgian Continental Shelf[J]. Marine Pollution Bulletin, 73(1): 161-169.
Veerasingam S, Mugilarasan M, Venkatachalapathy R, et al. 2016. Influence of 2015 flood on the

distribution and occurrence of microplastic pellets along the Chennai coast, India[J]. Marine Pollution Bulletin, 109(1): 196-204.

Vianello A, Boldrin A, Guerriero P, et al. 2013. Microplastic particles in sediments of Lagoon of Venice, Italy: first observations on occurrence, spatial patterns and identification[J]. Estuarine, Coastal and Shelf Science, 130: 54-61.

Wang J, Peng J, Tan Z, et al. 2017. Microplastics in the surface sediments from the Beijiang River littoral zone: composition, abundance, surface textures and interaction with heavy metals[J]. Chemosphere, 171: 248-258.

Wessel C C, Lockridge G R, Battiste D, et al. 2016. Abundance and characteristics of microplastics in beach sediments: insights into microplastic accumulation in northern Gulf of Mexico estuaries[J]. Marine Pollution Bulletin, 109(1): 178-183.

Wilber R J. 1987. Plastic in the North Atlantic[J]. Oceanus, 30(3): 61-68.

Yu X, Peng J, Wang J, et al. 2016. Occurrence of microplastics in the beach sand of the Chinese inner sea: the Bohai Sea[J]. Environmental Pollution, 214: 722-730.

Zhang K, Su J, Xiong X, et al. 2016. Microplastic pollution of lakeshore sediments from remote lakes in Tibet plateau, China[J]. Environmental Pollution, 219: 450-455.

Zhao S, Zhu L, Li D. 2015. Characterization of small plastic debris on tourism beaches around the South China Sea[J]. Regional Studies in Marine Science, 1: 55-62.

Zhao S, Zhu L, Wang T, et al. 2014. Suspended microplastics in the surface water of the Yangtze Estuary System, China: first observations on occurrence, distribution[J]. Marine Pollution Bulletin, 86: 562-568.

Zurcher N A. 2009. Small Plastic Debris on Beaches in Hong Kong: An Initial Investigation[D]. Hong Kong: The University of Hong Kong.

第5章

海洋微塑料的传输、沉降及分解

自塑料大规模使用以来，大量塑料垃圾通过各种途径进入海洋，对海洋环境和生态健康造成严重威胁，成为与气候变化、臭氧耗竭、海洋酸化等并列的重大全球环境问题。塑料垃圾进入海洋后在太阳光照射和风、浪、流、潮汐等外力作用下分解、破碎、降解，形成塑料大颗粒（肉眼可见）和微塑料（粒径＜ 5 mm，有的肉眼不可见）（Andrady，2011）。其中毫米和微米级别的微塑料更容易被生物吸收，并可能携带其他污染物质，对海洋生态的影响更大，因而在近年来成为海洋科学的热点研究问题（Law and Thompson，2014）。微塑料是以颗粒形态存在的新型污染物，在环境中的行为与其他污染物质明显不同。目前，关于海洋微塑料的研究内容主要集中在其来源、环境浓度、生物效应和化学过程等方面（Chubarenko *et al.*，2016），对微塑料在海洋环境中传输过程的研究相对较为缺乏。

5.1 海洋微塑料的传输与数值模拟

塑料颗粒在海洋中的输运受到物理、化学和生物等多重过程的影响（Andrady 2011；Morét-Ferguson *et al.*，2010），其中物理迁移包括破碎分解、对流 - 扩散、漂浮、沉降 - 悬浮等过程，化学反应包括吸附 - 解吸、絮凝、光降解等过程，生物反应包括游泳和底栖动物摄食、微生物和藻类附着、生物降解等过程（图 5.1）。本节着重阐述物理过程主导下的微塑料传输机制，分析进入海洋中的微塑料如何经过不同途径，最终在大洋、岛屿、岸滩及海底沉积物中累积（van Cauwenberghe *et al.*，2013）。

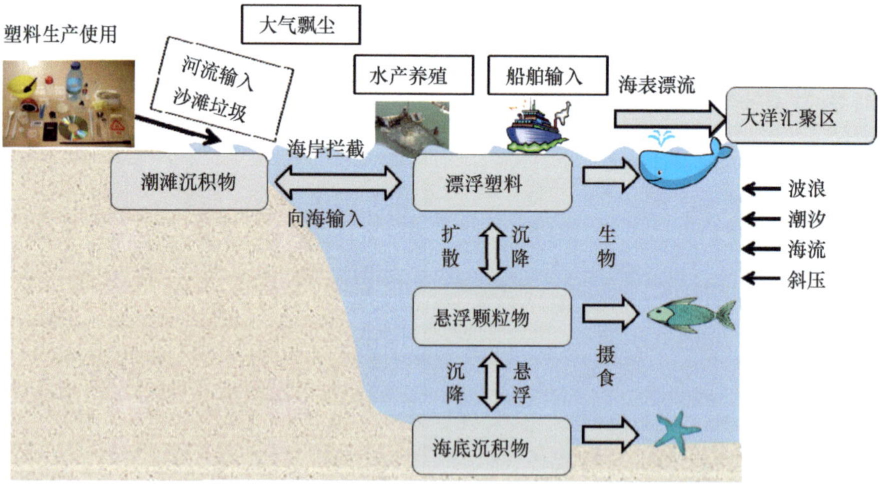

图 5.1　微塑料从源到汇的输运机制示意图

5.1.1　微塑料物理传输机制

微塑料在海洋中的传输取决于两个因素：①自身物理性质（密度、大小、形状）；②海洋动力条件（风场、波浪、潮汐、环流）。在两者共同作用下，微塑料可以通过不同途径（表面漂流、对流 - 扩散、悬移质 / 推移质运动等）从源头输运到各个汇。

（1）微塑料物理特性

海洋中的微塑料来自不同排放源，包括上千种不同类型的聚合物。不同类型塑料的密度（0.85 ～ 1.41 g/cm^3）、粒径（10 ～ 5000 μm）、形状（粒状、片状、纤维状、柱状等）等物理性质存在很大差异，因而在海洋环境中具有不同的行为和归趋。一般认为，密度小于海水的塑料颗粒会漂浮在海洋表面，在风场和表面流的作用下随波逐流，大部分最终会汇集在海岸上或大洋涡旋中。密度大于海水的塑料颗粒会发生垂向沉降，最终汇集在海洋和潮滩沉积物中。同时，粒径和形状对塑料颗粒的漂流速度及沉降速度也有着显著影响，决定其传输速度和传输距离（Ballent *et al.*，2012，2013；Eerkes-Medrano *et al.*，2015；Chubarenko *et al.*，2016）。

密度是控制微塑料迁移特性的一个重要参数，常用塑料的密度在 0.85 ～ 1.41 g/cm^3。表 5.1 是几种常见塑料的密度数据。在此密度范围内，低密度塑料（小于海水密度）可以漂浮在海水表面进行迁移，中密度塑料（接近海水密度）会在海水中悬浮迁移，高密度塑料（大于海水密度）则以类似泥沙的方式在海底以悬移质或者推移质的方式迁移。研究表明，塑料颗粒在迁移过程中受物理（破碎、风化、磨损）和生物过程的影响，其密度会发生变化。Morét-Ferguson 等（2010）在北大西洋拖网调查采样发现，大洋微塑料相对于近岸微塑料个体密度显著增加，其原因主要是生物污损（biofouling）作用。密度变化有可能影响微塑料的迁移和归宿。

表 5.1　主要类型塑料成分、密度及其相关产品

中文名	密度 /（g/cm^3）	来源
聚乙烯（PE）	0.91 ～ 0.96	购物袋、矿泉水瓶、网具
聚丙烯（PP）	0.855 ～ 0.946	绳、瓶盖、网具
聚苯乙烯（PS）	0.96 ～ 1.04	饭盒、塑料工具、泡沫
聚氯乙烯（PVC）	1.1 ～ 1.45	包装膜、瓶、杯
聚对苯二甲酸乙二醇酯（PET）	1.38	饮料瓶
聚酰胺（PA）	1.15	尼龙绳

塑料颗粒大小是决定其迁移能力的重要因素。海洋中的塑料包括大型塑料垃圾（> 200 mm）、中塑料颗粒（5 ～ 200 mm）及微塑料（< 5 mm），其中微塑料包含有微米级甚至纳米级的塑料颗粒（Andrady，2011）。由于采样手段不统一（拖网 / 过滤，人工分拣 / 化学分析等），不同研究者得到的微塑料粒径分布范围不具有可比性。Hidalgo-Ruz 等（2012）建议将微塑料颗粒区分为< 0.5 mm 和 0.5 ～ 5mm 两类。ter Halle 等（2016）建议采用质量分布代替粒径分布来描述海洋中塑料颗粒的大小。

海洋中塑料颗粒的大小取决于如下因素：①进入海洋的塑料类型和大小；②海洋迁移中机械破碎、光降解等过程导致塑料分解为小颗粒；③塑料颗粒自身絮凝，以及塑料颗粒与环境中的有机质、矿物胶体、微生物、生物残体等絮凝形成团聚体（Filella，2015）。对于微塑料粒径分布及其成因的研究方法，可以参考其他天然胶体，如大气气溶胶、河流泥沙、土壤胶体等。

对于漂流型大型塑料垃圾的迁移已经有大量研究，对其传输机制相对比较明确。但是对微塑料垃圾传输过程的研究刚刚起步，目前在观测手段和模拟方法上尚有些关键问题需要解决。Cózar 等（2014）发现> 5 mm 的塑料粒径分布符合从颗粒破碎理论推导得到的指数方程，但在 5 mm 以下，观测得到的粒径小于理论值，说明大量< 5 mm 的微塑料颗粒通过不同途径消失，其中最有可能的途径是破碎形成纳米颗粒或者向海底沉降。

海洋环境中微塑料颗粒的形状取决于其来源和破碎过程。海洋表面和沙滩上最常见的微塑料是塑料产品破碎形成的不规则碎片，其次是原生或次生的塑料微球，以及泡沫聚苯乙烯；在河口和潮滩最常见的是纤维状微塑料；在海底沉积物中发现的微塑料也以纤维状为主。Chubarenko 等（2016）计算了球状、膜状、纤维状颗粒的附着沉降速度，结果表明具有最大表面积的膜状颗粒最容易被生物附着沉降，其次是纤维状颗粒，而球状颗粒在水中最稳定。Kowalski 等（2016）通过沉降实验发现颗粒形状对沉降速度有显著影响。而 Khatmullina 和 Isachenko（2017）的实验表明除长条形微塑料颗粒外，其他形状微塑料颗粒的沉降速度基本符合球状沉积物沉降公式。

（2）海洋动力过程

海洋时刻处在运动中。在潮汐、风浪、密度流、径流输入等动力过程控制下，海水中的微塑料颗粒也随之运动。对微塑料传输过程的认识，首先要建立在了解海洋水动力过程的基础上。在河口 - 近海 - 陆架 - 大洋不同的空间尺度上，微塑料迁移的动力控制机制是不同的。

在全球尺度上，大洋环流及中尺度涡旋等过程控制了塑料颗粒的传输和分布，在其控制下塑料颗粒主要汇集在 5 个副热带环流的表面流辐合带（convergence zone）（Cózar *et al.*，2014）。位于北太平洋副热带夏威夷和加利福尼亚之间的东垃圾带（east garbage patch）的生成主要是大尺度气候环流的结果；西垃圾带（west garbage patch）位于黑潮延续体东南方，其形成与黑潮输运有密切关系，也和该处的地形存在联系（Howell *et al.*，2012）。在北大西洋和加勒比海的观测发现，高浓度的微塑料出现在副热带环流区域，明显受风生流主导的大尺度表面流辐合带控制；模型研究发现在强烈的湾流作用下，美国东海岸产生的塑料垃圾最快40 天可以迁移到 1000 km 以外的大西洋汇聚区（Law *et al.*,2010）。在大洋尺度上，通过遥感观测获取的表面风场、流场及温盐数据可以指示漂流型微塑料的总体传输方向和最终的汇。然而对于混合层以下出现的塑料颗粒，以及影响这些塑料颗粒输运的气象和海洋条件，仍然缺乏认识。对于不同类型微塑料的迁移速度，还有待结合观测数据和模型模拟深入研究。

在近岸海域，微塑料主要通过河流、排污口、船舶、养殖等渠道输入海洋，其传输受到河口近岸动力过程影响。在径流、潮流、波浪、风生流等动力因素作用下，微塑料在近岸海域的运动轨迹更为复杂，多数情况下会在岸滩和近海长期往复运动。其他环境因素如淡水输入带来的海水密度梯度、海岸与海底地形地貌、滨海湿地与珊瑚礁等也会影响微塑料的迁移过程。相对于大洋，近岸微塑料输运的模拟难度更大。Moore 等（2002）通过对加利福尼亚海岸的观测发现降雨之后塑料丰度增加到降雨前的 7 倍。Browne 等（2010）发现风向是影响河口岸线上塑料颗粒丰度的关键因素。Isobe 等（2014）结合观测和数值模拟发现斯托克斯漂流（Stokes drift）是造成中塑料颗粒向岸运输的主要机制，而微塑料颗粒主要随沿岸海流输运。Yonkos 等（2014）在典型河口的观测表明暴雨过程导致河口塑料浓度增加，强风和波浪造成塑料颗粒在水体内的垂向混合。Veerasingam 等（2016a）的研究发现洪水之后微塑料颗粒在海岸上的分布增加了 3 倍，认为风场及表面流是海洋微塑料向岸传输的驱动力。Chubarenko 等（2016）在波罗的海的研究认为强风暴导致的波浪和风生流是控制海洋微塑料在海岸带分布的关键因素，在其作用下塑料颗粒在海水和岸滩之间反复迁移，同时在机械磨碎作用下转变为微颗粒向深海输运。

由于近岸水动力过程较复杂，目前对微塑料在近海的水动力过程所知甚少，还难以明确微塑料在岸滩和海水中的动态分配状况（图 5.2）。沿岸输运、沿岸流、潮汐泵、波浪破碎、朗缪尔（Langmuir）环流、冲淡水羽流等动力过程，都可能影响塑料颗粒在海岸带的迁移，需要在未来深入研究。

（3）海表漂流过程

密度低于海水的塑料颗粒会漂浮在海面，在海面风、浪、流的作用下漂流扩散，海面运动中风的作用尤为重要（Yoon *et al.*，2010；Lebreton *et al.*，2012；

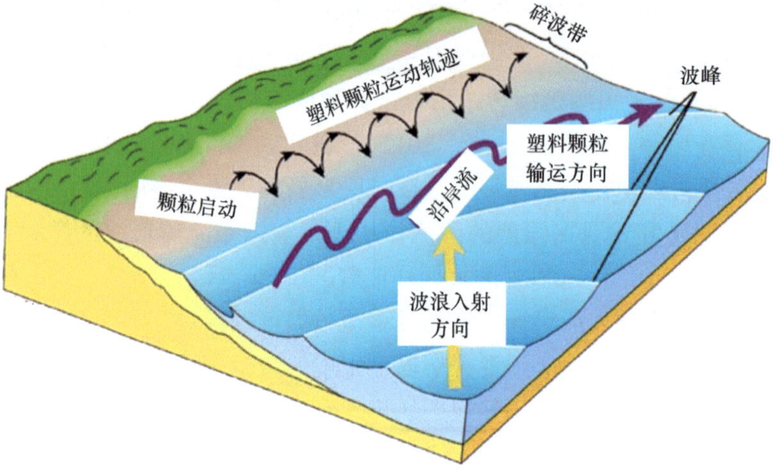

图 5.2　沿岸流控制下的塑料颗粒输运过程

Potemra，2012；Maximenko *et al.*，2012；Eriksen *et al.*，2013；Liubartseva *et al.*，2016）。对漂流型塑料颗粒的输运过程在过去十多年内取得了显著进展。数学模型被广泛应用于漂流塑料的模拟（Kukulka *et al.*，2012）。全球大规模布放的漂流浮标阵列也为研究漂流颗粒的输运过程提供了坚实的数据基础（Maximenko *et al.*，2012）。

在海面漂浮过程中风的影响随塑料颗粒的大小而变化，对于塑料大颗粒，暴露在海面上的表面积还格外受到风流压差（leeway and drift angle）的影响。Chubarenko 等（2016）采用不同密度的塑料球体，根据半经验公式计算得到聚苯乙烯塑料的漂流速度为 1.2 m/s，聚乙烯塑料的漂流速度为 0.4 m/s，比海流快很多。而对于微塑料，因体积小可认为其完全处于水面下，风在海表直接产生漂流效应。Wu（1983）初步估算出风产生的漂流速度与风速成正比，给出漂流系数为 0.53；Critchell 等（2015）模拟澳大利亚东海岸塑料颗粒的分布时，风漂流系数为 0.02。此外，小尺度运动如涡旋和非线性过程对海面的漂流扩散也有影响，风场数据的精度直接影响小尺度过程的模拟（Maximenko *et al.*，2012；Myksvoll *et al.*，2012；Potemra，2012）。

（4）垂向迁移过程

相对于海表漂流过程，对塑料颗粒在海水水体内垂向迁移的研究难度要大得多。目前在这方面的了解非常匮乏，仅有少量研究分析了塑料在海洋内的垂向分布。由于研究区域和研究方法的差异，不同研究的结论不尽一致。Kukulka 等（2012）结合亚表层拖网和模拟结果，认为塑料颗粒在混合层内存在广泛的垂向分布，传统的表层拖网低估了海洋中微塑料的含量。Reisser 等（2015）在北大西洋采用分层拖网的方法分析了低密度塑料颗粒在海面以下 0 ～ 5 m 的分布，发现塑料颗粒浓度随水深加深呈指数降低，颗粒越小越容易垂向迁移。

塑料颗粒自身重力和海水浮力决定了其垂向运动方向，因而塑料个体密度和海水密度是控制塑料颗粒垂向运动方向及最终归宿的主导因素。然而，在海洋混合层及其以上，湍流是垂向运动的主要动力，决定着塑料颗粒的垂向运动速度和运动轨迹（Kukulka *et al.*，2012）。波浪破碎、朗缪尔环流、温盐跃层等过程是研究塑料颗粒垂向迁移必须要考虑的动力因素。Enders 等（2015）计算了在浮力和湍流混合作用下不同大小（10 μm、100 μm、1000 μm）颗粒在海表以下 250 m 以内垂向分布，发现 96.5% 的大颗粒（1000 μm）停留在表层 1 m 以内，而 10 μm 和 100 μm 颗粒分别只有 1.5% 与 4.6% 留在表层，其他基本上停留在密度跃层以上。Kukulka 等（2016）模拟了海表热通量变化对塑料颗粒湍流混合过程的影响，结果发现昼夜热周期明显影响塑料颗粒在表层 15 m 的分布动态，夜间向下的湍流增强，导致塑料颗粒向下层迁移。

（5）底部沉降 - 再悬浮

密度大于海水的塑料颗粒在水体中受海洋混合、对流扩散影响，在水体中上下运动，大颗粒受海水外力挤压、碰撞，逐渐分解成为微塑料，再经历悬浮、沉降等过程，最终在海底聚集。沉降过程控制着微塑料在近海海水和沉积物中的动态分布。调查结果显示，微塑料在海洋环境中的分布呈现明显的垂向分布特征：底层沉积物中的微塑料数量远大于表层水（Hidalgo-Ruz *et al.*，2012），从陆源进入海洋中的高密度微塑料在短距离内便可沉到海底（Imhof *et al.*，2013），全球每年大量输入的塑料垃圾主要通过沉降过程进入海底沉积物中（Perkins *et al.*，2014；Law and Thompson，2014）。因此，近海沉积物被认为是海洋中微塑料重要的汇（Browne *et al.*，2011）。

沉降速度是微塑料沉降过程模拟的关键参数（Ballent *et al.*，2013；Critchell and Lambrechts，2016），沉降速度快的塑料颗粒将在释放源附近沉积，速度慢的将随着海流运动不断扩散沉降。微塑料在海洋环境中的沉降速度受到环境因素（风力、波浪、海水密度等）和自身物理性质（密度、尺寸、形状等）的影响。Ballent 等（2013）使用 Mohid 模型模拟微塑料在海底的运动时，采用了直径 5 mm 的微塑料球体在海水中的测量值作为沉降速度。Kowalski 等（2016）利用矩形玻璃沉降柱，研究了不同类型微塑料在纯水和海水中的沉降速度。结果表明，微塑料的沉降速度不仅受微塑料类型、密度和尺寸的影响，而且受形状的影响也非常大。Chubarenko 等（2016）套用沉积物沉降公式计算得出，直径为 5 mm 的球形聚乙烯颗粒沉到波罗的海海底（250 m）的时间不超过 0.5 h；直径 0.5 mm 的球形聚乙烯颗粒沉到波罗的海海底（250 m）的时间不超过 18 h。

但他们也指出沉积物颗粒沉降公式只适用于球形塑料颗粒，并不适用于纤维状和片状的塑料颗粒。海水环境中微塑料通常具有不规则的形状，Khatmullina 和 Isachenko（2017）在蒸馏水体中测量了塑料颗粒的沉降速度，并讨论了形状对沉降速度的重要影响。

沉入海底的微塑料受动力扰动会发生再悬浮，导致塑料重新释放进入海洋。Ballent 等（2012）采用侵蚀槽实验模拟了塑料微球（密度 1.06 g/cm^3；粒径 4.8 mm）在海水 - 沉积物界面的再悬浮过程，得到的临界剪切应力约为 0.14 N/m^2。Critchell 和 Lambrechts（2016）在塑料迁移模拟中采用简单的再悬浮系数模拟分析了风场对再悬浮的影响，指出微塑料的再悬浮过程应该是优先研究方向。

沉降到海底沉积物表面的微塑料颗粒可能进一步通过埋藏过程在沉积物内部向下迁移。Turra 等（2014）的研究发现，塑料颗粒在砂质海岸具有垂向分布，甚至可以传输到地面以下 2 m 处，海洋风暴过程可能是塑料颗粒在沉积物中垂向分布的控制因素。

5.1.2 海洋微塑料的传输模拟和预测

近年来，水动力模型、质点追踪模型、泥沙输运模型得到了长足发展，成为系统阐明微塑料输运机制的关键技术。根据微塑料的物理性质，可以将其分成漂浮型、悬浮型和沉降型，分别建立相应的输运扩散方程和数值模拟模块。

（1）水平二维漂流模拟

对于飘浮型塑料，多数采用拉格朗日质点跟踪的方法进行模拟，通过在微塑料排放源头释放大量漂浮质点的方法，研究它们随着海洋表面水流的运动规律，并预测不同地点排放的漂浮微塑料随潮流和洋流运动。在这方面近年来已经有大量研究，建立了比较成熟的方法（Yoon *et al.*，2010；Kako *et al.*，2011；Maximenko *et al.*，2012；Potemra，2012；Neumann *et al.*，2014；Mansui *et al.*，2015；Liubartseva *et al.*，2016；Critchell *et al.*，2015）。Yoon 等（2010）在日本海水动力再分析数据基础上，模拟了海洋垃圾的漂流和靠岸过程，模拟结果与海滩调查比较吻合。Maximenko 等（2012）基于漂流浮标数据和马尔可夫链方法模拟了全球大洋塑料垃圾的输运过程。近年来，研究人员在欧洲北海南部、地中海、亚得里亚海、大堡礁等开展了区域尺度上的塑料垃圾漂流模拟，以确定塑料垃圾在海洋中的传输路线、持留时间和最终的汇（Neumann *et al.*，2014；Mansui *et al.*，2015；Liubartseva *et al.*，2016；Critchell *et al.*，2015）。这些模型方法基本是直接应用水动力模型的输出结果，通过拉格朗日模型（PELETS-2D、ARIANE 和 MEDSLIK-II 等）计算质点在海流、风场、波浪共同作用下的二维迁移轨迹。

塑料颗粒的漂流速度（$\overrightarrow{U_P}$）由随表面海流的对流项、水平方向湍流扩散项、风场导致的斯托克斯漂流项共同决定。

$$\overrightarrow{U_P}=\overrightarrow{U_A}+\overrightarrow{U_D}+\overrightarrow{U_W} \tag{5-1}$$

其中对流项（$\overrightarrow{U_A}$）由物理海洋模型计算得到的表面流速给出，水平方向湍流扩散项（$\overrightarrow{U_D}$）则根据水平涡旋系数（horizontal eddy coefficient，K_H）和表面流速梯度计算得到。

$$\overrightarrow{U_D}=K_H\nabla\overrightarrow{U_A} \tag{5-2}$$

近海面风场导致的斯托克斯漂流项（$\overrightarrow{U_W}$）则由风漂流系数（W_d）和风速（$\overrightarrow{V_W}$）计算。

$$\overrightarrow{U_W}=W_d\overrightarrow{V_W} \tag{5-3}$$

风场数据通常直接采用 NCEP-NCAR 或者 ECMWF 等气象再分析数据。漂流模型中水平涡旋系数（K_H）和风漂流系数（W_d）是两个关键参数，由于涉及的海洋动力过程极为复杂，这两个系数还难以通过理论或者实验方法确定，通常在模拟中通过经验方法标定。

（2）垂向迁移模拟

目前关于悬浮型微塑料的研究还很少。由于观测手段的限制，对塑料颗粒在海表以下的垂向迁移过程所知甚少，数值模拟成为研究海洋中微塑料垂向迁移的主要手段（Kukulka *et al.*，2012，2016；Isobe *et al.*，2014；Enders *et al.*，2015）。Kukulka 等（2012）采用湍流混合模型模拟了垂直方向上塑料颗粒在浮力和湍流共同作用下的迁移过程，结果表明风生 Langmuir 环流及波浪破碎在垂向迁移中具有关键作用。Isobe 等（2014）建立了一个垂向的二维粒子追踪模型用来模拟塑料颗粒在近岸海域的迁移，垂直方向迁移速度是在湍流雷诺数（Re）和颗粒物理特征（密度和粒径）的基础上，采用随机游走方法进行计算，结果显示了塑料颗粒的选择性迁移过程。

对于悬浮在水体中的微塑料颗粒，重力、浮力及湍流混合力是其垂向迁移的控制力，其垂向迁移速度（w）可以通过随机游走方法进行计算（Isobe *et al.*，2014）。

$$w=\frac{(\rho-\rho_P)gd^2}{18v}+\frac{R\sqrt{2K_z\Delta t}}{\Delta t},\ \mathrm{Re}<1 \tag{5-4}$$

$$w=0.223d\left\{\frac{(\rho-\rho_P)^2g^2}{\rho v}\right\}^{1/3}+\frac{R\sqrt{2K_z\Delta t}}{\Delta t},\ 1\leqslant \mathrm{Re}\leqslant 100 \tag{5-5}$$

$$w = 1.82\left\{\frac{(\rho - \rho_P)gd}{\rho}\right\}^{1/2} + \frac{R\sqrt{2K_z\Delta t}}{\Delta t}, 100 < \mathrm{Re} \tag{5-6}$$

式中，ρ 是海水密度，ρ_P 是塑料颗粒密度，d 是塑料颗粒粒径，g 是重力加速度常数，v 是海水黏滞系数，R 是 –1 ～ 1 的随机数，K_z 是垂向湍流系数，Δt 是时间步长。

雷诺数（Re）表示湍流强度，可以通过如下公式计算。

$$\mathrm{Re} = \frac{\rho w d}{v} \tag{5-7}$$

公式（5-6）可以耦合到拉格朗日质点追踪模型中，共同计算塑料颗粒在三维空间里的迁移轨迹。

（3）海水沉积物界面的沉降模拟

目前，对高密度微塑料在海底的沉降过程也所知甚少，对其模拟主要是参照泥沙沉降模型。Ballent 等（2013）应用 Mohid 模型和实验获取的沉降 - 再悬浮参数模拟高密度微塑料在纳扎雷（Nazaré）深槽迁移，发现颗粒在潮流作用下沿水下沟槽上下运动，只有在风暴和内波过程中才会发生沿沟槽向远海迁移。Critchell 和 Lambrechts（2016）采用 SLIM 模型对沉降和再悬浮速率进行了灵敏性分析，发现风场导致的再悬浮速率变化对塑料颗粒的研究具有关键影响。

根据经典的泥沙颗粒传输模型，当海底剪切流速低于临界剪切流速，海床上微塑料颗粒不启动，水体中悬浮的微塑料发生沉降；当剪切流速介于临界剪切流速与颗粒沉速之间，海床上微塑料颗粒以推移质形态运动，海水悬浮微塑料继续沉降；当剪切流速超过颗粒沉速，微塑料颗粒以悬移质状态运动。沉降速度取决于颗粒密度 / 大小及湍流混合，但实际观测的沉降速度和计算的沉降速度存在差异，尤其是由于微塑料颗粒的物理性质（密度和形状）与泥沙颗粒存在很大差异，需要在实测数据基础上修改沉降速度公式。

（4）模型参数化与验证

在建立了微塑料传输的数学模型之后，准确模拟海洋环境中微塑料的迁移和归趋还需要解决两个问题：①如何获取微塑料扩散、漂浮、降解、和沉降等过程的参数；②如何确定边界条件（排放源、沉积物释放、大气沉降）上的微塑料负荷和研究海域微塑料的初始含量。这两个问题都需要针对具体研究区域的具体情况，在实际观测和实验模拟的基础上准确量化参数及负荷。

基于以上控制方程建立的数值模型，其模拟结果的合理性需要通过敏感性试验和实测结果验证两个步骤进行检验。模型的敏感性分析将通过在一定范围内调整数值模型中的关键参数，观察模型输出对参数变化的响应，以分析模型的稳定性及其对实际过程模拟的合理性。微塑料输运模型的敏感性参数见表 5.2。

表 5.2　微塑料输运模型中的敏感性参数

敏感性参数	选值	目的
降解速率 / （N/ 天）	0.2	大块塑料与微塑料的转化过程
再悬浮速率 / （N/ 天）	0.1；0.2；0.4	微塑料的存留时间
沉降速度 / （N/ 天）	0.1；0.2；0.4	微塑料在海底分布的影响因素研究
风漂流系数	1%；2%；4%	风强迫对海面漂浮塑料的影响
扩散系数 / （m^2/s）	5；10；20	扩散过程中扩散系数的作用
塑料源地点	A；B；C；D；E	塑料源位置对岸滩污染的影响
风强迫	风向 / 风速	季节性风场对塑料迁移的影响

模型的进一步验证则需要获取研究区域排放源、岸滩、海水、沉积物内微塑料的时空分布数据，将模型输出结果与实际调查数据相比较。通过调整模型参数，能够准确模拟微塑料在不同环境介质中的归趋。最后统计微塑料沉积在岸滩和海底及在水中迁移的数量，获得塑料污染物在岸滩、海底及生物体内的分布概率，通过试验对比，形成塑料污染的风险分布图。

5.1.3　总结与展望

微塑料的物理传输机制涉及表面漂流过程、垂向迁移过程及在海底沉积物表面的沉降过程。对微塑料传输的模拟首先需要准确了解风场、波浪、径流、潮汐、密度流等过程共同控制下的水动力过程；其次需要根据塑料的物理特性建立相应的控制方程描述其运动轨迹，然后标定漂流系数、扩散系数、沉降速度等关键敏感参数，最后通过实测数据验证模拟结果。对微塑料传输的研究可以借鉴在溢油、泥沙输运、浮游植物迁移等领域的研究结果，在现有模型基础上综合建立适合于微塑料迁移模拟的数值模型，为海洋微塑料的源汇关系分析和综合风险评估提供技术手段。

对微塑料的传输机制和数值模拟的研究方兴未艾。很多基本的理论和应用问题亟待解决，需要开展的研究如下。①不同粒径塑料颗粒风漂流系数的确定，以及各个风生动力过程（斯托克斯漂流、朗缪尔环流、埃克曼流、沿岸漂流等）对微塑料的迁移和分布的影响；特别是近岸强烈动力条件下，控制塑料颗粒在岸线和近海之间动态分配的关键向岸与离岸传输过程。②波浪和密度变化导致的湍流混合过程对微塑料垂向迁移的控制机制，特别是需要在大量观测数据的基础上，准确描述近海和远洋不同海水分层中微塑料的分布，准确核算海洋中微塑料的含量。③不同密度 / 大小 / 形状的微塑料颗粒在海底的沉降 - 再悬浮过程，标定不同动力条件下微塑料的临界沉降速度和冲刷剪切应力，近海悬浮颗粒物和沉积物中微塑料的动态分布，提供沉积物界面的微塑料交换通量。④结合拉格朗日质点追踪、泥沙输运和水龄模拟等数值模拟模块，建立受潮流、洋流、湍流混合、沉降等动力过程作用的微塑料传输模型。⑤结合风场、流场、陆源污染输入等信息，模拟分析我国近岸海域微塑料时间和空间分布特征，计算入海微塑料的三维输运途径、扩展范围和在水体中的存留置换时间，量化微塑料在关键海峡的交换通量，阐明径流及沿岸输入的微塑料颗粒在近海的传输与沉降过程，以及随陆架环流扩展至邻近海域的途径。

5.2 海洋微塑料的沉降与沉积

5.2.1 海水表面微塑料的沉降与再悬浮

海洋环境中的微塑料可能漂浮于海洋表面、悬浮于各层海水或沉积到海底，在海岸带、远洋、海底等区域均有聚集（Browne *et al.*，2010；Lattin *et al.*，2004；Enders *et al.*，2015；Desforges *et al.*，2014；Woodall *et al.*，2014；van Cauwenberghe *et al.*，2013），这与微塑料的组成、形状和密度有关（Cole *et al.*，2011）。

低密度的塑料碎片刚进入海洋环境时，会在海洋表层积累，随着在海洋环境停留时间的增加，塑料的形状和密度会发生变化，最终沉降于海底（Wang *et al.*，2016）。Enders 等（2015）从欧洲海岸线、亚速尔群岛、大西洋公海到北大西洋副热带环流区域采集表层 3 m 处的样品，发现从欧洲海岸线到亚速尔群岛，再到大西洋公海微塑料的浓度持续降低，从大西洋公海到北大西洋副热带环流区域，微塑料丰度上升。陆源输入是海洋微塑料的主要来源，随着离岸距离的增加，由于海水的稀释作用微塑料丰度逐渐降低（Enders *et al.*，2015）。Aytan 等（2016）调查了一个半封闭的海（黑海），发现垂直混合作用可以稀释海洋中微塑料的丰度，在近岸海域漂浮的微塑料的数量会随着海水季节性的垂直混合作用而发生季节性变化。Desforges 等（2014）在太平洋的西北部，从不列颠哥伦比亚省到离岸 1200 km 的范围，在距表层海水 4.5 m 的深度采样，发现近岸位置的微塑料丰度是远离岸边的 4 ～ 27 倍，表层以下 4.5 m 处微塑料的组成和密度与表层海水中的微塑料可能有所不同。但 Lattin 等（2004）在圣莫尼卡湾离岸 0.8 km 和 4.5 km 的位置，在表层海水、距表层 5 m 处和接近海底（近岸的样点未采集）的位置分别采样，发现风暴前，表层海水和中层海水近岸及远岸的位置微塑料丰度无显著差异（与调查的范围相关），并且表层海水和中层海水的微塑料丰度、质量很相近，但接近海底的位置微塑料的丰度和质量远大于表层海水及表层下部的海水。微塑料在垂直方向上的分布仍需进一步研究（Aytan *et al.*，2016）。

微塑料在海洋环境中的迁移受到海洋环流、潮汐、风、海啸等气象因素的影响（Wang *et al.*，2016）。Collignon 等（2012）发现在地中海的西北部，强风之前海洋表面漂浮的塑料颗粒丰度是风后的 5 倍，风力促进了塑料颗粒在表层水柱中的混合，实现垂直方向上的再分配。洋流方向随着深度的不同而发生变化。因此，塑料颗粒在海洋中特定垂直层面上的传输路径会随着洋流和颗粒性质的变化而改变（Anderson *et al.*,）。此外，潮汐、海啸、地震、台风等也会促进微塑料在海洋环境中的迁移（Desforges *et al.*，2014；Wang *et al.*，2016）。对海洋中的塑料样品进行元素分析后，发现多数样品中有大约 1% 的氮元素，而大部分的初级塑料（除了尼龙）中，不含有氮元素，氮元素的存在表明了海洋环境的塑料样品中有生物质的存在（Morét-Ferguson *et al.*,2010）。附着在塑料碎片上的污物包括硅藻、水质、丝状藻和焦油残渣（Endo *et al.*,2005;Gregory,1978）。Collignon 等（2014）在地中海卡尔维湾（Calvi Bay）采集的塑料样品中，有大约 22% 的样品中发现附生植物的存在，多为藻类或有孔虫。此外，微塑料也可以通过海雪沉降至海底（van Cauwenberghe *et al.*，2013），海雪是指与海洋生物质关联的无机物质的团聚行为（Alldredge and Silver，1988）。移植于生物体，附着在浮游植物上，或者与有机碎片或小颗粒团聚等过程，促进了微塑料在海洋环境中的沉降（Woodall *et al.*，2014）。

Woodall 等（2014）发现在海底沉积物中，微塑料主要以聚酯类纤维的形式存在；在海洋水柱中，微塑料的主要存在形式是聚乙烯或聚丙烯类，较大的微塑料（2 ～ 5 mm）居多（Collignon *et al.*，2014）。van Cauwenberghe 等（2013）认为难以判断在海底发现的微塑料颗粒属于高密度的塑料还是低密度的塑料。已报道的海洋沉积物中的微塑料含量如表 5.3 所示。目前，仍然难以解释微塑料如何从表层海水迁移至深海底部，但海底沉积物中微塑料的出现说明微塑料已遍布于全世界的大海、大洋甚至深海中（Woodall *et al.*，2014），威胁着海洋生态系统的安全。

海水的扰动导致微塑料在海洋水柱的重新分配，使海底的微塑料再悬浮（Cole *et al.*，2011）。在表层海水中存在聚酯、尼龙、PVC 等密度比水大的塑料，一种可能的解释是，塑料颗粒受到风、潮汐、洋流等的影响发生湍流混合，在海洋水柱中再悬浮（Sadri and Thompson，2014）。Lattin 等（2004）在圣莫尼卡湾对风暴前后表层、中层和底层海水中微塑料的浓度进行了调查，发现风暴后表层和中层海水中的微塑料丰度升高，而底层海水的微塑料丰度降低。

表 5.3 海底沉积物中的微塑料含量

采样位置	深度 /m	样点特征	微塑料丰度 /（N/50ml）*	参考文献
副极地北大西洋	2000	开放的斜坡	15	Woodall *et al.*，2014
副极地北大西洋	1000	开放的斜坡	10	Woodall *et al.*，2014
大西洋东北部	1400	峡谷	6	Woodall *et al.*，2014
大西洋东北部	2000	峡谷	40	Woodall *et al.*，2014
地中海	300	峡谷	35	Woodall *et al.*，2014
地中海	1300	峡谷	10	Woodall *et al.*，2014
地中海	900	开放的斜坡	10	Woodall *et al.*，2014
大西洋东北部	2200	开放的斜坡	10	Woodall *et al.*，2014
地中海	3500	盆地	15	Woodall *et al.*，2014
地中海	900	海山	3.5	Woodall *et al.*，2014
印度洋西南部	1000	海山	4	Woodall *et al.*，2014
印度洋西南部	900	海山	1.4	Woodall *et al.*，2014
北大西洋	4842 ～ 4844	深海平原	2	van Cauwenberghe *et al.*，2013
几内亚湾	4785	刚果海底峡谷	0	van Cauwenberghe *et al.*，2013
南大洋	2749 ～ 4881	极面	0.67	van Cauwenberghe *et al.*，2013
地中海	1176	尼罗河深海扇	1	van Cauwenberghe *et al.*，2013

* 代表每 50 ml 沉积物中微塑料的个数

5.2.2 海洋微塑料的潮滩沉积特征

微塑料的潮滩沉积受到人为活动、研究区域的盛行风和洋流规律的影响，与潮滩的类型、微塑料的形状和密度有关（Browne *et al.*，2010；Claessens *et al.*，2011；Kim *et al.*，2015；Mathalon and Hill，2014；Browne *et al.*，2011；周倩，2016）。潮滩中沉积的微塑料也影响着潮滩的性质（Carson *et al.*，2011）。目前，揭示潮滩沉积的微塑料在时间和空间上的积累规律的数据仍然有限（Wang *et al.*，2016）。

风和洋流是微塑料在潮滩沉积的动力（Kim *et al.*，2015）。Kim 等（2015）探究了影响韩国潮滩高潮线处微塑料空间分布的因素，发现南部和西南部潮滩的微塑料丰度远大于东北部，采样期间，当地的主导风向为南风；在南部潮滩，微塑料在高潮线处沉积，北部潮滩的微塑料不是直接在高潮线处沉积，朝鲜半岛的区域洋流为由南至北，退潮方向为西北至东南。北部潮滩洋流与退潮方向的不一致性影响了微塑料的沉积位置。Mathalon 和 Hill（2014）调查了哈利法克斯港口附近潮间带生态系统中的塑料纤维，发现微塑料的浓度与潮汐的高度存在相关关系，在受到保护的潮滩，微塑料多在低潮位积累。一种解释是在受到保护的潮滩，微塑料结合的微生物膜，使其不易被潮汐冲到潮滩上（Mathalon and Hill，2014）。河流是塑料碎片进入海洋的一种重要途径（Sadri and Thompson，2014），在河口区塑料经历强烈波浪作用和沉积物颗粒磨损，可能具有较大的碎裂速率，受到风的影响，密度较小的塑料（聚乙烯、聚丙烯等）多分布于盛行风的下风向；密度较大的塑料（聚酯、聚氯乙烯等）均匀地分布于整个河口区域。Sadri 和 Thompson（2014）与 Browne（2010）分别调查了英国西南部泰马河（Tamar）河口的塑料分布情况，发现塑料碎片在河口海岸带区域积累，其中微塑料占很大的比例。

潮滩中微塑料丰度受到人为活动的影响，在人口密度大的区域更丰富（Claessens *et al.*，2011；Browne *et al.*，2011）。Browne 等（2011）在 12 个国家的 16 个采样点，对砂质潮滩进行调查，发现微塑料丰度与研究区域的人口密度存在显著正相关（$P < 0.05$）。周倩（2016）发现微塑料的丰度与潮滩的类型有关，塑料丰度从大至小依次为养殖区＞旅游海滩（荒滩）＞渔船码头区＞河口区。Claessens 等（2011）调查了比利时海岸线附近微塑料的分布情况，并在科克赛德 - 巴德（Koksijde-Bad）和格伦恩迪耶克 - 巴德（Groenendijk-Bad）两个采样点采集了沉积物岩心，根据两个采样点的沉积情况，在科克赛德 - 巴德、赫鲁嫩代克 - 巴德分别大约可以获得近 4 年和近 16 年的微塑料沉积情况，结果显示，在科克赛德 - 巴德，最上层和最下层的沉积物岩心中微塑料浓度相近，该采样点的微塑料丰度 4 年间没有明显的变化；在赫鲁嫩代克 - 巴德，2005 ～ 2008 年沉积的微塑料大约是 1993 ～ 1996 年沉积量的 3 倍，与同时期全球塑料生产量的增长同步。

Carson 等（2011）研究夏威夷岛南部的卡米罗（Kamilo）海滩 0 ～ 25 cm 深度范围内＜ 10 mm 的微塑料时，发现在研究的最深沉积层（20 ～ 25 cm）中存在塑料，95% 的塑料沉积于 0 ～ 15 cm 层，其中一半以上的塑料存在于 5 cm 层之上；他们还通过模拟实验，发现微塑料改变了潮滩沉积物的性质，使沉积物的渗透率增加，传热性能变差。

5.3　海洋微塑料的风化与降解

塑料聚合物进入海洋环境后，长期暴露在太阳光、氧化剂和物理应力的作用下，会发生老化降解。大多数塑料碎片在老化过程中会变脆，逐步碎裂成更小的颗粒。当这些颗粒的粒径小于 5 mm 时我们将其称为微塑料。塑料，尤其不透明的塑料，其老化降解通常从表面开始，因此随着塑料颗粒的变小，其比表面积增加，降解速率加快。聚合物工程研究人员已经发表了大量关于塑料聚合物降解的文章，这些科研工作者视角中的降解通常用来描述聚合物性能的下降。而环境化学家则对引起聚合物分解的化学反应和聚合物降解过程所释放物质的性质及其潜在危险更感兴趣。聚合物在环境中的降解可分为生物过程和非生物过程。非生物过程包括热降解、化学降解、机械降解和光降解，其中光降解被认为是非生物过程中最有效的降解路径。

5.3.1 海洋微塑料的物理与化学风化

波浪的冲击和沙或其他沉积物的摩擦有利于微塑料的机械降解。Welden 和 Cowie（2017）将尼龙、聚乙烯、聚丙烯绳放置于 10 m 深的海水中，尽管环境中光照较弱，12 个月后，3 种绳质量分别减少了 12.24%、4.68%、5.4%，且由于颗粒物的机械摩擦和生物移植，绳表面变得粗糙。Song 等（2017）使用去除有机质和塑料颗粒的沙与微塑料混合振荡，模拟真实沙滩环境中微塑料受到的机械应力，发现发泡类聚苯乙烯在机械应力下极易破碎，并且产生的碎片颗粒总体积远小于初始体积，表明形成的微塑料碎片中有很大的比例是难以检测到的亚微米级颗粒。da Costa 等（2018）将聚乙烯微塑料放置于人造海水中，以 125 r/m 的转速振荡 8 周，发现微塑料红外光谱中有氧化基团出现，扫描人造海水的拉曼光谱表明有机物含量升高。

5.3.2 海洋微塑料的光降解

海洋塑料降解的主要原因是太阳紫外辐射，其能促进氧化聚合物的降解。常见塑料如聚乙烯、聚丙烯和聚苯乙烯的降解是自由基介导的氧化过程。常见塑料自动催化氧化的基础机制是已知的。在降解的高级阶段，塑料碎片随着时间的推移通常变色，表面变脆。诸多机械力（如风、波、动物咬和人类活动）可以打破高度降解、脆化的塑料，使其变成碎片。

与原始树脂颗粒不同，塑料产品可以掺入一系列添加剂以选择改性树脂的性能，从而满足目标产品应用。这些添加剂通常改变塑料的氧化降解速率或风化速率。例如，紫外稳定剂和热稳定剂，用作添加剂的抗氧化剂通常可以明显延迟光致塑性材料的降解。而常见塑料的风化及各种制剂在不同的环境中已被广泛研究，这些研究在历史上集中体现在影响产品使用寿命的降解的早期阶段。因此，只有非常有限的信息可用于反映塑料在环境中的氧化和风化碎裂。此外，实际上很少有关于滞留在海岸线上和漂浮在海水中，特别是淹没在海水和沉淀物中塑料的风化信息。许多因素如机械冲击、盐度、温度、静水压力、污染物（如海水中的油）的存在和生物附着（减少紫外线照射）对各种类型塑料制品风化速率的影响实际上是未知的。

目前，从现场收集的微塑料，没有可靠的方法来确定其年龄（或户外暴露的持续时间），难以调查从海洋系统中现场收集的微塑料的降解动力学。虽然通过化学分析（FT-IR 或拉曼光谱）可以量化它们的风化程度，但是不能从这样的信息推断其暴露在海洋中的持续时间。

漂浮在海洋表面的塑料碎片，可以大面积地暴露于阳光下，发生光降解。常见聚合物如 LDPE、HDPE、PP 及尼龙等暴露于海洋环境下，太阳光中的紫外线 B 可使其发生光氧化降解。一旦引发反应，即使不进一步暴露于紫外线下，也会通过热氧化进行一段时间的降解。只要反应体系中有氧气存在，那么自动催化降解反应就可以进行。聚合物在降解过程中，分子量下降，同时有富氧官能团生成。提高温度可以加速光引发的氧化降解，当反应的活化能（Ea）约为 50 kJ/mol 时，温度每提高 10℃降解速率就会增加一倍。夏天，沙滩表面及上面的塑料垃圾可以被加热到 40℃，甚至更高。因此，当塑料暴露于沙滩上时，紫外线照射引发的降解非常有效。但同样的塑料材料漂浮在海水中时，紫外线照射引发的降解会被严重阻碍。海水相对低的温度和氧气浓度会使塑料降解受阻碍，同时塑料表面在海水中易形成污垢，阻碍其对光的吸收，使其在海水和空气中降解速率的差异进一步变大。因此，海洋环境中最可能产生微塑料的位置是海滩。

塑料暴露在紫外线下，可产生自由基，而其中的添加剂、酚抗氧化剂、淬灭自由基可形成具有醌式结构的副产物，会引起塑料泛黄。Veerasingam 等（2016b）研究了印度果阿邦海岸 6 个海滩上微塑料小球表面的风化情况。发现 1 月样品中黄色微塑料小球的数量要高于 6 月的样品，然而微塑料小球在海滩的分布及它们颜色的相对比例只有很小的不同。1 月采集的微塑料展现为高度风化的白色和 / 或具有网状或者颗粒状表面的小球，这些小球在海洋环境中需要停留较长时间才能达到这样的降解状态和高的风化程度。6 月采集的微塑料样品则可能是原生微塑料，其在海洋环境中的停留时间还较短。Hardesty 等（2017）使用分子排阻色谱法对比了原生塑料和在北大西洋环流采集的中等塑料、微塑料的摩尔质量，发现原生塑料、中等塑料、微塑料摩尔质量递减，表明微塑料在风化降解过程中聚合物链逐渐变短。Bandow 等（2017）将微塑料放置于高温（80℃）和紫外线下，12 周后微塑料的红外光谱中出现氧化基团，颜色随着暴露时间发生变化（聚苯乙烯颗粒由无色逐渐变黄，高密度聚乙烯颗粒颜色逐渐变浅，聚氯乙烯颗粒由灰色变为棕色），柱渗透测试表明，碳、氯、钙、铜、锌等元素在受到光降解后一旦遇水就会被释放出来。

5.3.3 海洋塑料及微塑料的生物降解

1968年，Darby和Kaplan首次报道了有关真菌降解聚氨酯塑料的研究。在随后的30多年中，关于塑料（微）生物降解的研究一直少有报道。近年来，有关微生物降解塑料的研究再次成为全球关注的热点。Shimao（2001）等综述了聚乙烯（PE）、聚-β-羟丁酸（poly-β-hydroxybutyrate，PHB）、聚ε-己内酯（polycaprolactone，PCL）等多种合成塑料的微生物可降解性。Barratt等（2003）研究了自然环境中能够降解聚氨酯的土壤微生物群落，并鉴定出真菌是聚氨酯塑料的主要降解者。除聚氨酯外，研究还发现了可降解其他多种类型合成塑料的聚合物，如降解聚乙烯（Mathur *et al.*，2011）、聚酯（Mueller，2006）和聚酰胺（Yamano *et al.*，2008）的微生物菌株及降解酶（Yamano *et al.*，2008；Sudhakar *et al.*，2007；Deguchi *et al.*，1998）。Yang等（2014）首次报道了蜡虫［wax worms，印度谷螟（*Plodia interpunctella*）的幼虫］可以啃食塑料，并进一步从其肠道中分离出了能够降解PE塑料的两种细菌阿氏肠杆菌（*Enterobacter asburiae*）YT1和芽孢杆菌（*Bacillus* sp.）YP1。随后，Yang等（2015a，2015b）再次报道了黄粉虫肠道微生物对聚苯乙烯（PS）的降解效应。2016年，日本科学家Yoshida等在*Science*上报道了可降解聚对苯二甲酸乙二醇酯（PET）的微生物*Ideonella sakaiensis* 201-F6。然而，有关海洋（微）塑料的降解研究仍鲜有报道。少量研究报道了海洋塑料碎片表面的微生物群落结构组成，海洋微塑料降解菌的筛选、分离及其降解海洋微塑料的途径与机制，以及海洋微塑料表面生物膜的形成机制等（Oberbeckmann *et al.*，2015，2014；Zettler *et al.*，2013）。近两年，相关文献又报道了研究者从马来西亚红树林（Auta *et al.*，2017）、动物［寡毛纲陆正蚓（*Lumbricus terrestris*）］肠道内（Lwanga *et al.*，2018）及海水（Syranidou *et al.*，2017）中分离出微塑料降解菌，主要包括海洋真菌（*Zalerion maritimum*）和细菌［蜡状芽孢杆菌（*Bacillus cereus*）、*Bacillus gottheilii*，放线菌门和厚壁菌门中的革兰氏阳性菌］等。此外，通过野外堆肥试验发现，塑料垃圾表面生物膜的形成有利于塑料的降解（Mercier *et al.*，2017）。以上相关研究为研发海洋微塑料的生物降解技术提供了科学依据。

5.3.3.1 微生物对不同类型塑料的降解效应

（1）聚乙烯（PE）

几十年来，聚乙烯一直被认为是难被生物降解的。尽管通过细菌培养生物降解的聚乙烯塑料偶尔有报道，很有说服力的关于PE生物降解的文献还很少。Yang等（2014）研究发现，蜡虫可以啮食聚乙烯薄膜。随后，研究人员进一步从蜡虫的肠道中分离出两株具有降解聚乙烯能力的细菌，将两株细菌接种在聚乙烯薄膜上培养 28 天，有可见的生物膜形成，且聚乙烯薄膜的亲水性减弱。电子显微镜和原子力显微镜下可观察到聚乙烯表面有明显的蚀斑，通过傅里叶变换红外光谱（FT-IR）和 X 射线光电子能谱进一步证实了羰基的出现。

（2）聚苯乙烯（PS）

聚苯乙烯（PS）也被认为是难以生物降解的塑料类型之一。Yang 等（2015a）研究发现，粉虫（黄粉虫的幼体）能够摄食泡沫聚苯乙烯，并在 24 h 之内有效降解停留在其肠道中的泡沫聚苯乙烯。经过一个多月的饲养，只用泡沫聚苯乙烯喂食的粉虫与用米糠喂食的粉虫长势相同，并未表现出显著的毒性效应。采用凝胶渗透色谱法（gel permeation chromatography，GPC）、固态 ^{13}C 交叉极化 / 魔角旋转核磁共振光谱、热重傅里叶变换红外光谱（TG-FT-IR），分析经泡沫聚苯乙烯喂食的黄粉虫幼虫虫粪，结果显示幼虫肠道中发生了长链聚苯乙烯分子解聚及解聚代谢物的生成。经过 16 天的培养，泡沫聚苯乙烯中有 47.7% 的碳转变为 CO_2，49.2% 进入虫粪中，仅有 0.5% 转变为生物量。采用 $\alpha^{13}C$ 或 $\beta^{13}C$ 标记的聚苯乙烯进行试验，进一步证实了 ^{13}C 标记的聚苯乙烯可矿化形成 $^{13}CO_2$，以及结合在脂质中。

为了进一步验证肠道微生物在粉虫降解聚苯乙烯过程中的作用，研究人员选择了 6 种肠道菌群抗生素，发现其中庆大霉素对肠道细菌活性的抑制作用最强。后续研究发现，喂食庆大霉素后的粉虫不再具有将聚苯乙烯解聚并矿化成 CO_2 的能力，这一结果进一步证实了肠道微生物在粉虫降解聚苯乙烯的过程中发挥了重要作用。随后，研究者从粉虫肠道中分离出了能够降解聚苯乙烯的菌株——微小杆菌属（*Exiguobacterium* sp.）strain YT2。将该菌株在聚苯乙烯膜上培养 28 天时，该菌在 PS 表面形成了生物膜，同时 PS 膜表面出现明显的蚀斑，膜表面的疏水性也发生了显著变化（Yang *et al.*，2015b）。粉虫肠道微生物对聚苯乙烯的快速生物降解效应为环境中微塑料的降解提供了新的思路与途径。

（3）聚对苯二甲酸乙二醇酯（PET）

PET 在塑料产品中被大量使用，其在环境中的大量积累已成为全球性的环境问题。已有报道表明，极少数真菌具有酶促降解 PET 的功能，但降解效率不高。Yoshida 等（2016）通过采集沉积物、土壤、污水和活性污泥中的 PET 塑料瓶，并从这些样品中筛选出可以利用低晶格 PET（1.9%）薄膜作为唯一碳源和能源的细菌 *Idenella sakaiensis* 201-F6 菌株。该菌在 30℃条件下，在 PET 膜上生长 6 周后，能够将 PET 膜几乎完全降解。进一步对该菌的生物信息学研究发现，该菌所编码的两个蛋白分别具有 PET 水解酶及 PET 代谢中间产物（2- 羟乙基）对苯二甲酸水解酶的活性。在这两种酶的共同作用下，*Idenella sakaiensis* 201-F6 菌株可将 PET 降解为其聚合物的两种单体：对苯二甲酸和乙二醇。

5.3.3.2 微生物对塑料的降解途径与机制

海洋中的塑料在物理、化学和生物作用下，随时间的推移，会发生风化和降解。阐明海洋中微塑料的降解过程和降解产物，可为评价海洋微塑料的潜在环境风险，研发海洋微塑料污染控制与修复技术提供理论基础。目前，从环境角度研究塑料聚合物微生物降解途径及其代谢产物的生成机制研究仍非常有限。Gewert 等（2015）综述了欧洲使用最广泛的 6 种塑料聚合物（PE、PP、PET、PU、PVC 及 PS）的生物降解途径及其降解产物。该研究将这 6 种塑料按照主链成分分为两类：第一类是以碳链为主链骨架，包括 PE、PP、PS 和 PVC；第二类是主链中含有杂环原子的，包括 PET 和 PU。不同类型的塑料聚合物，其在海洋环境中的降解途径、降解产物及其降解机制也不相同。

在一定程度上，生物途径或非生物途径有助于海洋塑料聚合物的降解。在海洋微塑料降解的初期，紫外线辐射和氧气是导致塑料聚合物 C—C 骨架断裂的最重要因素。C—C 链断裂后生成的小分子聚合物和小的塑料碎片可以穿透细胞膜，在微生物胞内酶作用下在胞内进行降解。另一些微生物也可以分泌胞外酶对微塑料进行降解。

长聚合物链塑料的生物降解常因聚合物的分子量太大，以及缺乏高效生物降解微生物而受到限制。高分子量的 PE、PP 和 PS 在进行生物降解前，必须通过非生物过程降解为小分子量碎片。如果聚合物的分子量过大，则无法进入微生物细胞内进行生物降解。非生物过程产生的羰基化合物增加了塑料聚合物的亲水性，更有利于生物降解。

生物降解过程中，聚合物先转变成单体，随后进行单体的矿化。微生物可以攻击 PE 塑料末端的任何甲基化合物，当聚合物分子质量小于 500 Da，PE 塑料生物降解的速率加快。非生物过程产生的小分子塑料碎片在微生物降解作用下，产生更小分子的化合物（如脂类和羧酸），经过酶的催化作用，最终生成腐殖质、CO_2 和 H_2O。

如果聚合物主链上有杂环原子，降解途径则包括光降解、水解和生物降解。该类塑料聚合物的降解可能会产生一些低分子量的聚合物，如聚合物的单体及其低聚物，也可能会有新物质的生成，如羧酸类。

本章小结

微塑料在复杂的海洋环境下会受到光、热、生物等外界环境条件作用，发生物理性质上的变化（如微塑料密度的改变等）或化学性质上的变化（如新基团的生成等），从而影响微塑料的传输途径及其沉降与沉积过程。有关海洋微塑料传输、沉降和降解的研究不足，缺乏科学的数据和证据来支持与模拟微塑料在海洋环境中的传输过程，未来应重视和加强海洋微塑料输运数据、影响因素及模型建立的研究，以预测海洋微塑料的源 - 传输机制 - 汇的综合体系，为海洋微塑料污染的防控与治理提供科学依据和有效建议。

参考文献

周倩. 2016. 典型滨海潮滩及近海环境中微塑料污染特征与生态风险[D]. 烟台: 中国科学院烟台海岸带研究所硕士学位论文.

Alldredge A L, Silver M W. 1988. Characteristics, dynamics and significance of marine snow[J]. Progress in Oceanography, 20: 41-82.

Anderson A, Andrady A, Arthur C, et al. 2015. Sources, Fate and Effects of Microplastics in the Marine Environment: A Global Assessment[M]. London: International Maritime Organization.

Andrady A L. 2011. Microplastics in the marine environment[J]. Marine Pollution Bulletin, 62(8): 1596-1605.

Auta H S, Emenike C U, Fauziah S H. 2017. Screening of *Bacillus* strains isolated from mangrove ecosystems in Peninsular Malaysia for microplastic degradation[J]. Environmental Pollution, 231: 1552-1559.

Aytan U, Valente A, Senturk Y, et al. 2016. First evaluation of neustonic microplastics in Black Sea waters[J]. Marine Environmental Reasearch, 119: 22-30.

Bakir A, Rowland S J, Thompson R C. 2014. Transport of persistent organic pollutants by microplastics in estuarine conditions[J]. Estuarine, Coastal and Shelf Science, 140: 14-21.

Ballent A, Pando S, Purser A, et al. 2013. Modelled transport of benthic marine microplastic pollution in the Nazaré Canyon[J]. Biogeosciences, 10(12): 7957-7970.

Ballent A, Purser A, Mendes P D J, et al. 2012. Physical transport properties of marine microplastic pollution[J]. Biogeosciences Discussions, 9(12): 18755.

Bandow N, Will V, Wachtendorf V, et al. 2017. Contaminant release from aged microplastic[J]. Environmental Chemistry, 14(6): 394-405.

Barnes D K A, Galgani F, Thompson R C, et al. 2009. Accumulation and fragmentation of plastic debris in global environments[J]. Philosophical Transactions of the Royal Society B-Biological Sciences, 364(1526): 1985-1998.

Barratt S R, Ennos A R, Greenhalgh M, et al. 2003. Fungi are the predominant micro - organisms responsible for degradation of soil - buried polyester polyurethane over a range of soil water holding capacities[J]. Journal of Applied Microbiology, 95(1): 78-85.

Besseling E, Quik J T K, Sun M, et al. 2016. Fate of nano- and microplastic in freshwater systems: a modeling study[J]. Environmental Pollution, 220: 540-548.

Browne M A, Crump P, Niven S J, et al. 2011. Accumulation of microplastic on shorelines worldwide: sources and sinks[J]. Environmental Science & Technology, 45: 9175-9179.

Browne M A, Galloway T S, Thompson R C. 2010. Spatial patterns of plastic debris along estuarine shorelines[J]. Environmental Science & Technology, 44(9): 3404-3409.

Carson H S, Cobert S L, Kaylor M J, et al. 2011. Small plastic debris changes water movement and heat transfer through beach sediments[J]. Marine Pollution Bulletin, 62: 1708-1713.

Chen A. 2015. Here's how much plastic enters the ocean each year EB/OL.[2016. 5.12] http://www.sciencemag.org/news/2015/02/here-s-how-much-plastic-enters-ocean-each-year.

Chubarenko I, Bagaev A, Zobkov M, et al. 2016. On some physical and dynamical properties of microplastic particles in marine environment. Marine Pollution Bulletin, 108(1-2): 105-112.

Claessens M, de Meester S, van Landuyt L, et al. 2011. Occurrence and distribution of microplastics in marine sediments along the Belgian coast[J]. Marine Pollution Bulletin, 62: 2199-2204.

Cole M, Lindeque P, Halsband C, et al. 2011. Microplastics as contaminants in the marine environment: a review[J]. Marine Pollution Bulletin, 62: 2588-2597.

Collignon A, Hecq J H, Galgani F, et al. 2012. Neustonic microplastic and zooplankton in the North Western Mediterranean Sea[J]. Marine Pollution Bulletin, 64: 861-864.

Collignon A, Hecq J H, Galgani F, et al. 2014. Annual variation in neustonic micro- and meso-plastic particles and zooplankton in the Bay of Calvi (Mediterranean–Corsica)[J]. Marine Pollution Bulletin, 79: 293-298.

Cózar A, Echevarría F, González-Gordillo J I, et al. 2014. Plastic debris in the open ocean[J]. Proceedings of the National Academy of Sciences, 111(28): 10239-10244.

Critchell K, Grech A, Schlaefer J, et al. 2015. Modelling the fate of marine debris along a complex shoreline: lessons from the Great Barrier Reef[J]. Estuarine, Coastal and Shelf Science, 167: 414-426.

Critchell K, Lambrechts J. 2016. Modelling accumulation of marine plastics in the coastal zone; what are the dominant physical processes[J]? Estuarine, Coastal and Shelf Science, 171: 111-122.

da Costa J P, Nunes A R, Santos P S M, et al. 2018. Degradation of polyethylene microplastics in seawater: insights into the environmental degradation of polymers[J]. Journal of Environmental Science and Health, Part A, Toxic/Hazardous Substances & Environmental Engineering, 53(9): 866-875.

Darby R T, Kaplan A M. 1968. Fungal susceptibility of polyurethanes[J]. Applied Microbiology, 16(6): 900-905.

Deguchi T, Kitaoka Y, Kakezawa M, et al. 1998. Purification and characterization of a nylon-degrading enzyme[J]. Applied and Environmental Microbiology, 64(4): 1366-1371.

Desforges J P, Galbraith M, Dangerfield N, et al. 2014. Widespread distribution of microplastics in subsurface seawater in the NE Pacific Ocean[J]. Marine Pollution Bulletin, 79: 94-99.

Eerkes-Medrano D, Thompson R C, Aldridge D C. 2015.Microplastics in freshwater systems: a review of the emerging threats, identification of knowledge gaps and prioritisation of research needs[J]. Water Research, 75: 63-82.

Enders K, Lenz R, Stedomon C A, et al. 2015. Abundance, size and polymer composition of marine microplastics ≥10μm in the Atlantic Ocean and their modelled vertical distribution[J]. Marine Pollution Bulletin, 100: 70-81.

Endo S, Takizawa R, Okuda K, et al. 2005. Concentration of polychlorinated biphenyls (PCBs) in beached resin pellets: variability among individual particles and regional differences[J]. Marine Pollution Bulletin, 50: 1103-1114.

Eriksen M, Mason S, Wilson S, et al. 2013. Microplastic pollution in the surface waters of the

Laurentian Great Lakes.[J]. Marine Pollution Bulletin, 77(1-2): 177-182.
Fazey F M, Ryan P G. 2016. Debris size and buoyancy influence the dispersal distance of stranded litter[J]. Marine Pollution Bulletin, 110(1): 371-377.
Filella M. 2015. Questions of size and numbers in environmental research on microplastics: methodological and conceptual aspects[J]. Environmental Chemistry, 12(5): 527-538.
Fok L, Cheung P K, Tang G, et al. 2017. Size distribution of stranded small plastic debris on the coast of Guangdong, South China[J]. Environmental Pollution, 220: 407-412.
Frère L, Paul-Pont I, Rinnert E, et al. 2017. Influence of environmental and anthropogenic factors on the composition, concentration and spatial distribution of microplastics: a case study of the Bay of Brest (Brittany, France)[J]. Environmental Pollution, 225: 211-222.
Gewert B, Plassmann M M, MacLeod M. 2015. Pathways for degradation of plastic polymers floating in the marine environment[J]. Environmental Science: Processes & Impacts, 17(9): 1513-1521.
Gregory M R. 1978. Accumulation and distribution of virgin plastic granules on New Zealand beaches[J]. New Zealand Journal of Marine and Freashwater Research, 12(4): 399-414.
Hardesty B D, Harari J, Isobe A, et al. 2017. Using numerical model simulations to improve the understanding of micro-plastic distribution and pathways in the marine environment[J]. Frontiers in Marine Science, 4: 30.
Hidalgo-Ruz V, Gutow L, Thompson R C, et al. 2012. Microplastics in the marine environment: a review of the methods used for identification and quantification[J]. Environmental Science & Technology, 46(6): 3060-3075.
Howell E A, Bograd S J, Morishige C, et al. 2012. On North Pacific circulation and associated marine debris concentration[J]. Marine Pollution Bulletin, 65(1-3): 16-22.
Imhof H K, Ivleva N P, Schmid J, et al. 2013. Contamination of beach sediments of a subalpine lake with microplastic particles[J]. Current Biology, 23(19): R867-R868.
Isobe A, Kubo K, Tamura Y, et al. 2014. Selective transport of microplastics and mesoplastics by drifting in coastal waters[J]. Marine Pollution Bulletin, 89(1-2): 324-330.
Kako S, Isobe A, Magome S, et al. 2011. Establishment of numerical beach-litter hindcast/forecast models: an application to Goto Islands, Japan[J]. Marine Pollution Bulletin, 62(2): 293-302.
Khatmullina L, Isachenko I. 2017.Settling velocity of microplastic particles of regular shapes[J]. Marine Pollution Bulletin, 114(2): 871-880.
Kim I S, Chae D H, Kim S K, et al. 2015. Factors influencing the spatial variation of microplastics on high-tidal coastal beaches in Korea[J]. Archives of Environmental Contamination and Toxicology, 69(3): 299-309.
Kowalski N, Reichardt A M, Waniek J J. 2016. Sinking rates of microplastics and potential implications of their alteration by physical, biological, and chemical factors. Marine Pollution Bulletin, 109(1): 310-319.
Kukulka T, Law K L, Proskurowski G. 2016. Evidence for the influence of surface heat fluxes on turbulent mixing of microplastic marine debris[J]. Journal of Physical Oceanography, 46(3): 809-815.
Kukulka T, Proskurowski G, Morét-Ferguson S, et al. 2012. The effect of wind mixing on the vertical distribution of buoyant plastic debris[J]. Geophysical Research Letters, 39(7): L07601.
Lattin G L, Moore C J, Zellers A F, et al. 2004. A comparison of neustonic plastic and zooplankton at different depths near the southern California shore[J]. Marine Pollution Bulletin, 49: 291-294.

Law K L, Morét-Ferguson S, Maximenko N A, et al. 2010. Plastic accumulation in the North Atlantic subtropical gyre[J]. Science, 329(5996): 1185-1188.

Law K L, Thompson R C. 2014. Microplastics in the seas[J]. Science, 345(6193): 144-145.

Lebreton B, Richard P, Galois R, et al. 2012. Food sources used by sediment meiofauna in an intertidal *Zostera noltii*, seagrass bed: a seasonal stable isotope study[J]. Marine Biology, 159(7): 1537-1550.

Lee J, Hong S, Song Y K, et al. 2013. Relationships among the abundances of plastic debris in different size classes on beaches in South Korea[J]. Marine Pollution Bulletin, 77(1-2): 349-354.

Liubartseva S, Coppini G, Lecci R, et al. 2016. Regional approach to modeling the transport of floating plastic debris in the Adriatic Sea[J]. Marine Pollution Bulletin, 103(1): 115-127.

Lwanga E H, Thapa B, Yang X, et al. 2018. Decay of low-density polyethylene by bacteria extracted from earthworm's guts: a potential for soil restoration[J]. Science of the Total Environment, 624: 753-757.

Mansui J, Molcard A, Ourmieres Y. 2015. Modelling the transport and accumulation of floating marine debris in the Mediterranean basin[J]. Marine Pollution Bulletin, 91(1): 249-257.

Mathalon A, Hill P. 2014. Microplastic fibers in the intertidal ecosystem surrounding Halifax Harbor, Nova Scotia[J]. Marine Pollution Bulletin, 81: 69-79.

Mathur G, Mathur A, Prasad R. 2011. Colonization and degradation of thermally oxidized high-density polyethylene by *Aspergillus niger* (ITCC no. 6052) isolated from plastic waste dumpsite[J]. Bioremediation Journal, 15(2): 69-76.

Maximenko N, Hafner J, Niiler P. 2012. Pathways of marine debris derived from trajectories of Lagrangian drifters[J]. Marine Pollution Bulletin, 65(1): 51-62.

Mercier A, Gravouil K, Aucher W, et al. 2017. Fate of eight different polymers under uncontrolled composting conditions: relationships between deterioration, biofilm formation and the material surface properties[J]. Environmental Science & Technology, 51(4): 1988-1997.

Moore C J, Moore S L, Weisberg S B, et al. 2002. A comparison of neustonic plastic and zooplankton abundance in southern California's coastal waters[J]. Marine Pollution Bulletin, 44(10): 1035-1038.

Morét-Ferguson S, Law K L, Proskurowski G, et al. 2010. The size, mass, and composition of plastic debris in the western North Atlantic Ocean[J]. Marine Pollution Bulletin, 60(10): 1873-1878.

Mueller R J. 2006. Biological degradation of synthetic polyesters—enzymes as potential catalysts for polyester recycling[J]. Process Biochemistry, 41(10): 2124-2128.

Myksvoll M S, Sandvik A D, Skarðhamar J, et al. 2012. Importance of high resolution wind forcing on eddy activity and particle dispersion in a Norwegian fjord[J]. Estuarine Coastal & Shelf Science, 113: 293-304.

Neumann D, Callies U, Matthies M. 2014. Marine litter ensemble transport simulations in the southern North Sea[J]. Marine Pollution Bulletin, 86(1): 219-228.

Oberbeckmann S, Löder M G J, Labrenz M. 2015. Marine microplastic-associated biofilms—a review[J]. Environmental Chemistry, 12(5): 551-562.

Oberbeckmann S, Loeder M G J, Gerdts G, et al. 2014. Spatial and seasonal variation in diversity and structure of microbial biofilms on marine plastics in Northern European waters[J]. FEMS Microbiology Ecology, 90(2): 478-492.

Pedrotti M L, Petit S, Elineau A, et al. 2016. Changes in the floating plastic pollution of the

Mediterranean Sea in relation to the distance to land[J]. PLoS One, 11(8): e0161581.
Perkins T L, Clements K, Baas J H, et al. 2014. Sediment composition influences spatial variation in the abundance of human pathogen indicator bacteria within an estuarine environment[J]. PLoS One, 9(11): e112951.
Potemra J T. 2012. Numerical modeling with application to tracking marine debris[J]. Marine Pollution Bulletin, 65(1): 42-50.
Reisser J, Slat B, Noble K, et al. 2015. The vertical distribution of buoyant plastics at sea: an observational study in the North Atlantic Gyre[J]. Biogeosciences, 12(4): 1249-1256.
Sadri S S, Thompson R C. 2014. On the quantity and composition of floating plastic debris entering and leaving the Tamar Estuary, Southwest England[J]. Marine Pollution Bulletin, 81: 55-60.
Sherman P, van Sebille E. 2016. Modeling marine surface microplastic transport to assess optimal removal locations[J]. Environmental Research Letters, 11(1): 014006.
Shimao M. 2001. Biodegradation of plastics[J]. Current Opinion in Biotechnology, 12: 242-247.
Song Y K, Hong S H, Jang M, et al. 2017. Corrections to "Combined Effects of UV Exposure Duration and Mechanical Abrasion on Microplastic Fragmentation by Polymer Type"[J]. Environmental Science & Technology, 51(8): 4368-4376.
Sudhakar M, Priyadarshini C, Doble M, et al. 2007. Marine bacteria mediated degradation of nylon 66 and 6[J]. International Biodeterioration & Biodegradation, 60(3): 144-151.
Syranidou E, Karkanorachaki K, Amorotti F, et al. 2017. Biodegradation of weathered polystyrene films in seawater microcosms[J]. Scientific reports, 7(1): 17991.
Ter H A, Ladirat L, Martignac M, et al. 2017. To what extent are microplastics from the open ocean weathered[J]? Environmental Pollution, 227: 167-174.
ter Halle A, Ladirat L, Gendre X, et al. 2016. Understanding the fragmentation pattern of marine plastic debris[J]. Environmental Science & Technology, 50(11): 5668-5675.
Turra A, Manzano A B, Dias R J S, et al. 2014. Three-dimensional distribution of plastic pellets in sandy beaches: shifting paradigms[J]. Scientific Reports, 4: 4435.
van Cauwenberghe L, Devriese L, Galgani F, et al. 2015. Microplastics in sediments: a review of techniques, occurrence and effects[J]. Marine Environmental Research, 111: 5-17.
van Cauwenberghe L, Vanreusel A, Mees J, et al. 2013. Microplastic pollution in deep-sea sediments[J]. Environmental Pollution, 182: 495-499.
Veerasingam S, Mugilarasan M, Venkatachalapathy R, et al. 2016a. Influence of 2015 flood on the distribution and occurrence of microplastic pellets along the Chennai coast, India[J]. Marine Pollution Bulletin, 109(1): 196-204.
Veerasingam S, Saha M, Suneel V, et al. 2016b. Characteristics, seasonal distribution and surface degradation features of microplastic pellets along the Goa coast, India[J]. Chemosphere, 159: 496-505.
Vermeiren P, Muñoz C C, Ikejima K. 2016. Sources and sinks of plastic debris in estuaries: a conceptual model integrating biological, physical and chemical distribution mechanisms[J]. Marine Pollution Bulletin, 113(1): 7-16.
Wang J D, Tan Z, Peng J P, et al. 2016. The behaviors of microplastics in the marine environment[J]. Marine Environment Research, 113: 7-17.
Welden N A, Cowie P R. 2017. Degradation of common polymer ropes in a sublittoral marine environment[J]. Marine Pollution Bulletin, 118(1-2): 248-253.

Woodall L C, Sanchez-Vidal A, Canals M, et al. 2014. The deep sea is a major sink for microplastic debris[J]. Royal Society Open Science, 1: 140317.

Wu J. 1983. Sea-surface drift currents induced by wind and waves[J]. Journal of Physical Oceanography, 13(8): 1441-1451.

Yamano N, Nakayama A, Kawasaki N, et al. 2008. Mechanism and characterization of polyamide 4 degradation by *Pseudomonas* sp.[J]. Journal of Polymers and the Environment, 16(2): 141-146.

Yang J, Yang Y, Wu W M, et al. 2014. Evidence of polyethylene biodegradation by bacterial strains from the guts of plastic-eating waxworms[J]. Environmental Science & Technology, 48(23): 13776-13784.

Yang Y, Yang J, Wu W M, et al. 2015a. Biodegradation and mineralization of polystyrene by plastic-eating mealworms: part 1. Chemical and physical characterization and isotopic tests[J]. Environmental Science & Technology, 49(20): 12080-12086.

Yang Y, Yang J, Wu W M, et al. 2015b. Biodegradation and mineralization of polystyrene by plastic-eating mealworms: part 2. Role of gut microorganisms[J]. Environmental Science & Technology, 49(20): 12087-12093.

Yonkos L T, Friedel E A, Perez-Reyes A C, et al. 2014. Microplastics in four estuarine rivers in the Chesapeake Bay, USA[J]. Environmental Science & Technology, 48(24): 14195-14202.

Yoon J H, Kawano S, Igawa S. 2010. Modeling of marine litter drift and beaching in the Japan Sea[J]. Marine Pollution Bulletin, 60(3): 448-463.

Yoshida S, Hiraga K, Takehana T, et al. 2016. A bacterium that degrades and assimilates poly(ethylene terephthalate)[J]. Science, 351(6278): 1196-1199.

Yu X, Peng J, Wang J, et al. 2016. Occurrence of microplastics in the beach sand of the Chinese inner sea: the Bohai Sea[J]. Environmental Pollution, 214: 722-730.

Zettler E R, Mincer T J, Amaral-Zettler L A. 2013. Life in the “plastisphere”: microbial communities on plastic marine debris[J]. Environmental Science & Technology, 47(13): 7137-7146.

Zhao S, Zhu L, Wang T, et al. 2014. Suspended microplastics in the surface water of the Yangtze Estuary System, China: first observations on occurrence, distribution[J]. Marine Pollution Bulletin, 86(1-2): 562-568.

第 6 章

海洋和海岸中微塑料表面附着的污染物及生物

目前全球塑料的年产量约为 2.45 亿 t（Andrady，2011），以地球上共 70 亿人口计算，人均生产塑料 35 kg（Zettler *et al.*，2013）。随着人们生活水平的提高，塑料及其制品的应用越来越广泛。日常生活中使用最广泛的合成塑料主要有低密度和高密度聚乙烯，聚丙烯、聚氯乙烯、聚苯乙烯及聚对苯二甲酸类。使用后的塑料被随意处置，经过直接或间接的方式，大量聚集在海洋（Law *et al.*，2010；Eriksen *et al.*，2013）和海岸环境中（周倩，2016）。海洋和海岸环境中的塑料垃圾经过机械力作用（如海浪冲刷或与海滩砂砾的摩擦）、物化作用（如紫外线的照射）和生化作用（如微生物矿化或降解）（da Costa *et al.*，2016），可产生大量小粒径的塑料碎片或颗粒物（Thompson *et al.*，2004，Barboza and Gimenez，2015）。

海洋和海岸环境中的微塑料，在环境作用下其表面粗糙度增加，极易附着外来环境物质，包括矿物、污染物及生物等，并充当其载体在环境中迁移，对海洋和海岸生态环境造成潜在的危害。本章主要从微塑料表面附着污染物和生物两个方面，重点介绍了微塑料表面化学添加剂、持久性有机污染物、重金属等有机、无机污染物存在状态及其吸附、解吸机制和潜在的风险；并对环境中微塑料表面生物膜的形成、生物群落结构及表面有害微生物的传播等做了详细介绍。

6.1 微塑料表面附着的污染物

6.1.1 化学添加剂

添加剂是指分散在塑料分子结构中，不会严重地影响塑料的分子结构，而能改善其性质或降低成本的化学物质，具有亲水基团和代谢性质，不被生物放大，并且包含在塑料树脂颗粒的矩阵中，很难被弱溶剂浸出。塑料添加剂按其特定功能可分为七大类：热稳定剂、增塑剂、抗静电剂、着色剂、抗氧化剂、增量剂、阻燃剂等。塑料类聚合物被认为具有生物惰性，其中的添加剂可能随外界环境的变化而浸出和迁移，如壬基酚（nonyl phenol，NP）和双酚 A，具高度亲水性。疏水作用下，低极性的塑料表面吸附化学添加剂或者化学添加剂在塑料上的分区填孔作为主导吸附机制。Mato 等（2001）在通过 PP 吸附 PCB、DDE、NP 的短期实验中，发现 PP 吸附 NP 的浓度比吸附 PCB 和 DDE 高两个数量级，NP 作为抗氧化剂，来源于塑料添加物或者其降解产物。Hankett 等（2012）建立了波动性模型研究在陆地 / 海洋表面上的 VC 和 PET 吸附 NP 行为，结果表明 NP 在静水中沉积明显，在短时间内 PVC 和 PET 可吸附高浓度的 NP。Jang 等于 2013 年 11 月在韩国海岸收集发泡 PS 海洋废弃物，并在 PS 泡沫塑料碎片上发现了六溴环十二烷（hexabromocyclododecane，HBCD，一种溴化阻燃剂）和来源于城市垃圾渗滤液中的双酚 A，并发现栖息在 PS 上的贻贝富集 HBCD。双酚 A 等添加剂会影响海洋动物（如环节动物、软体动物、甲壳类动物、昆虫、鱼类和两栖动物等）的生殖和激素功能，并能通过食物链影响其他生物。捕鱼和水产养殖浮标等海洋废弃物是海洋发泡 PS 的主要来源。Jang 等在 2017 年对韩国海洋环境中 EPS 碎片污染和微塑料中六溴环十二烷浓度进行了监测，同时在对亚太地区 12 个国家海滩发泡 PS 碎片的调查中广泛检测到六溴环十二烷，这可能与检测到的含有六溴环十二烷的非阻燃 EPS 珠（原材料）有关。

紫外线稳定剂（ultraviolet stabilizer，UVS）和抗氧化剂是塑料中使用最广泛的添加剂，可延长聚合物材料的使用寿命。Rani 等（2017）测定了从海滩收集的塑料碎片中 UVS 和抗氧化剂的含量。抗氧化剂的浓度高于 UVS，这表明其比 UVS 具有更高的使用率。

6.1.2　持久性有机污染物

（1）污染状况

目前根据国际科研小组估算，至少有 5.25 万亿件、总重 26.894 万 t 的塑料垃圾漂浮在全球海面上，并在《斯德哥尔摩公约》中强调全球监测持久性有机污染物的重要性。Zarfl 和 Matthies（2010）发现塑料碎片垃圾包括大型塑料碎片和微型塑料，占搁浅在海滩上垃圾的 50% ～ 80%，其他大部分漂浮在海面上或沉积在海底；通过聚合物鉴定，大部分是高密度聚乙烯（HDPE）、低密度聚乙烯（LDPE）和聚丙烯（PP），其他包括聚氯乙烯（PVC）、聚苯乙烯（PS）、聚对苯二甲酸乙二醇酯（PET）、聚二甲基硅氧烷（polydimethylsiloxane，PDMS）等。在海洋环境中，塑料碎片会从周围海水中吸附持久性有机污染物（POP），包括多氯联苯（PCB）、滴滴涕（DDT）、六六六（HCH）、壬基酚（NP）、多环芳烃（PAH）等，POP 具有广泛使用、远程传输和持久性等特点，并易富集在塑料颗粒上。

在科学文献中第一次出现海洋微塑料污染的报道是 20 世纪 70 年代早期。随着研究工作的不断深入，环境工作者逐渐认识到海洋塑料与其附着的污染物多具有伴生性和综合性，即不同污染物之间会产生联合作用，形成复合性污染（表 6.1）。Ogata 等（2009）通过参与国际树脂颗粒观测组织（International Pellet Watch，IPW），收集了来自 17 个国家 30 个海滩中的 PE 树脂颗粒样品，来分析 PCB、DDT、HCH；分析结果表明，PCB 浓度最高值出现在美国沿海地区，其次是欧洲和日本，在热带亚洲、非洲南部和澳大利亚有所降低，反映了使用 PCB 的地区差异性，另外，多国学者也做了许多监测和统计工作，支撑了 IPW 的全球 POP 污染分布图的绘制。

表 6.1　收集的塑料树脂颗粒的样品信息

采样地点	采样时间	塑料类型	POP 浓度范围	参考文献
美国加利福尼亚圣迭戈海洋海滩	2010 年	塑料碎片、聚苯乙烯泡沫、橡胶	多氯联苯浓度从 0 ～ 47 ng/g，其中最高浓度在聚苯乙烯泡沫中发现，高达 300 ～ 1 900 ng/g；多环芳烃浓度从 30 ～ 1 900 ng/g；滴滴涕浓度从 0 ～ 76 ng/g；氯丹浓度从 1.8 ～ 60 ng/g	Van *et al.*，2012
加利福尼亚、夏威夷和瓜达卢佩圣母岛、墨西哥	2003 ～ 2004 年	热塑性树脂颗粒、消费后塑料碎片	多氯联苯总浓度为 27 ～ 980 ng/g；滴滴涕浓度从 22 ～ 7 100 ng/g；多环芳烃浓度从 39 ～ 1 200 ng/g；脂肪烃浓度从 1.1 ～ 8 600 μg/g	Rios *et al.*，2010
葡萄牙海岸、克莱斯米娜海滩、福特达特哈海滩	2008 ～ 2009 年	塑料树脂颗粒（大部分是聚乙烯和聚丙烯）	高浓度多氯联苯包括同系物 18、31、138 和 187；高浓度多环芳烃中有芘、菲、屈和荧蒽	Frias *et al.*，2010
葡萄牙海岸 9 个海滩	2008 ～ 2012 年	塑料树脂颗粒	多环芳烃浓度从 100 ～ 300 ng/g 颗粒；藿烷类化合物在 9 个海滩都有发现	Mizukawa *et al.*，2013
葡萄牙海岸	2012 年 1 ～ 3 月	塑料树脂颗粒（直径 4 mm 的最丰富，达 50%）	多氯联苯浓度从 2 ～ 223 ng/g；滴滴涕浓度从 0.42 ～ 41 ng/g；多环芳烃浓度从 53 ～ 44 800 ng/g	Antunes *et al.*，2013
东京 47 个海滩	2001 年	塑料树脂颗粒	多氯联苯浓度从 < 28 ng/g 至 2 300 ng/g 零星的高浓度多氯联苯在偏远岛屿也被发现，存在明显的分布地区差异性	Endo *et al.*，2005
日本海岸 4 个海滩	1997 ～ 1998 年	聚丙烯树脂颗粒	多氯联苯浓度从 4 ～ 117 ng/g；滴滴涕浓度从 0.16 ～ 3.1 ng/g；聚苯乙烯浓度从 0.13 ～ 16 μg/g	Mato *et al.*，2001
非洲加纳 11 个海滩	2009 ～ 2013 年	塑料树脂颗粒	城市地区的多氯联苯浓度比在沿海城镇农村高	Hosoda *et al.*，2014

续表

采样地点	采样时间	塑料类型	POP 浓度范围	参考文献
中国大连正明寺海滩和秦皇岛东山海滩	2012 年 7 月	塑料树脂颗粒	多氯联苯浓度分别为 34.7 ～ 213.7 ng/g 和 21.5 ～ 323.2 ng/g； 多环芳烃浓度分别为 136.3 ～ 1 586.9 ng/g 和 397.6 ～ 2 384.2 ng/g； 滴滴涕浓度分别为 136.3 ～ 1 586.9 ng/g 和 397.6 ～ 2 384.2 ng/g	Zhang *et al.*，2015
印度孟买海岸 4 个海滩	2011 年 5 月至 2012 年 3 月	塑料树脂颗粒	多氯联苯浓度范围为 37.08 ～ 104.909 ng/g，其中由于季风出现，9 月浓度总量与 11 月持平，比其他月份明显高；1 月滴滴涕浓度为（46.55±12.23）ng/g，明显高于其他月份，表明季节可变性	Jayasiri *et al.*，2015
澳大利亚和新西兰北岛海岸线	2014 年	塑料树脂颗粒	多氯联苯含量很高，达到 107 ～ 294 ng/g 颗粒； 六六六浓度高达 17 ～ 29 ng/g 颗粒	Yeo *et al.*，2015
巴西圣保罗州东南海岸沙滩	2010 年	1 m 深沉积物中的塑料颗粒	多环芳烃浓度在表层最高，而在更大的深度，并未达到毒性水平	Fisner *et al.*，2013
北太平洋中部环流	2007 年 9 月	塑料碎片样品（多为聚丙烯和聚乙烯）	多氯联苯浓度为 1 ～ 223 ng/g 碎片	Mendoza and Jones，2015
太平洋、大西洋、印度洋和加勒比海的偏远岛屿	2012 年	塑料树脂颗粒	多氯联苯浓度为 0.1 ～ 9.9 ng/g 颗粒，比工业化沿海海岸低 1 ～ 3 个数量级； 滴滴涕浓度为 0.8 ～ 4.1 ng/g 颗粒； 六六六浓度为 0.6 ～ 1.7 ng/g 颗粒	Heskett *et al.*，2012

（2）吸附与解吸机制

Mato 等在 1997 ～ 1998 年收集了日本海岸的塑料颗粒，进行了 6 天的现场吸附实验，结果表明海洋微表层上的 PP 对附近海水中的 PCB、DDT 和 NP 吸附量较高，其中 PCB 同系物（3 ～ 10）表现出不同的疏水性，在 PP 上呈现不同分布，高氯同系物富集在 PP 上，这符合疏水化合物（如高氯同系物）更容易分布在非极性塑料表面，证实了 PP 表面吸附是主导吸附机制。Rochman 等（2013）在圣地亚哥湾通过长期（一年）野外实验，测量 5 种塑料颗粒吸附 POP 的情况，结果表明 PET 和 PVC 对 PCB 与 PAH 吸附达到的平衡速度比 HDPE/LDPE 及 PP 的快，然而后两者吸附 PCB 和 PAH 浓度的持续性增长量比前两者快，呈现出不同材料表面吸附特性的差异（包括比表面积、极性、官能团）。

塑料可吸附 POP，使得塑料成为转运和清除不同系统中有机污染物的重要载体。在河口环境下，Bakir 等（2012）研究了微塑料转运和清除疏水性有机污染物（hydrophobic organic contaminant，HOC）的潜力，结果表明，PVC 和 PE 转运与清除菲（phenanthrene，Phe）及 4,4′-DDT 的潜力呈现出 Phe-PE ≫ DDT-PVC=DDT-PE ≫ Phe-PVC 的规律，这与 Teuten 等（2009）的研究结果相一致，即 PE、PP、PVC 对菲的吸附能力为 PE ≫ PP ＞ PVC。在海洋环境中，Bakir 等（2012）更深入地研究了 DDT 在单、双溶质系统中（不含添加剂的 PVC 和超高分子量 PE）的竞争吸附，结果表明塑料在单、双溶质系统中吸附 DDT 的行为都没有明显差异，然而 DDT 干扰了塑料对菲的吸附，存在拮抗效应。Wang 和 Wang（2018）研究了菲在 3 种微塑料颗粒（PE、PS 和 PVC）上面的吸附分配特性，与自然沉积物相比，微塑料具有较高的菲吸附容量，其次序为 PE ＞ PS ＞ PVC。随着水相中芘浓度的增加，其在固相中的吸附量和分配系数（K_d）都在减少，其中自然沉积物上的降低最为显著。Bakir 等（2014a）在模拟生物肠道生理条件下研究了微塑料解吸 HOC，结果表明在冷 / 温血生物内的肠道表面活性剂作用下，微塑料解吸 HOC 较快，温血生物中解吸得更快。

在疏水作用下，分区填孔也是一个重要的吸附机制，分配系数和扩散系数表示吸附程度的高低。Pascall 等（2005）用 3 种食品包装塑料薄膜吸收水中的 PCB，结果表明 PCB 在 PE 上的吸收系数、分区系数和扩散系数高于脆化 PVC；随 PCB 氯数（3 ～ 10）增加，分子内聚能增加，PE 和 PVC 吸收的 PCB 减少，PCB 在玻璃化 PS 上的分区系数和扩散系数减少。Guo 等（2012）研究了 PE、PPO 对 4 种 HOC（菲、萘、林丹和 1- 萘酚）的吸附作用，结果表明随结晶度下降（58.7% ～ 25.5%），PE 对前三者的吸附量增加，PPO 的移动性和丰度主导吸附；PPO 中的含氧基团占据了内部位置，导致疏水性行为发生在外部，主要在外部分区和扩散。Zarfl 和 Matthies（2010）开展了 PE（HDPE/LDPE）对 PAH（芘、芴、菲、蒽、荧蒽）的吸附试验，结果表明随着 PAH 分子量的增加，PAH 在 PE 上的扩散系数降低，意味着较大分子量的 PAH 通过基质 PE 时受阻，PAH 在 LDPE 上的扩散系数高于 HDPE。Fries 和 Zarfl（2012）后续研究用纳米塑料、微塑料、碳纳米管和富勒烯吸附 PCB，结果表明微塑料 PE 吸附 PCB 呈现线性疏水性分区，纳米微塑料 PS 和碳纳米管吸附 PCB 呈现非线性疏水性分区。

塑料存在于多种基质之中，漂浮在海面上或沉积在海底。Müller 等（2001）研究了 PAH 在 PE/ 水系统中的分区，结果表明在相同辛醇 - 水分配系数（Kow）条件下，HDPE 在 PE/ 水系统中的分配系数比 LDPE高出 3 倍；HDPE 吸收率大约是 LDPE 的 4 倍，这是由于前者的比表面积是后者的 4 倍，并且 HDPE 吸收和清除都符合线性一阶动力学。Rusina 等（2010）通过薄膜堆叠技术，研究 PCB 和 PAH 在 LDPE 与硅橡胶（silicone rubber，SR）上的扩散系数（D），结果表明 PCB 和 PAH 在 LDPE 上的 D 比在 SR 上低 2 ～ 2.5 个数量级。Lee 等（2014）通过三相（硅橡胶、塑料碎片、海水）分区方法，研究 PCB、PAH、HCH 在塑料碎片 / 海水系统中的分配系数，结果表明 PCB、PAH 和 HCH 在塑料碎片上的分配系数比其他常用分配系数（如 Kow）高，并显示好的线性相关性。

近年来，国内外学者开始关注新兴持久性有机污染物的研究。Wang 等（2015）研究了全氟辛烷磺酸（perfluorooctane sulfonate，PFOS）和全氟辛烷磺酰胺（perfluorooctanesulfonamide，FOSA）在微塑料上的分区行为［分配系数（K_d）］，通过等温吸附研究得出，PE、PS、PVC 对 PFOS 和 FOSA 的吸附呈高度线性关系，这表明疏水相互作用下的分区是主要的吸附机制。Llorca 等（2018）比较研究了高密度聚乙烯（HDPE）、聚苯乙烯（PS）和羧基聚苯乙烯（PS-COOH）对 18 种全氟烷基化合物（perflurorinated alkylated substance，PFAS）的吸附能力，其中全氟磺酸盐和磺酰胺更容易被微塑料吸附。另外，PS 和 PS-COOH 对 PFAS 的亲和力高于 HDPE。吸附平衡时间随水的电导率和 pH 的增加而降低，但是盐分存在降低了 PFAS 在塑料表面的吸附量。Valderrama 等（2016）通过薄膜堆叠技术，研究多溴联苯醚在 LDPE 和硅橡胶（SR）上的扩散系数，结果表明 PBDE 在 SR 上的扩散系数比在 LDPE 上的高；通过增加 PBDE 的分子量，其在 LDPE 上的扩散系数比在 SR 上的下降得更快，表明 LDPE 的传质阻力明显高于 SR。

（3）潜在生物危害

Andersson（2014）发现海洋中大型塑料碎片主要位于海岸线附近，而微型塑料碎片一般距海岸线较远，这可能是因为海洋环流充当了“粉碎机”，把大型塑料碎片分解了。分解后的塑料碎片垃圾可吸附 HOC，包括 PCB、PAH、石油烃、有机氯农药、多溴联苯醚、烷基酚和双酚 A 等化合物。有些化合物是在塑料生产中添加的，有的是从周围海水中吸附的，它们形成了结合体，增强了塑料的毒性；其对生物的影响主要体现在喂养活动减弱、体重减轻和强烈的免疫反应，并会进入海洋食物链，对包括人在内的众多生物构成危害。Jang 等（2016）在韩国海岸收集发泡 PS 废弃物，分析发现栖息在 PS 上的贻贝富集了六溴环十二烷（HBCD，一种溴化阻燃剂）；与栖息在 HDPE、金属、岩石上的贻贝比较发现，PS 上的贻贝内有微小的 PS 碎片，其可能源于基质 PS。Teuten 等（2009）通过饲养实验，发现 PCB（3 ～ 10）同系物随分子量增大，极性和毒性增加，并从受污染的塑料上转移到白额鹱（*Calonectris leucomelas*）；Gouin 等（2011）通过热力学方法和多介质模型评估 PS 对环境的影响，结果表明 PS 可加强持久性生物积累性有毒物质（persistent bioaccumulative toxic pollutants，PBT）的传播和生物可利用性。Koelmans 等（2013）通过概念模型模拟塑料对 HOC 生物积累的影响，结合沙蠋（*Arenicola marina*）参数化并计算最近发表的实验室生物与 PS 的生物积累数据，结果表明 PS 对 HOC 吸附的稀释作用，增加了含有 HOC 的塑料生物积累，减少了干净塑料的生物积累。Rochman 等（2014）研究了来自南大西洋中上层海水中灯笼鱼类组织中的塑料碎片及其上的污染物，结果表明高密度塑料碎片和高浓度 PBDE 的高溴化同系物均出现在组织中。

6.1.3 重金属

（1）污染状况

在塑料生产中，金属被广泛应用于塑料添加剂，作为催化剂、颜料和塑料稳定剂，其中包含许多有害的化合物（如镉、铬、汞和铅），见表 6.2。在天然水体中即使存在微量的重金属离子，也可产生毒性反应。一般重金属离子产生毒性的范围在 1.0 ～ 10 mg/L，而毒性较强的重金属（如锡、汞等）产生毒性的浓度范围更低，仅有 0.001 ～ 0.1 mg/L。Reis 等（2014）将幼年期河口鱼类暴露到含不同浓度镍的河水中，导致幼年期鱼类捕食效率和摄取食物的能力下降，影响运动和繁殖能力，进而影响整个鱼群的数量。海滩环境中的重金属污染可能来源于旧的塑料制品或者塑料垃圾的渗漏。采自英格兰西南部两个海滩的 294 份微塑料样本中（Turner，2016），其中 6.9% 和 7.5% 被检测到镉与铅，且其在红色和黄色颗粒或碎片中的浓度均超过 103 μg/g。由于有色无机颜料硫硒化镉和铬酸铅的存在，微塑料里面镉和铅含量分别与硒及铬含量具有良好的相关性。溴在 10.4% 的微塑料样本中检出，在中性色颗粒中其浓度高达约 13 000 μg/g。

表 6.2　收集的塑料树脂颗粒的样品信息

采样地点	采样时间	塑料类型	重金属及其他元素类型	重金属及其他元素浓度	参考文献
西南英格兰海滩	2015 年 8 ～ 9 月	塑料、泡沫、绳索	As、Ba、Br、Cd、Cl、Cr、Cu、Hg、Ni、Pb、Sb、Se、Sn、Zn	高浓度 Cl 来源于氯化阻滞剂; 高浓度 Br 在泡沫和塑料中，来源于溴化阻滞剂; Pb 在塑料、泡沫和绳索中的浓度高达 17 500 μg/g，来源于稳定剂、着色剂和催化剂; 可检测的 Cd 仅限于塑料，浓度常超过 1 000 μg/g，来源于两种包含 Cd 的稳定剂和各种产品中的着色剂	Turner，2016
西南英格兰沿段海岸线海滩	2009 年	树脂颗粒	主要金属（Al、Fe、Mn） 微量金属（Cu、Zn、Pb、Ag、Cd、Co、Cr、Mo、Sb、Sn、U）	塑料球团上的金属浓度均小于塑料附着物，相对于 Al 正常化的数据而言，塑料颗粒富集 Cd 和 Pb	Ashton *et al.*，2010
日本欧库斯海滩	2009 年 11 月	大塑料垃圾	Cr、Cd、Sn、Sb、Pb	通过气球航空摄影和 Fickian 扩散模型分析，Pb 总量为（313±247）g，最高数量在 PVC 渔漂，渗入海滩中的速度达到（0.6±0.6）g/ 年	Nakashima *et al.*，2012

（2）吸附与解吸机制

Brennecke 等（2016）在水中用干净 PS 微珠和老化 PVC 碎片吸附防污涂料渗漏的 Cu 与 Zn；通过分配系数和数学模型来描述吸附动力学，结果证实了防污涂料可释放重金属，并且 PS 和 PVC 显著吸附 Cu 与 Zn，由于 PVC 碎片化，PS 微珠有较大的比表面积和较低的极性，因此 PS 更易吸附 Cu。Turner和 Holmes（2015）在河水中（pH=6.5）用干净的塑料颗粒和海滩环境下的塑料颗粒吸附 Ag、Cd、Co、Cr、Cu、Hg、Ni、Pb、Zn，结果表明海滩环境下塑料颗粒吸附速率常数比干净的塑料颗粒高出至少 1 个数量级，Hg、Pb 在干净塑料颗粒上的最大分配系数约为 6 ml/g；Ag、Pb 在海滩环境下塑料颗粒上的最大分配系数为 100 ml/g。Holmes 等（2012）在英格兰西南海滩收集塑料颗粒，分析了微量金属（Cr、Co、Ni、Cu、Zn、Cd、Pb）在塑料颗粒上的吸附特征，并用 5 μg/L 微量金属和 10 g/L 干净的 / 海滩环境下的 PE 颗粒在过滤海水中做吸附实验，结果表明海滩环境下的 PE 比干净的 PE 有更强的吸附能力，因为风化增大了 PE 的比表面积并使其携带摩擦带电的矿物质。Rochman 等（2014）在圣地亚哥湾，进行了 9 种目标金属在 5 种塑料（PET、HDPE、PVC、LDPE、PP）上混合吸附实验，结果表明 HDPE 对金属的积累比其他 4 个聚合物少；在 12 个月中，5 种塑料吸附金属的浓度都增加了，但铬、锰、钴、镍、锌和铅的浓度在至少一种塑料中没有饱和。塑料颗粒吸附金属归因于其表面的有机基团或电荷性质及长期光氧化和磨损产生的孔隙，有利于吸附重金属。

6.1.4 其他化学污染物

其他化学污染物包括药品及个人护理产品（pharmaceutical and personal care product，PPCP）等。一方面，PPCP 存在不完全吸收现象；另一方面，未使用的产品由于过期而被随意丢弃，将经由垃圾填埋场的渗漏而进入地下水，继而污染地表水。大多数 PPCP 的极性强、易溶于水而又不易挥发，在环境中主要通过水体传递并向食物链扩散，水环境往往成为 PPCP 类污染物的主要储库。Wu 等（2016）用 PE 碎片（250 ～ 280 μm）吸附 PPCP，结果表明高比表面积 PE 碎片对 PPCP 吸附量较大。Fendall 和 Sewell（2009）在新西兰超市购买了 4 种含有塑料微粒的面部清洁剂，来量化其中 PE 的尺寸，结果表明 3 种清洁剂中都有小于 100 μm 的 PE，这些 PE 可以立即被食物链的基础浮游生物摄取，随时间裂解和吸附 POP，造成海洋污染。Li 等（2018）在淡水和海水环境中考查了不同微塑料对 5 种抗生素［磺胺嘧啶（sulfadiazine，SDZ）、阿莫西林（amoxicillin）、四环素（tetracycline，TC）、环丙沙星（ciprofloxacin，CIP）和甲氧苄啶（trimethoprim，

TMP）］的吸附能力，吸附等温线表明聚酰胺类微塑料对抗生素的吸附能力最强，可归因于其多孔结构和氢键。

6.2　微塑料表面附着的生物

6.2.1　微塑料表面的生物膜形成机制

暴露在海水中的塑料碎片短时间内（几个小时）易被有机养分吸附，在基底表面形成黏膜。海水中代谢有机养分的微生物很快会附着在黏膜层上。这些微塑料表面早期定植的微生物为后期生物膜的形成奠定了基础。当前，在海洋和河口水域中，已报道的形成生物膜的早期定植微生物主要是 α- 变形菌（初始阶段 0 ～ 24 h，如假单胞菌和交替单胞菌）和 γ- 变形菌（24 h 之后，如玫瑰杆菌和远洋杆菌）。随着暴露时间的增加，生物膜中拟杆菌门的微生物物种越来越丰富。一般来说，生物膜群落内微生物丰度、活性和分类学组成与浮游生物的群落有着明显的差异，但二者都受季节和空间的影响。尤其在微生物定植的初期，基底表面的疏水性和其他性质对定植微生物的群落结构起着重要的作用（Keswani *et al.*，2016）。

塑料碎片表面生物膜的形成为微生物的定植提供了有利的条件，例如，免受不利环境因子的影响及提高了微生物向外迁移的概率。因此，海洋和海岸环境中的颗粒物表面及微塑料表面备受具有各种代谢功能的微生物的青睐，同时也是研究微生物竞争关系、生态位分化及水平基因转移的热点区。生物膜形成的早期阶段是一个独具特点的动态过程，显著的特征为物种丰富和群落的空间变化（Oberbeckmann *et al.*，2015）。Weinstein 等（2016）将毫米级厚度的高密度聚乙烯（HDPE）、聚内烯（PP）和挤塑聚苯乙烯（extruded PS）3 种塑料条带暴露于盐沼中，两周后，在所有样品表面观察形成的生物膜，部分塑料条带上有盐沼玉黍螺（*Littoraria irrorata*）的附着，暴露 4 周后，通过显微镜观察到样品表面的生物膜有随时间变厚的趋势。一旦生物膜形成后，塑料薄膜表面的物理化学性质（如表面能、表面粗糙度和接触角）也随之变化（Artham *et al.*，2009）。Lobelle 和 Cunliffe（2011）将塑料薄膜浸入海水中一周后，薄膜表面有明显的生物膜覆盖。两周之后，塑料薄膜的亲水性显著增加，表面浮力也发生变化，更易下沉在水中呈悬浮态。最新研究中，de Tender 等（2017）将塑料薄片暴露于海港底部，重构生物膜随时间的发育过程，并定期采样分析生物膜内微生物的群落组成。研究结果表明，暴露 1 ～ 14 周，海港中薄片表面生物膜内核心菌群主要有螺杆菌科（Helicobacteraceae）、外硫红螺旋菌科（Ectothiorhodospiraceae）、黄杆菌科（Flavobacteriaceae）等；暴露 14 ～ 35 周，生物膜内核心菌群主要有生丝单胞菌科（Hyphomonadaceae）、红杆菌科（Rhodobacteraceae）、赤杆菌科（Erythrobacteraceae）、黄杆菌科等；暴露 35 ～ 45 周，生物膜内核心菌群为红杆菌科、黄杆菌科和疣微菌科（Verrucomicrobiaceae）等。研究者进一步根据生物膜内核心菌群，将暴露 1 ～ 14 周划分为生物膜形成的早期阶段，14 ～ 35 周划分为生物膜形成的中期阶段，35 ～ 45 周划分为生物膜形成的晚期阶段。该研究从生物膜中核心物种的角度，对暴露在海港底部的薄片表面生物膜的形成阶段进行了划分，为今后研究真实海洋环境中微塑料薄片表面生物膜的形成提供了重要的参考依据。

从时间序列来看，经典的生物膜从形成到成熟可以分为以下过程（Wimpenny，1996）。

1）可用于聚集的、洁净的固体表面。

2）有机分子膜的快速形成。

3）定植的细菌的松散附着。

4）定植的细菌附着得更加牢固。

5）微生物群落形成，胞外聚合物产生。

6）群落向外和向上伸展，形成规则和不规则的结构。

7）生物膜成熟，新的物种进入生物膜并生长；有机或无机碎片被结合，并且溶液梯度形成，导致生物膜的空间异质性。

8）噬细菌的原生动物可能捕食生物膜。

9）成熟的生物膜可能剥落，使这种循环交替进行。

10）可能形成一种顶极群落。

一旦成熟的生物膜从基底表面剥落，顶极群落很难被观察到。

从空间序列分析，随着生物膜的形成，其内部的生理生化指标（酸碱度、底物和产物浓度、氧化还原电位、氧浓度和离子组成等）出现梯度变化。

也有研究者把生物膜的形成分为 4 个过程：①溶解的有机分子吸附；②原核生物的定植；③单细胞真核生物的定植（如硅藻、鞭毛虫、变形虫和纤毛虫）；④无脊椎动物幼虫和藻类孢子的定植。这 4 个过程在微塑料表面可能重复或独立出现。Lennox（2011）将生物膜的形成分为以下 5 个过程并对每个过程作了详细的论述：①黏膜的形成；②细菌的靠近和接触；③可逆附着和不可逆附着；④外来种的补充和生长；⑤扩散。

（1）黏膜的形成

浸入水体的玻璃片，在其表面容易形成一层薄膜，这种薄膜的主要成分是蛋白质分子和多聚糖分子。类似地，在牙齿表面或导尿管内壁也有相似的薄膜存在。生物膜中第一批细菌细胞形成的黏液层，我们称为黏膜，这种黏膜最初形成时速度很快，可能只有几秒的时间。如果不存在这样的黏膜，细菌是否能附着在贫瘠的基底表面还是个值得探讨的问题。无论如何，首次暴露之后，黏膜将继续形成数个小时。

黏膜在亲水性（如玻璃）和疏水性（如塑料）表面都能形成。工业上投入大量的时间和金钱试图寻找不会黏附生物膜的材料。这样的材料在工业上具有很大的应用价值，如水管、油管、热交换材料、空调系统及医疗应用材料（如导尿管）等。截至目前，这种能抑制生物膜形成的材料还没有被发现。

（2）细菌的靠近和接触

处于液体中的悬浮细菌在两种力的作用下靠近基底表面。第一种是范德瓦耳斯力，存在于距离基底表面几百纳米的范围内，这种力的作用倾向于使小物体靠近基底的表面。第二种是由于细菌细胞表面和很多环境表面带有净负电荷，当细菌接近基底表面距离为 10 ～ 20 nm 时，负电荷产生一种排斥力；当细菌细胞继续靠近基底，距离在 5 nm 范围之内时，细菌表面的感受器（如菌毛和黏合剂），接触基底表面的概率大大地增加。

在靠近基底表面的水层，水流速度比周围小很多。这个区域被称为水动力边界层，水动力边界层是由阻力和摩擦力引起的。这个区域提供了一个低剪切应力和低湍流的区域，细菌表面与基底表面的接触可能发生在这个区域。

动能的增加可能有助于细菌克服静电力的作用，这可能是细菌鞭毛的主要功能。此外，细菌表面的突出物增加了细菌附着基底表面的可能性，如延伸到边界层中的菌毛。

（3）可逆附着和不可逆附着

细菌附着基底表面分为两个过程：可逆附着和不可逆附着。可逆附着比较稀薄，时间上很短暂；而不可逆附着通常很稳定。

有时候，细菌刚附着在基底表面后不久，便出现快速旋转，振动或跨越基底表面。细菌的转动表明细菌细胞通过鞭毛的作用已经附着在表面。然而，现在鞭毛被固定了，当鞭毛转动时，细胞也随其一起转动。有时，基底表面的细胞会不断地振动，这种振动叫作“布朗运动”，这是由水分子撞击松弛的、黏附在基底表面的细菌细胞所引起的。铜绿假单胞菌（*Pseudomonas aeruginosa*）的影像研究表明，初始附着后，细菌细胞以一种极不平稳的方式运动，这种不平稳的运动叫作“蹭动”。当基底表面的细菌数量增加时，显微照相视频显示很多细胞开始相互靠近形成聚集体或微菌落。有时这些微菌落出现解聚现象，而更经常地持续存在并形成成熟生物膜最早期阶段的塔状或蘑菇状结构。

O’Toole 和 Kolter（1998）分离了一批铜绿假单胞菌突变体（表面附着缺陷），

这些突变体不能形成基底表面的早期附着，因此也不能形成正常的生物膜。这些突变体可分成两类，一类是不能形成鞭毛的，另一类是不能形成 IV 型菌毛的。野生型菌株在聚氯乙烯塑料表面培养超过 8 h，观察到单细胞层的形成。随后单细胞聚集在一起形成微菌落，分布在整个塑料表面。而突变体细胞可以在基底表面形成单细胞层，但不能进一步形成微菌落。这暗示了 IV 型菌毛在生物膜形成中的作用。O'Toole 和 Kolter（1998）也观察了其他类型的表面附着缺陷型细胞，运载 *flgK* 基因突变体，这种突变体缺乏形成鞭毛的能力，极少的细胞能够附着在基底表面，表明鞭毛在铜绿假单胞菌早期附着中的重要作用。

不可逆附着：细胞附着在基底表面后不久，会被聚合物包裹，这种聚合物由细胞自身产生。报告基因（如绿色荧光蛋白）的使用表明，在生物膜的形成过程中细菌的附着引发了负责调控聚合物产生基因的群体感应系统，如藻朊酸盐途径的基因。藻朊酸盐是生物体中胞外多聚物的主要成分。事实上，研究表明形成生物膜的生物在基底表面的附着是导致性状表达的主要变化因素，至少有 30% 的基因组的表达发生了变化。

（4）外来种的补充和生长

一旦基底表面形成了微菌落，水体中其他物种的细胞也会附着在生物膜表面，这将会增加生物膜的生物量和多样性。有一些物种的细胞随机地补充进入生物膜，细菌的细胞与生物膜接触后，细胞开始繁殖。在某些情况下，补充的外来物种是一些特定的物种。某些微生物附着在能提供点位的牙釉质的黏膜上。结合在点位上的第一批微生物主要是唾液中的链球菌［如格氏链球菌（*Streptococcus gordonii*）、血链球菌（*Streptococcus sanguinis*）和口腔链球菌（*Streptococcus oralis*）］。这些早期定植的微生物可以发生属内（与自己属内）共凝聚或属间（与其他属）共凝聚作用。这种特异性结合将导致混合物种的生物膜在牙齿表面快速积累。目前为止，所有测试的口腔细菌至少特异性结合了一种其他的物种。有意思的是，容易进行特异性结合的细菌不一定全是活菌。死的和代谢活性弱的细胞与正常细胞一样容易进行特异性结合，附着在生物膜表面。

（5）扩散

根据 Kolter（2010）所说，浮游细胞类似于人类群落中的拓荒者。它们离开原来的栖息地，“寻找”新的领地定植。一旦获得合适的基底表面，浮游细胞将会附着在基底表面，生物膜群落也随之建立。因此，浮游细胞的扩散和“生活型”可以看作一个生物膜群落和下一个生物膜群落的过渡期。而且，这种扩散是偶然发生的。浮游生物释放繁殖体进入周围环境中，每个繁殖体仅有极小的概率获得一个合适的附着点随后形成一个新的生物膜群落。

生物膜的扩散有多种方式，一些方式受生物膜自身的控制，另一些是随机作用导致了生物膜的破裂。Stoodley 等（2002）观察到生物膜受波浪作用，沿着水流方向慢慢移动，也观察到生物膜随水流向上滚动。脱落和磨损作用是生物膜扩散的最早方式。生物膜剥落是指一部分成熟的生物膜从基底表面脱离，随水流进入下游。一般来说，次生演替形成生物膜的速率要比原生演替更快，因为生物膜残体的出现为形成新的生物膜奠定了基础。

生物膜经常在自然源（水中颗粒物、滚动的石头、动物的捕食作用）和人为活动（清除轮船的外壳、清洗马桶）的作用下遭到磨损。这些行为暂时地摧毁了生物膜，同时使大量的生物膜进入下游水流中。

Costerton（1995）基于对大量水生系统生物膜的研究，积累了大量的数据，并提出以下 3 个准则预测特定的水环境中哪类生物膜将会形成及生物膜的发育程度。

1）代谢活跃的细菌对固体表面黏附的亲和力更加明显，在自然环境中的野生型细胞表现出的这种趋势更加明显。

2）在任何水生生态系统中，固体表面生物膜的发育程度受可利用营养物的数量制约，这些可利用的营养物可用于复制细胞和产生胞外多聚糖。

3）在极其寡营养的条件下，有机营养盐倾向于结合在可获得的固体表面，目的在于激发土著生物膜的形成，在寡营养的生态系统中，细菌一般不会黏附于固体表面。

微塑料作为一种新型的污染物对海洋与海岸生态系统造成了严重的威胁，尤其是附着在微塑料表面的生物膜可以随风力、洋流、潮汐等作用长距离迁移。目前，我国对于微塑料表面生物膜的研究相对较少，未来应该更加关注以下方面。

1）筛选一些能指示不同环境（海面、水层和沉积物）中微塑料表面生物膜形成的关键物种。

2）淡水系统中微塑料表面的生物膜迁移至海水中，在咸 - 淡水交汇处，微塑料表面生物膜中生物群落的演替特征。

3）微塑料表面生物膜中细菌的群体感应及引发群感的信号分子的传递机制。

4）生物膜的形成对微塑料理化性质（疏水性、浮力、表面能、表面电位、表面粗糙度及官能团等参数）的影响。

5）生物膜的形成对微塑料中添加剂（如增塑剂、抗老化剂、杀菌剂）溶出的影响。

6）微塑料表面生物膜群落组成和多样性随时空的变化特征。

7）微塑料表面的生物膜对表面吸附的有毒有害污染物的富集或吸附与解吸、分配、降解等机制研究。

8）微塑料表面凹槽或蚀斑中的细菌作为筛选高效塑料降解菌的来源。

6.2.2 微塑料表面的微生物群落结构

海洋生态系统中微生物数量及多样性占据绝对的优势，同时也调控系统的生物地球化学循环过程。微塑料因粒径小、比表面积大等特点，已成为海洋微生物定植的“热点区”。因此，了解当前海洋和海岸环境中微塑料表面的微生物群落结构及其影响因素显得尤为重要。

（1）微塑料——海洋生物的漂浮栖息地

20 世纪 70 年代已有关于海洋生物（硅藻、水螅虫和细菌）附着在微塑料表面的报道（Carpenter and Smith，1972；Carpenter *et al.*，1972）。随着人类活动对海洋的影响不断加剧，海洋中生物迁移的介质也在不断增加。海洋中的塑料比自然界的物体（如树叶、木块）漂浮时间更长。因此，许多海洋微生物和无脊椎动物把海洋中的毫米级塑料作为移动的栖息地（Zettler *et al.*，2013；Reisser *et al.*，2014）。海洋与海岸环境中，多种门类生物已经被证实附着在塑料表面，包括环节动物门、节足动物门、外肛动物门、刺胞动物门和软体动物门等（Barnes，2002）。Astudillo 等（2009）调查智力科金博湾海岸区域 1 ～ 45 km 投放并记录 34 个游离的浮标时，在所有浮标上发现 14 门 134 种不同物种；在其中 18 个固定浮标上发现 91 种物种，在 22 个游离浮标上发现 116 种物种。所有浮标中群落组成相似，两种浮标的共有种占总物种的 54%。然而，游离浮标上稀有种的数量更高，其中包括一些外来种，包括玻璃海鞘（*Ciona intestinalis*）、苔藓虫［多室草苔虫（*Bugula neritina*）、*Bugula flabellate*］和刺松藻（*Codium fragile*）。在冰冻海面且拥有大量特有种的南极地区，发现塑料包装袋表面附着 5 门 10 多种物种，有的生物甚至漂浮一年多还有很强的繁殖能力（Barnes and Fraser，2003）。北太平洋环流区中的塑料垃圾表面也有大量生物附着，其中杆菌和羽状硅藻最为丰富，硅藻的丰度与塑料垃圾的浓度和表面粗糙度有关（Carson *et al.*，2013）。Reisser 等（2014）通过扫描电镜分析了澳大利亚沿海、近海、热带区域到温带区域 68 块小塑料（平均长度 3.2 mm）表面的生物多样性，（圆形和方形的）硅藻和细菌种类最为丰富，硅藻有 14 属。此外，还有球石藻、苔藓虫、藤壶、腰鞭毛虫、等足目、海洋蠕虫、海洋昆虫卵、细菌、真菌和硅藻的各种形状（圆形、椭圆形、方形及螺旋形）细胞。

随着分子生物学技术的发展，大部分研究者使用高通量测序来揭示微塑料表面微生物群落组成及多样性。Zettler 等（2013）首次应用高通量测序研究微塑料表面的微生物群落结构，发现海面微塑料表面微生物群落营养结构包括光合营养型、异养型、共生型和捕食型。Oberbeckmann 等（2014）采用变性梯度凝胶电泳（DGGE）和 DNA 测序分析了 PET 塑料瓶表面的微生物群落，主要的原核生物有拟杆菌门（Bacteroidetes）、变形菌门（Proteobacteria）和蓝藻（Cyanobacteria）；真核生物有硅藻纲（Bacillariophyceae）和褐藻纲（Phaeophyceae）。此后，大部分关于微塑料表面微生物群落结构的研究主要通过野外采集微塑料或暴露试验、提取微塑料表面生物膜 DNA、高通量测序来分析微塑料表面的菌群（Zettler *et al.*，2013；McCormick *et al.*，2014；Amaral-Zettler *et al.*，2015；de Tender *et al.*，2015；Bryant *et al.*，2016；Oberbeckmann *et al.*，2016；de Tender *et al.*，2017；Oberbeckmann *et al.*，2018）。

（2）微塑料表面微生物群落结构的时空变异性

随着分子生物学技术的发展，研究者对海洋中微塑料表面生物膜群落组成及多样性已有了初步的研究。而当前关于海洋塑料（或微塑料）垃圾表面生物膜群落时空动态变化规律的研究还非常有限。

Oberbeckmann 等（2014）在英国北海将 PET 塑料瓶在海水中暴露与北欧水域巡航采集的塑料碎片表面的生物群落进行比较，研究表明塑料表面的生物群落组成随季节、地理位置和塑料类型而变化。从门类分析来看，塑料表面微生物群落存在一定的相似度。从属水平分析，PET 塑料瓶表面的生物群落与采集的塑料碎片表面的微生物群落存在显著差异。研究还发现，PET 塑料瓶表面的生物群落结构随季节（冬季、春季和夏季）变化而变化，冬季变异性最明显。另外，de Tender 等（2017）将塑料薄片暴露于海港底部，重构生物膜随时间的发育过程，并定期采样分析生物膜内微生物的群落组成。根据生物膜内核心菌群的不同，可将暴露 1 ～ 14 周划分为生物膜形成的早期阶段，14 ～ 35 周划分为生物膜形成的中期阶段，31 ～ 45 周划分为生物膜形成的晚期阶段。

海洋微塑料表面微生物群落结构不仅与时间存在显著变异性，也与地理格局等空间因素紧密相关。Amaral-Zettler 等（2015）运用 DNA 测序技术，分析了北太平洋和北大西洋亚热带环流区中两种不同环境中塑料垃圾表面细菌的群落组成，研究表明大西洋和太平洋环流区塑料表面的生物群落呈现明显的生物地理特征，而且在北大西洋也体现出物种丰度随纬度梯度变化的现象；通过非度量多维标度法分析水层中和塑料垃圾表面，得出海岸环境中和开放海域中塑料表面的非共生的细菌群落存在差异；基于海洋生物地理学分区（大西洋与太平洋）运用相似度变换测试比较细菌群落，发现存在显著的群落分组现象；通过对比测试塑料类型对细菌群落的影响，仅发现在聚苯乙烯塑料与聚乙烯塑料之间，或聚苯乙烯塑料与聚丙烯塑料之间存在群落差异。对比发现，比起塑料聚合物类型（聚苯乙烯塑料除外），群落集群现象在地理位置上更加显著。de Tender 等（2017）将相同类型的薄片和绳暴露在海港及离岸的底部，暴露一周，海港底部薄片表面出现肉眼可见的生物膜、沉积物及藻类，而在离岸底部暴露 22 周后的薄片表面未出现肉眼可见的生物膜。而且暴露在海港底部薄片表面生物膜的群落特征呈现显著的时间序列，而离岸底部的薄片表面核心菌群随时间变化不显著。最新研究表明，Jiang 等（2018）从中国长江口潮间带不同点位（吕四港、崇明岛和象山湾）采集的微塑料表面生物膜群落组成也存在显著的地理性差异。在崇明岛采集的微塑料表面细菌丰度及多样性显著高于吕四港和象山湾，可能的原因是崇明岛毗邻长江口，而河口是陆地生态系统和海洋生态系统的交汇区，这一区域复杂的物质交换可导致崇明岛地区微塑料表面微生物群落的改变。此外，我国研究者在山东省北黄海扇贝养殖区开展了不同水深的微塑料野外暴露试验，发现同一类型微塑料表面生物膜群落中细菌的丰度及多样性在不同深度上存在显著差异（陈涛，2018）。微塑料表面群落的空间差异性与环境因子有着密切的联系。Oberbeckmann 等（2018）将 PS 树脂、PE 树脂暴露于由淡水体系（污水处理厂）过渡至波罗的海海岸这一具有梯度养分、盐度的水体中，两周后，发现微塑料表面富集一些寡营养及耐盐的微生物，而暴露在污水处理厂环境中的微塑料表面则富集一些具有抗生素抗性基因的微生物菌群。

6.2.3 微塑料表面有害微生物的传播

海洋环境中的微塑料已经成为传播有害微生物（外来有害物种及致病菌）的载体。Masó 等（2003）调查到地中海西北部加泰罗尼亚（Catalan）海岸塑料垃圾表面携带大量外来物种，其中包括有害鞭毛藻［蛎甲藻（*Ostreopsis* sp.）和甲藻（*Coolia* sp.）］和一些未确定鞭毛藻的休眠囊胞。此外，水产养殖区发现的聚苯乙烯、聚乙烯和聚氯乙烯塑料表面也检测到外来的致病性溶藻弧菌（Snoussi *et al.*，2009）。Zettler 等（2013）运用新一代测序技术（next-generation sequencing）研究了北大西洋亚热带环流区中漂浮的微塑料表面的微生物群落，发现 PP 碎片表面弧菌属的丰度接近 24%。Debroas 等（2017）发现北大西洋垃圾带中，大塑料与微塑料表面优势菌群存在显著差异，而且这些菌属并非来自海洋生态系统，进一步表明海洋微塑料可以作为外来微生物长距离迁移的载体。最新研究中，研究者发现斯洛文尼亚海岸采集的微塑料表面携带大量使鱼类发病的病原菌［杀鲑气单胞菌（*Aeromonas salmonicida*）］（Viršek *et al.*，2017）。另外，我国研究者发现了长江口潮间带区域中微塑料表面携带病原菌的证据（Jiang *et al.*，2018）。因此，海洋及海岸环境中微塑料的传输也将携带其表面致病菌进行长距离迁移。海洋中微塑料的迁移成为外来物种（包括病原菌）传播的主要途径（Debroas *et al.*，2017）。微塑料作为有害微生物的载体进行长距离迁移进入海洋生态系统已经初步受到关注。但是一些潜在的致病菌在底栖和浮游食物网中的积累将对海洋生物构成极大的威胁。例如，海洋生物容易误将微塑料当作食物，导致大量塑料颗粒物的摄入。摄入的塑料颗粒物通过生物的消化道时，消化道中的有害微生物群落可能附着在塑料颗粒物表面，当这些塑料颗粒物被排放到环境中时，其表面附着的微生物也被排放到环境中。而这些附着有害微生物的微塑料有可能被下一营养级的生物再次摄入（Oberbeckmann *et al.*，2015），沿着食物链或食物网不断传递。

本章小结

在外界环境作用下，海洋和海岸环境中微塑料的表面性质发生变化，易附着外来环境物质，包括化学添加剂、持久性有机污染物、重金属等。此外，海洋环境中微塑料表面还会形成生物膜，定植生物群落结构，包括有害微生物等，并形成复合体在环境中迁移，实现污染物或有害微生物在海洋环境中的传播，对海洋和海岸生态环境造成潜在的危害。

参 考 文 献

陈涛. 2018. 近海微塑料表面生物膜的形成及其对微塑料理化性质的影响[D]. 烟台: 中国科学院烟台海岸带研究所硕士学位论文.

周倩. 2016. 典型滨海潮滩及近海环境中微塑料污染特征与生态风险[D]. 烟台: 中国科学院烟台海岸带研究所硕士学位论文.

Amaral-Zettler L A, Zettler E R, Slikas B, et al. 2015. The biogeography of the plastisphere: implications for policy[J]. Frontiers in Ecology & the Environment, 13(10): 541-546.

Andersson E. 2014. Microplastics in the oceans and their effect on the marine fauna. [D]. Uppsala: Swedish University of Agricultural Sciences.

Andrady A L. 2011. Microplastics in the marine environment[J]. Marine Pollution Bulletin, 62(8): 1596-1605.

Antunes J C, Frias J G L, Micaelo A C, et al. 2013. Resin pellets from beaches of the Portuguese coast and adsorbed persistent organic pollutants[J]. Estuarine, Coastal and Shelf Science, 130: 62-69.

Artham T, Sudhakar M, Venkatesan R, et al. 2009. Biofouling and stability of synthetic polymers in sea water[J]. International Biodeterioration & Biodegradation, 63(7): 884-890.

Ashton K, Holmes L, Turner A. 2010. Association of metals with plastic production pellets in the marine environment[J]. Marine Pollution Bulletin, 60(11): 2050-2055.

Astudillo J C, Bravo M, Dumont C P, et al. 2009. Detached aquaculture buoys in the SE Pacific: potential dispersal vehicles for associated organisms[J]. Aquatic Biology, 5(3): 219-231.

Bakir A, Rowland S J, Thompson R C. 2012. Competitive sorption of persistent organic pollutants onto microplastics in the marine environment[J]. Marine Pollution Bulletin, 64(12): 2782-2789.

Bakir A, Rowland S J, Thompson R C. 2014a. Enhanced desorption of persistent organic pollutants from microplastics under simulated physiological conditions[J]. Environmental Pollution, 185:

16-23.

Bakir A, Rowland S J, Thompson R C. 2014b. Transport of persistent organic pollutants by microplastics in estuarine conditions[J]. Estuarine, Coastal and Shelf Science, 140: 14-21.

Barboza L G A, Gimenez B C G. 2015. Microplastics in the marine environment: current trends and future perspectives[J]. Marine Pollution Bulletin, 97(1): 5-12.

Barnes D K A, Fraser K P P. 2003. Rafting by five phyla on man-made flotsam in the Southern Ocean[J]. Marine Ecology Progress Series, 262: 289-291.

Barnes D K A. 2002. Biodiversity: invasions by marine life on plastic debris[J]. Nature, 416(6883): 808-809.

Brennecke D, Duarte B, Paiva F, et al. 2016. Microplastics as vector for heavy metal contamination from the marine environment[J]. Estuarine, Coastal and Shelf Science, 178: 189-195.

Bryant J A, Clemente T M, Viviani D A, et al. 2016. Diversity and activity of communities inhabiting plastic debris in the North Pacific Gyre[J]. MSystems, 1(3): e00024-16.

Carpenter E J, Anderson S J, Harvey G R, et al. 1972. Polystyrene spherules in coastal waters[J]. Science, 178(4062): 749-750.

Carpenter E J, Smith K L. 1972. Plastics on the Sargasso Sea surface[J]. Science, 175(4027): 1240-1241.

Carson H S, Nerheim M S, Carroll K A, et al. 2013. The plastic-associated microorganisms of the North Pacific Gyre[J]. Marine Pollution Bulletin, 75(1): 126-132.

Costerton J W. 1995. Overview of microbial biofilms[J]. Journal of Industrial Microbiology, 15(3): 137-140.

da Costa J P, Santos P S M, Duarte A C, et al. 2016. (Nano) plastics in the environment—Sources, fates and effects[J]. Science of the Total Environment, 566: 15-26.

Dang H, Li T, Chen M, et al. 2008. Cross-ocean distribution of *Rhodobacterales* bacteria as primary surface colonizers in temperate coastal marine waters[J]. Applied and Environmental Microbiology, 74(1): 52-60.

de Tender C A, Devriese L I, Haegeman A, et al. 2015. Bacterial community profiling of plastic litter in the Belgian part of the North Sea[J]. Environmental Science & Technology, 49(16): 9629-9638.

de Tender C A, Devriese L I, Haegeman A, et al. 2017. The temporal dynamics of bacterial and fungal colonization on plastic debris in the North Sea[J]. Environmental Science & Technology, 51: 7350-7360.

Debroas D, Mone A, ter Halle A. 2017. Plastics in the North Atlantic garbage patch: a boat-microbe for hitchhikers and plastic degraders[J]. Science of the Total Environment, 599: 1222-1232.

Dobretsov S, 2010. Marine Biofilms[M]. *In*: Dürr S, Thomason J C. Biofouling. Chichester: Wiley-Blackwell.

Donlan R M. 2002. Biofilms: microbial life on surfaces[J]. Emerging Infectious Diseases, 8(9): 881-890.

Eich A, Mildenberger T, Laforsch C, et al. 2015. Biofilm and diatom succession on polyethylene (PE) and biodegradable plastic bags in two marine habitats: early signs of degradation in the pelagic and benthic zone[J] PLoS One, 10(9): e0137201.

Endo S, Takizawa R, Okuda K, et al. 2005. Concentration of polychlorinated biphenyls (PCBs) in beached resin pellets: variability among individual particles and regional differences[J]. Marine

Pollution Bulletin, 50(10): 1103-1114.
Eriksen M, Maximenko N, Thiel M, et al. 2013. Plastic pollution in the South Pacific subtropical gyre[J]. Marine Pollution Bulletin, 68(1): 71-76.
Fendall L S, Sewell M A. 2009. Contributing to marine pollution by washing your face: microplastics in facial cleansers[J]. Marine Pollution Bulletin, 58(8): 1225-1228.
Fisner M, Taniguchi S, Moreira F, et al. 2013. Polycyclic aromatic hydrocarbons (PAHs) in plastic pellets: variability in the concentration and composition at different sediment depths in a sandy beach[J]. Marine Pollution Bulletin, 70(1-2): 219-226.
Frias J P, Sobral P, Ferreira A M. 2010. Organic pollutants in microplastics from two beaches of the Portuguese coast[J]. Marine Pollution Bulletin, 60(11): 1988-1992.
Fries E, Zarfl C. 2012. Sorption of polycyclic aromatic hydrocarbons (PAHs) to low and high density polyethylene(PE)[J]. Environmental Science and Pollution Research, 19(4): 1296-1304.
Gouin T, Roche N, Lohmann R, et al. 2011. A thermodynamic approach for assessing the environmental exposure of chemicals absorbed to microplastic[J]. Environmental Science & Technology, 45(4): 1466-1472.
Guo X, Wang X, Zhou X, et al. 2012. Sorption of four hydrophobic organic compounds by three chemically distinct polymers: role of chemical and physical composition[J]. Environmental Science & Technology, 46(13): 7252-7259.
Hankett J M, Collin W R, Yang P, et al. 2016. Low-volatility model demonstrates humidity affects environmental toxin deposition on plastics at a molecular level[J]. Environmental Science & Technology, 50(3): 1304-1312.
Hankett J M, Zhang C, Chen Z. 2012. Sum frequency generation and coherent anti-Stokes raman spectroscopic studies on plasma-treated plasticized polyvinyl chloride films[J]. Langmuir, 28(10): 4654-4662.
Harrison J P, Sapp M, Schratzberger M, et al. 2011. Interactions between microorganisms and marine microplastics: a call for research[J]. Marine Technology Society Journal, 45(2): 12-20.
Harrison J P, Schratzberger M, Sapp M, et al. 2014. Rapid bacterial colonization of low-density polyethylene microplastics in coastal sediment microcosms[J]. BMC Microbiology, 14(1): 232-247.
Heskett M, Takada H, Yamashita R, et al. 2012. Measurement of persistent organic pollutants (POPs) in plastic resin pellets from remote islands: toward establishment of background concentrations for International Pellet Watch[J]. Marine Pollution Bulletin, 64(2): 445-448.
Heukelekian H, Heller A. 1940. Relation between food concentration and surface for bacterial growth[J]. Journal of Bacteriology, 40(4): 547-558.
Hirai N, Mun M K, Masuda T, et al. 2015. Atomic force microscopy analysis of biofilms formed on different plastics[J]. Materials Technology, 30(s5): B57-B60.
Holmes L A, Turner A, Thompson R C. 2012. Adsorption of trace metals to plastic resin pellets in the marine environment[J]. Environmental Pollution, 160(1): 42-48.
Holmes L A, Turner A, Thompson R C. 2014. Interactions between trace metals and plastic production pellets under estuarine conditions[J]. Marine Chemistry, 167: 25-32.
Hosoda J, Ofosu-Anim J, Sabi E B, et al. 2014. Monitoring of organic micropollutants in Ghana by combination of pellet watch with sediment analysis: e-waste as a source of PCBs[J]. Marine Pollution Bulletin, 86(1-2): 575-581.

Jang M, Shim W J, Han G M, et al. 2016. Styrofoam debris as a source of hazardous additives for marine organisms[J]. Environmental Science & Technology, 50(10): 4951-4960.

Jang M, Shim W J, Han G M, et al. 2017. Widespread detection of a brominated flame retardant, hexabromocyclododecane, in expanded polystyrene marine debris and microplastics from South Korea and the Asia-Pacific coastal region[J]. Environmental Pollution, 231: 785-794.

Jayasiri H B, Purushothaman C S, Vennila A. 2015. Bimonthly variability of persistent organochlorines in plastic pellets from four beaches in Mumbai coast, India[J]. Environmental Monitoring and Assessment, 187(7): 469.

Jiang P L, Zhao S Y, Zhu L X, et al. 2018. Microplastic-associated bacterial assemblages in the intertidal zone of the Yangtze Estuary[J]. Science of the Total Environment, 624: 48-54.

Keswani A, Oliver D M, Gutierrez T, et al. 2016. Microbial hitchhikers on marine plastic debris: human exposure risks at bathing waters and beach environments[J]. Marine Environmental Research, 118: 10-19.

Koelmans A A, Besseling E, Wegner A, et al. 2013. Plastic as a carrier of POPs to aquatic organisms: a model analysis[J]. Environmental Science & Technology, 47(14): 7812-7820.

Kolter R. 2010. Biofilms in lab and nature: a molecular geneticist's voyage to microbial ecology[J]. Int Microbiol, 13(1): 1-7.

Law K L, Morét-Ferguson S, Maximenko N A, et al. 2010. Plastic accumulation in the North Atlantic subtropical gyre[J]. Science, 329(5996): 1185-1188.

Lee H, Shim W J, Kwon J H. 2014. Sorption capacity of plastic debris for hydrophobic organic chemicals[J]. Science of the Total Environment, 470-471(2): 1545-1552.

Lennox J. 2011. Biofilm development [EB/OL]. Biofilms: The Hypertext book. https://www.hyperfextbookshop.com/biofilmbook/v004/r003.[2016.6.3]

Li J, Zhang K, Zhang H. 2018. Adsorption of antibiotics on microplastics[J]. Environmental Pollution, 237: 460-467.

Llorca M, Schirinzi G, Martínez M, et al. 2018. Adsorption of perfluoroalkyl substances on microplastics under environmental conditions[J]. Environmental Pollution, 235: 680-691.

Lobelle D, Cunliffe M. 2011. Early microbial biofilm formation on marine plastic debris[J]. Marine Pollution Bulletin, 62(1): 197-200.

Masó M, Garcés E, Pagès F, et al. 2003. Drifting plastic debris as a potential vector for dispersing harmful algal bloom(HAB)species[J]. Scientia Marina, 67(1): 107-111.

Massos A, Turner A. 2017. Cadmium, lead and bromine in beached microplastics[J]. Environmental Pollution, 227: 139-145.

Mato Y, Isobe T, Takada H, et al. 2001. Plastic resin pellets as a transport medium for toxic chemicals in the marine environment[J]. Environmental Science & Technology, 35(2): 318-324.

McCormick A, Hoellein T J, Mason S A, et al. 2014. Microplastic is an abundant and distinct microbial habitat in an urban river[J]. Environmental Science & Technology, 48(20): 11863-11871.

Mendoza L M R, Jones P R. 2015. Characterisation of microplastics and toxic chemicals extracted from microplastic samples from the North Pacific Gyre[J]. Environmental Chemistry, 12(5): 611-617.

Mercier A, Gravouil K, Aucher W, et al. 2017. Fate of eight different polymers under uncontrolled composting conditions: relationships between deterioration, biofilm formation, and the material

surface properties[J]. Environmental Science & Technology, 51(4): 1988-1997.
Mizukawa K, Takada H, Ito M, et al. 2013. Monitoring of a wide range of organic micropollutants on the Portuguese coast using plastic resin pellets[J]. Marine Pollution Bulletin, 70(1-2): 296-302.
Müller J F, Manomanii K, Mortimer M R, et al. 2001. Partitioning of polycyclic aromatic hydrocarbons in the polyethylene/water system[J]. Fresenius' Journal of Analytical Chemistry, 371(6): 816-822.
Nakashima E, Isobe A, Kako S, et al. 2012. Quantification of toxic metals derived from macroplastic litter on Ookushi Beach, Japan[J]. Environmental Science & Technology, 46(18): 10099-10105.
O'Toole G A, Kolter R. 1998. Initiation of biofilm formation in *Pseudomonas* fluorescens WCS365 proceeds via multiple, convergent signalling pathways: a genetic analysis[J]. Molecular Microbiology, 28(3): 449-461.
Oberbeckmann S, Kreikemeyer B, Labrenz M. 2018. Environmental factors support the formation of specific bacterial assemblages on microplastics[J]. Frontiers in Microbiology, 8: 2709.
Oberbeckmann S, Löder M G J, Labrenz M. 2015. Marine microplastic-associated biofilms—a review[J]. Environmental Chemistry, 12(5): 551-562.
Oberbeckmann S, Loeder M G J, Gerdts G, et al. 2014. Spatial and seasonal variation in diversity and structure of microbial biofilms on marine plastics in Northern European waters[J]. FEMS Microbiology Ecology, 90(2): 478-492.
Oberbeckmann S, Osborn A M, Duhaime M B. 2016. Microbes on a bottle: substrate, season and geography influence community composition of microbes colonizing marine plastic debris[J]. PLoS One, 11(8): e0159289.
Ogata Y, Takada H, Mizukawa K, et al. 2009. International Pellet Watch: global monitoring of persistent organic pollutants (POPs) in coastal waters. 1. Initial phase data on PCBs, DDTs, and HCHs[J]. Marine Pollution Bulletin, 58(10): 1437-1446.
Pascall M A, Zabik M E, Zabik M J, et al. 2005. Uptake of polychlorinated biphenyls (PCBs) from an aqueous medium by polyethylene, polyvinyl chloride, and polystyrene films[J]. Journal of Agricultural and Food Chemistry, 53(1): 164-169.
Rani M, Shim W J, Han G M, et al. 2017. Benzotriazole-type ultraviolet stabilizers and antioxidants in plastic marine debris and their new products[J]. Science of the Total Environment, 579: 745-754.
Reis P A, Guilhermino L, Antunes C, et al. 2014. Assessment of the ecological quality of the Minho estuary (Northwest Iberian Peninsula) based on metal concentrations[J]. Limnetica, 33(1): 161-173.
Reisser J, Shaw J, Hallegraeff G, et al. 2014. Millimeter-sized marine plastics: a new pelagic habitat for microorganisms and invertebrates[J]. PLoS One, 9(6): e100289.
Rios L M, Jones P R, Moore C, et al. 2010. Quantitation of persistent organic pollutants adsorbed on plastic debris from the Northern Pacific Gyre's "eastern garbage patch"[J]. Journal of Environmental Monitoring, 12(12): 2226-2236.
Rochman C M, Hoh E, Hentschel B T, et al. 2013. Long-term field measurement of sorption of organic contaminants to five types of plastic pellets: implications for plastic marine debris[J]. Environmental Science & Technology, 47(3): 1646-1654.
Rochman C M, Lewison R L, Eriksen M, et al. 2014. Polybrominated diphenyl ethers (PBDEs) in fish tissue may be an indicator of plastic contamination in marine habitats[J]. Science of the Total

Environment, 476: 622-633.

Rusina T P, Smedes F, Klanova J. 2010. Diffusion coefficients of polychlorinated biphenyls and polycyclic aromatic hydrocarbons in polydimethylsiloxane and low-density polyethylene polymers[J]. Journal of Applied Polymer Science, 116(3): 1803-1810.

Sgier L, Freimann R, Zupanic A, et al. 2016. Flow cytometry combined with viSNE for the analysis of microbial biofilms and detection of microplastics[J]. Nature Communications, 7: 11587-11597.

Snoussi M, Noumi E, Hajlaoui H, et al. 2009. High potential of adhesion to abiotic and biotic materials in fish aquaculture facility by *Vibrio alginolyticus* strains[J]. Journal of Applied Microbiology, 106(5): 1591-1599.

Stoodley P, Sauer K, Davies D G, et al. 2002. Biofilms as complex differentiated communities[J]. Annual Reviews in Microbiology, 56(1): 187-209.

Teuten E L, Rowland S J, Galloway T S, et al. 2007. Potential for plastics to transport hydrophobic contaminants[J]. Environmental Science & Technology, 41(22): 7759-7764.

Teuten E L, Saquing J M, Knappe D R U, et al. 2009. Transport and release of chemicals from plastics to the environment and to wildlife[J]. Philosophical Transactions of the Royal Society of London B: Biological Sciences, 364(1526): 2027-2045.

Thompson R C, Olsen Y, Mitchell R P, et al. 2004. Lost at sea: where is all the plastic[J]? Science, 304(5672): 838.

Turner A, Holmes L A. 2015. Adsorption of trace metals by microplastic pellets in fresh water[J]. Environmental Chemistry, 12(5): 600-610.

Turner A. 2016. Heavy metals, metalloids and other hazardous elements in marine plastic litter[J]. Marine Pollution Bulletin, 111(1-2): 136-142.

Valderrama J F N, Baek K, Molina F J, et al. 2016. Implications of observed PBDE diffusion coefficients in low density polyethylene and silicone rubber[J]. Environmental Science: Processes & Impacts, 18(1): 87-94.

Van A, Rochman C M, Flores E M, et al. 2012. Persistent organic pollutants in plastic marine debris found on beaches in San Diego, California[J]. Chemosphere, 86(3): 258-263.

Viršek M K, Lovšin M N, Koren Š, et al. 2017. Microplastics as a vector for the transport of the bacterial fish pathogen species *Aeromonas salmonicida*[J]. Marine Pollution Bulletin, 169: 176-188.

Wang F, Shih K M, Li X Y. 2015. The partition behavior of perfluorooctanesulfonate (PFOS) and perfluorooctanesulfonamide (FOSA) on microplastics[J]. Chemosphere, 119: 841-847.

Wang W, Wang J. 2018. Different partition of polycyclic aromatic hydrocarbon on environmental particulates in freshwater: microplastics in comparison to natural sediment[J]. Ecotoxicology and Environmental Safety, 147: 648-655.

Weinstein J E, Crocker B K, Gray A D. 2016. From macroplastic to microplastic: degradation of high-density polyethylene, polypropylene, and polystyrene in a salt marsh habitat[J]. Environmental Toxicology and Chemistry, 35(7): 1632-1640.

Wimpenny J W T. 1996. Laboratory growth systems in biofilm research[J]. Cells & Materials, 6(1): 221-232.

Wu C, Zhang K, Huang X, et al. 2016. Sorption of pharmaceuticals and personal care products to polyethylene debris[J]. Environmental Science and Pollution Research, 23(9): 8819-8826.

Yeo B G, Takada H, Taylor H, et al. 2015. POPs monitoring in Australia and New Zealand using plastic resin pellets, and International Pellet Watch as a tool for education and raising public awareness on plastic debris and POPs[J]. Marine Pollution Bulletin, 101(1): 137-145.

Zarfl C, Matthies M. 2010. Are marine plastic particles transport vectors for organic pollutants to the Arctic[J] Marine Pollution Bulletin, 60(10): 1810-1814.

Zettler E R, Mincer T J, Amaral-Zettler L A. 2013. Life in the "plastisphere": microbial communities on plastic marine debris[J]. Environmental Science & Technology, 47(13): 7137-7146.

Zhang W, Ma X, Zhang Z, et al. 2015. Persistent organic pollutants carried on plastic resin pellets from two beaches in China[J]. Marine Pollution Bulletin, 99(1-2): 28-34.

第 7 章

海洋和海岸中微塑料的生物积累、毒性及环境风险

由于微塑料本身尺寸较小，又能在海洋水体和底栖生态系统中广泛存在，因此其会被一系列海洋生物摄取，如浮游动物、无脊椎动物和棘皮动物幼虫、鱼类、鲸、海鸟及甲壳类动物等（Betts，2008；Thompson *et al.*，2009），而且能够通过捕食活动沿食物链传递（Murray and Cowie，2011；Farrell and Nelson，2013；Lusher *et al.*，2013；Murray and Cowie，2011；Setälä *et al.*，2014）。

不仅如此，由于微塑料具有较大的比表面积，可以吸附有机污染物和金属，还能够为多种有害微生物和病原菌等提供一种长期稳定的生境。因此微塑料及其携带的污染物和有害生物一旦被海洋生物摄入，就有可能沿食物链进入各营养级生物，不但可能会对海洋和海岸带的生物造成毒性效应，而且可能给海洋和海岸带生态系统及人类带来不可估量的潜在风险。

然而目前该领域的相关研究还比较少，本章对当前开展的微塑料与海洋生物及生态环境间相互作用的文献研究做了简单综述，主要介绍了海洋环境中微塑料的生物摄食、微塑料及其相关污染物的生物积累与效应，以及微塑料污染对海洋及海岸带环境的损害和潜在生态与健康风险的研究进展。

7.1 海洋环境中微塑料的生物摄食与积累

研究表明，聚乙烯（PE）微塑料在海洋水体和海洋沉积物中出现的频率最高，其次是聚丙烯（PP）和聚苯乙烯（PS），再而是尼龙、聚酯、丙烯酸和其他聚合物。一些塑料［如聚苯乙烯、聚氯乙烯（PVC）、聚对苯二甲酸乙二醇酯（PET）］具有大于1的相对密度，因此它们可沉到近点源处、底部并被底栖食碎屑动物摄取。其他塑料（如PE和PP）具有小于1的相对密度和浮力，它们可以被滤食性动物摄取。风化、生物膜的形成和其他因素可以改变微塑料的密度，潜在地影响它们的环境迁移能力。

塑料碎片或微塑料被各种各样的海洋生物摄入后，会在生物体内的不同器官分布和积累，当前的暴露途径主要有两种：一是通过浮游动物的滤食性器官进入体内，另一个是通过口腔摄食进入体内。

鉴于复杂的海洋生物食物网的存在，微塑料有沿着食物链传递的可能。目前实验室研究已经证明了微塑料能够通过捕食活动由低营养级生物向高营养生物传递的事实（Farrell and Nelson，2013）。

7.1.1 微塑料的生物摄食

现场研究表明各种海洋生物类群能够摄食微塑料，塑料颗粒已经在所有营养级生物中被发现（do Sul and Costa，2014；Wright *et al.*，2013a），从浮游动物（如桡足类和樽海鞘类）开始，到无脊椎动物（如多毛类和双壳类），再到脊椎动物（如鱼类、鸟类和海洋哺乳动物），甚至于深海环境中的珊瑚等很多海洋物种被报道摄食了塑料颗粒物（表 7.1 ～表 7.7）。

关于摄食微塑料的生物研究最多的就是底栖类生物，包括食沉积物的沙蠋（*Arenicola marina*）（Thompson *et al.*，2004）和海参（Graham and Thompson，2009），滤食性樽海鞘、樱蛤类、海绵动物、多毛类、棘皮动物、苔藓虫类、双壳类、藤壶类［如大西洋藤壶（*Semibalanus balanoides*）］（Thompson *et al.*，2004；Ward and Shumway，2004；van Cauwenberghe *et al.*，2013；Li *et al.*，2018；Naidu *et al.*，2018），无脊椎动物不倒翁虫（*Sternaspis scutata*），食碎屑生物［如端足类和尖叶长手沙蚕（*Magelon acincta*）］（Thompson *et al.*，2004；Naidu *et al.*，2018），以及底栖鱼类（Lusher *et al.*，2013；Güven *et al.*，2017；Murphy *et al.*，2017）。

其次还有大量浮游生物和游泳动物摄食微塑料的证据，如箭蠕虫、仔鱼、实验室饲养的桡足类、无脊椎动物幼虫（如担轮幼虫），棘皮动物、鱼婉幼虫和耳状幼虫（Fendalland Sewell，2009），北太平洋中心环流区食浮游生物的浮游鱼类（Boerger *et al.*，2010），北太平洋浮游鱼类（Jantz *et al.*，2013），北海（Foekema *et al.*，2013）、英吉利海峡（Lusher *et al.*，2013）及大西洋东北部的浮游鱼类（Murphy *et al.*，2017）和巴西热带河口地区的鱼类（Vendel *et al.*，2017）。这些结果来自实验室和现场研究。

另外，大型海洋和滨海野生物种也摄食塑料碎片或微塑料，如鲸（Fossi *et al.*，2012a，2012b；de Stephanis，2013；Besseling *et al.*，2015）、北海海港海豹（Rebolledo *et al.*，2013）、阿根廷海岸的拉普拉塔河河豚（Denuncio *et al.*，2011）、北海北部及美国俄勒冈州和华盛顿州海滩的暴风鹱（van Franeker *et al.*，2011；Terepocki *et al.*，2017）、澳大利亚大堡礁上的楔尾海鸥（Verlis *et al.*，2013）和巴西海岸的麦哲伦企鹅（Brandão *et al.*，2011）等。

7.1.2 微塑料的暴露及其在生物体内的分布

海洋微塑料暴露研究多在可控条件下（实验室模拟）（Browne *et al.*，2013；Rochman *et al.*，2013a；Wright *et al.*，2013b，Cole *et al.*，2014；Chua *et al.*，2014）进行。众多研究表明，微塑料在体外的暴露途径主要是通过滤食性生物的鳃进入生物体内，暴露的等级取决于微塑料颗粒物粒径分布大小、浓度和生物种类。对大部分或所有捕食的生物而言，微塑料体外暴露的比例比摄食暴露要小。

表 7.1　北海生物中塑料颗粒的实地观测数据

海洋生物种类	研究区域	研究时间	研究目的	摄入塑料情况	已报道的摄入塑料对生物的影响	参考文献
贻贝（*Mytilus edulis*）	比利时	2013 年 3 月	市场的贻贝和野生型贻贝的对比	在贻贝组织中鉴定出 200 ～ 1500 μm 的微小纤维	未调查	de Witte *et al.*，2014
紫贻贝（*Mytilus galloprovincialis*）	比利时	2013 年 3 月	市场的贻贝和野生型贻贝的对比	在贻贝组织中鉴定出 200 ～ 1500 μm 的微小纤维	未调查	de Witte *et al.*，2014
贻贝与紫贻贝的杂交品种	比利时	2013 年 3 月	市场的贻贝和野生型贻贝的对比	在贻贝组织中鉴定出 200 ～ 1500 μm 的微小纤维	未调查	de Witte *et al.*，2014
贻贝（*Mytilus edulis*）	德国	2013 年	量化人类培养并用于消费的双壳贝类中的微塑料含量	平均每克组织中发现（0.36±0.07）个塑料颗粒	未调查	van Cauwenberghe and Janssen，2014
鲱（*Clupea harengus*）	北海	2010 年 7 ～ 10 月	量化塑料颗粒的产生、数量和尺寸，验证摄入数量会对鱼类健康产生不利影响的假设	含有塑料颗粒的生物个体比例为 8/566	含有塑料的个体和不含塑料的个体在健康状况上没有显著差异	Foekema *et al.*，2013
大西洋鳕（*Gadus morhua*）	北海	2010 年 7 ～ 10 月	量化塑料颗粒的产生、数量和尺寸，验证摄入数量会对鱼类健康产生不利影响的假设	含有塑料颗粒的生物个体比例为 10/80	含有塑料的个体和不含塑料的个体在健康状况上没有显著差异	Foekema *et al.*，2013
牙鳕（*Merlangius merlangus*）	北海	2010 年 7 ～ 10 月	量化塑料颗粒的产生、数量和尺寸，验证摄入数量会对鱼类健康产生不利影响的假设	含有塑料颗粒的生物个体比例为 6/105	含有塑料的个体和不含塑料的个体在健康状况上没有显著差异	Foekema *et al.*，2013
黑线鳕（*Melanogrammus aeglefinus*）	北海	2010 年 7 ～ 10 月	量化塑料颗粒的产生、数量和尺寸，验证摄入数量会对鱼类健康产生不利影响的假设	含有塑料颗粒的生物个体比例为 6/97	含有塑料个体健康状况比不含塑料个体差，已有数据不足以证明假设	Foekema *et al.*，2013
竹荚鱼（*Trachurus japonicus*）	北海	2010 年 7 ～ 10 月	量化塑料颗粒的产生、数量和尺寸，验证摄入数量会对鱼类健康产生不利影响的假设	含有塑料颗粒的生物个体比例为 1/100	含有塑料的个体和不含塑料的个体在健康状况上没有显著差异	Foekema *et al.*，2013
灰色鲂鱼（*Eutrigla gurnardus*）	北海	2010 年 7 ～ 10 月	量化塑料颗粒的产生、数量和尺寸，验证摄入数量会对鱼类健康产生不利影响的假设	含有塑料颗粒的生物个体比例为 1/171	含有塑料的个体和不含塑料的个体在健康状况上没有显著差异	Foekema *et al.*，2013

续表

海洋生物种类	研究区域	研究时间	研究目的	摄入塑料情况	已报道的摄入塑料对生物的影响	参考文献
鲭（*Scomber scombrus*）	北海	2010 年 7 ~ 10 月	量化塑料颗粒的产生、数量和尺寸，验证摄入数量会对鱼类健康产生不利影响的假设	含有塑料颗粒的生物个体比例为 1/84	含有塑料的个体和不含塑料的个体在健康状况上没有显著差异	Foekema *et al.*，2013
暴风鹱（*Fulmarus glacialis*）	北海	2003 ~ 2007 年	宣传潮滩鸟类研究和暴风鹱 - 塑料 - 生态质量目标的概念	95% 样本（鸟）的胃中存在塑料，58% 的个体和 60% 的荷兰鸟类中微塑料的含量超过临界水平（0.1 g）	未调查	van Franeker *et al.*，2011
大青鲨（*Prionace glauca*）	北海，海峡，爱尔兰海，斯匹次卑尔根群岛	1955 ~ 2011 年	记录 CEFAS 鱼胃中塑料的含量	内脏中，塑料含量为 4.7%	未调查	Pinnegar，2014
大西洋鳕（*Gadus morhua*）	北海，海峡，爱尔兰海，斯匹次卑尔根群岛	1955 ~ 2011 年	记录 CEFAS 鱼胃中塑料的含量	内脏中，塑料含量为 28.57%	未调查	Pinnegar，2014
灰色鲂鱼（*Eutrigla gurnardus*）	北海，海峡，爱尔兰海，斯匹次卑尔根群岛	1955 ~ 2011 年	记录 CEFAS 鱼胃中塑料的含量	内脏中，塑料含量为 14.29%	未调查	Pinnegar，2014
斑点猫鲨（*Scyliorhinus canicula*）	北海，海峡，爱尔兰海，斯匹次卑尔根群岛	1955 ~ 2011 年	记录 CEFAS 鱼胃中塑料的含量	内脏中，塑料含量为 4.76%	未调查	Pinnegar，2014
绿青鳕（*Pollachius virens*）	北海，海峡，爱尔兰海，斯匹次卑尔根群岛	1955 ~ 2011 年	记录 CEFAS 鱼胃中塑料的含量	内脏中，塑料含量为 23.81%	未调查	Pinnegar，2014
牙鳕（*Merlangius merlangus*）	北海，海峡，爱尔兰海，斯匹次卑尔根群岛	1955 ~ 2011 年	记录 CEFAS 鱼胃中塑料的含量	内脏中，塑料含量为 23.81%	未调查	Pinnegar，2014

注：CEFAS，Center for Environment，Fisheries and Aquaculture Science，环境、渔业和水产养殖科学中心

表 7.2　地中海生物中塑料颗粒的实地观测数据

海洋生物种类	研究区域	研究时间	研究目的	摄入塑料情况	已报道的摄入塑料对生物的影响	参考文献
斯氏鹱（*Calonectris diomedea*）	加泰罗尼亚海岸，西班牙	2003～2010年	被延绳钓渔船捕获的海鸟中，塑料量化和表征的随机研究	含有微塑料颗粒的生物个体比例为47/49，每只鸟类个体中塑料颗粒的平均含量为（14.6±24.0）个，质量为（22.4±48.8）mg	平均体重和摄入的塑料数目或质量之间无显著相关性	Codina-García *et al.*，2013
巴利阿里鹱（*Puffinus mauretanicus*）	加泰罗尼亚海岸，西班牙	2003～2010年	被延绳钓渔船捕获的海鸟中，塑料量化和表征的随机研究	含有微塑料颗粒的生物个体比例为32/46，每只鸟类个体中塑料颗粒的平均含量为（2.5±2.9）个，质量为（3.8±8.4）mg	平均体重和摄入的塑料数目或质量之间无显著相关性	Codina-García *et al.*，2013
地中海鹱（*Puffinus yelkouan*）	加泰罗尼亚海岸，西班牙	2003～2010年	被延绳钓渔船捕获的海鸟中，塑料量化和表征的随机研究	含有微塑料颗粒的生物个体比例为22/71，每只鸟类个体中塑料颗粒的平均含量为（4.9±7.3）个，质量为（29.8±86.6）mg	平均体重和摄入的塑料数目或质量之间无显著相关性	Codina-García *et al.*，2013
奥氏鸥（*Ichthyaetus audouinii*）	加泰罗尼亚海岸，西班牙	2003～2010年	被延绳钓渔船捕获的海鸟中，塑料量化和表征的随机研究	含有微塑料颗粒的生物个体比例为2/15，每只鸟类个体中塑料颗粒的平均含量为（9.8±35.7）个，质量为（22.7±67.6）mg	平均体重和摄入的塑料数目或质量之间无显著相关性	Codina-García *et al.*，2013
黄腿鸥（*Larus michahellis*）	加泰罗尼亚海岸，西班牙	2003～2010年	被延绳钓渔船捕获的海鸟中，塑料量化和表征的随机研究	含有微塑料颗粒的生物个体比例为4/12，每只鸟类个体中塑料颗粒的平均含量为（0.9±1.98）个，质量为（1.4±2.3）mg	平均体重和摄入的塑料数目或质量之间无显著相关性	Codina-García *et al.*，2013
地中海鸥（*Ichthyaetus melanocephalus*）	加泰罗尼亚海岸，西班牙	2003～2010年	被延绳钓渔船捕获的海鸟中，塑料量化和表征的随机研究	含有微塑料颗粒的生物个体比例为1/4，每只鸟类个体中塑料颗粒的平均含量为（3.7±7.5）个，质量为（12.6±25.3）mg	平均体重和摄入的塑料数目或质量之间无显著相关性	Codina-García *et al.*，2013
三趾鸥（*Rissa tridactyla*）	加泰罗尼亚海岸，西班牙	2003～2010年	被延绳钓渔船捕获的海鸟中，塑料量化和表征的随机研究	含有微塑料颗粒的生物个体比例为2/4，每只鸟类个体中塑料颗粒的平均含量为（1.2±1.9）个，质量为（4.9±6.7）mg	平均体重和摄入的塑料数目或质量之间无显著相关性	Codina-García *et al.*，2013
北鲣鸟（*Morus bassanus*）	加泰罗尼亚海岸，西班牙	2003～2010年	被延绳钓渔船捕获的海鸟中，塑料量化和表征的随机研究	含有微塑料颗粒的生物个体比例为1/8，每只鸟类个体中塑料颗粒的平均含量为（0.1±0.3）个，质量为（0.3±0.8）mg	平均体重和摄入的塑料数目或质量之间无显著相关性	Codina-García *et al.*，2013
大贼鸥（*Catharacta skua*）	加泰罗尼亚海岸，西班牙	2003～2010年	被延绳钓渔船捕获的海鸟中，塑料量化和表征的随机研究	含有微塑料颗粒的生物个体比例为1/2，每只鸟类个体中塑料颗粒的平均含量为（0.5±0.7）个，质量为（0.4±0.5）mg	平均体重和摄入的塑料数目或质量之间无显著相关性	Codina-García *et al.*，2013

表 7.3 北大西洋生物中塑料颗粒的实地观测数据

海洋生物种类	研究区域	研究时间	研究目的	摄入塑料情况	已报道的摄入塑料对生物的影响	参考文献
挪威海螯虾（*Nephrops norvegicus*）	克莱德湾，英国	2009 年 5～7 月	判断克莱德湾的挪威海螯虾是否摄入了微小塑料组分	胃中有塑料的动物比例为 100/120，塑料类型主要是单纤维丝	未调查	Murray and Cowie，2011
长牡蛎（*Crassostrea gigas*）	布列塔尼，法国	2013 年	量化人类培养并用于消费的双壳贝类中的微塑料含量	平均每克组织中发现（0.47±0.16）个塑料颗粒	未调查	van Cauwenberghe and Janssen，2014
美洲拟鲽（*Pseudopleuronectes americanus*）	长岛海峡，美国	1972 年 2～5 月	研究发电厂对捕鱼的影响，随机采样	摄入了白色不透明塑料球，分布在内脏中	未调查	Carpenter and Smith，1972
美洲白鲈（*Roccus americanus*）	长岛海峡，美国	1972 年 2～5 月	研究发电厂对捕鱼的影响，随机采样	摄入了白色不透明塑料球，分布在内脏中	未调查	Carpenter and Smith，1972
银汉鱼（*Menidia menidia*）	长岛海峡，美国	1972 年 2～5 月	研究发电厂对捕鱼的影响，随机采样	摄入了白色不透明塑料球，分布在内脏中	未调查	Carpenter and Smith，1972
牙鳕（*Merlangius merlangus*）	普利茅斯，英国	2010 年 6 月～2011 年 7 月	观察鱼体内塑料摄入情况	含有塑料颗粒的生物个体比例为 16/50	未调查	Lusher *et al.*，2013
蓝鳕（*Micromesistius poutassou*）	普利茅斯，英国	2010 年 6 月～2011 年 7 月	观察鱼体内塑料摄入情况	含有塑料颗粒的生物个体比例为 14/27	未调查	Lusher *et al.*，2013
竹荚鱼（*Trachurus japonicus*）	普利茅斯，英国	2010 年 6 月～2011 年 7 月	观察鱼体内塑料摄入情况	含有塑料颗粒的生物个体比例为 16/56	未调查	Lusher *et al.*，2013
细长臀鳕（*Trisopterus minutus*）	普利茅斯，英国	2010 年 6 月～2011 年 7 月	观察鱼体内塑料摄入情况	含有塑料颗粒的生物个体比例为 20/50	未调查	Lusher *et al.*，2013

续表

海洋生物种类	研究区域	研究时间	研究目的	摄入塑料情况	已报道的摄入塑料对生物的影响	参考文献
海鲂（*Zeus faber*）	普利茅斯，英国	2010 年 6 月～2011 年 7 月	观察鱼体内塑料摄入情况	含有塑料颗粒的生物个体比例为 20/42	未调查	Lusher *et al*.，2013
红鲂鱼（*Aspitrigla cuculus*）	普利茅斯，英国	2010 年 6 月～2011 年 7 月	观察鱼体内塑料摄入情况	含有塑料颗粒的生物个体比例为 34/66	未调查	Lusher *et al*.，2013
欧洲䲗（*Callionymus lyra*）	普利茅斯，英国	2010 年 6 月～2011 年 7 月	观察鱼体内塑料摄入情况	含有塑料颗粒的生物个体比例为 19/50	未调查	Lusher *et al*.，2013
大眼赤刀鱼（*Cepola macrophthalma*）	普利茅斯，英国	2010 年 6 月～2011 年 7 月	观察鱼体内塑料摄入情况	含有塑料颗粒的生物个体比例为 20/62	未调查	Lusher *et al*.，2013
牛舌鳎（*Buglossidium luteum*）	普利茅斯，英国	2010 年 6 月～2011 年 7 月	观察鱼体内塑料摄入情况	含有塑料颗粒的生物个体比例为 13/50	未调查	Lusher *et al*.，2013
杂色鳎（*Microchirus variegates*）	普利茅斯，英国	2010 年 6 月～2011 年 7 月	观察鱼体内塑料摄入情况	含有塑料颗粒的生物个体比例为 12/51	未调查	Lusher *et al*.，2013
崖海鸦（*Uria aalge*）	纽芬兰和拉布拉多，西北大西洋	1985～1986 年，1996～1997 年，2011～2012 年	评估被崖海鸦摄入的塑料随时间的变化	含有塑料颗粒的生物个体比例为 4/374	未调查	Bond *et al*.，2013
厚嘴海鸦（*Uria lomvia*）	纽芬兰和拉布拉多，西北大西洋	1985～1986 年，1996～1997 年，2011～2012 年	评估被厚嘴海鸦摄入的塑料随时间的变化	含有塑料颗粒的生物个体比例为 114/1662	未调查	Bond *et al*.，2013

表 7.4　南大西洋生物中塑料颗粒的实地观测数据

海洋生物种类	研究区域	研究时间	研究目的	摄入塑料情况	已报道的摄入塑料对生物的影响	参考文献
阔嘴锯鹱（*Pachyptila vittata*）	戈夫岛，南大西洋中部	1979 年 10 ～ 11 月	观察大贼鸥反刍物中是否存在塑料，随机采样	在肉食性大贼鸥反刍物中，发现阔嘴锯鹱骨头和羽毛中的共 33 个塑料球	未调查	Bourne and Imber，1982
大鹱（*Puffinus gravis*）	戈夫岛，南大西洋中部	1983 年 9 ～ 10 月	收集死鸟用于分析，如有必要，捕获其他鸟	11/13 的鸟在胃中有塑料颗粒	未发现消极影响	Furness，1985a
白脸海燕（*Pelagodroma marina*）	戈夫岛，南大西洋中部	1983 年 9 ～ 10 月	收集死鸟用于分析，如有必要，捕获其他鸟	16/19 的鸟在胃中有塑料颗粒	体重和摄入的塑料质量存在统计学上的弱相关关系	Furness，1985a
阔嘴锯鹱（*Pachyptila vittata*）	戈夫岛，南大西洋中部	1983 年 9 ～ 10 月	收集死鸟用于分析，如有必要，捕获其他鸟	12/31 的鸟在胃中有塑料颗粒	未发现消极影响	Furness，1985a
白腹舰海燕（*Fregetta grallaria*）	戈夫岛，南大西洋中部	1983 年 9 ～ 10 月	收集死鸟用于分析，如有必要，捕获其他鸟	5/13 的鸟在胃中有塑料颗粒	未发现消极影响	Furness，1985a
灰背海燕（*Garrodia nereis*）	戈夫岛，南大西洋中部	1983 年 9 ～ 10 月	收集死鸟用于分析，如有必要，捕获其他鸟	3/11 的鸟在胃中有塑料颗粒	未发现消极影响	Furness，1985a
褐贼鸥（*Stercorarius antarcticus*）	戈夫岛，南大西洋中部	1983 年 9 ～ 10 月	收集死鸟用于分析，如有必要，捕获其他鸟	1/11 的鸟在胃中有塑料颗粒	未发现消极影响	Furness，1985a
小鹱（*Puffinus assimilis*）	戈夫岛，南大西洋中部	1983 年 9 ～ 10 月	收集死鸟用于分析，如有必要，捕获其他鸟	1/13 的鸟在胃中有塑料颗粒	未发现消极影响	Furness，1985a
大西洋圆尾鹱（*Pterodroma incerta*）	戈夫岛，南大西洋中部	1983 年 9 ～ 10 月	收集死鸟用于分析，如有必要，捕获其他鸟	1/13 的鸟在胃中有塑料颗粒	未发现消极影响	Furness，1985a
柔羽圆尾鹱（*Pterodroma mollis*）	戈夫岛，南大西洋中部	1983 年 9 ～ 10 月	收集死鸟用于分析，如有必要，捕获其他鸟	1/18 的鸟在胃中有塑料颗粒	未发现消极影响	Furness，1985a

表 7.5 北太平洋生物中塑料颗粒的实地观测数据

海洋生物种类	研究区域	研究时间	研究目的	摄入塑料情况	已报道的摄入塑料对生物的影响	参考文献
暴风鹱（*Fulmarus glacialis*）	阿拉斯加	1988 ～ 1990 年	针对海鸟进行觅食生态学研究的目标抽样	16/19 的鸟摄入了塑料颗粒（主要为塑料球）	未调查	Robards *et al.*，1995
短尾鹱（*Puffinus tenuirostris*）	阿拉斯加	1988 ～ 1990 年	针对海鸟进行觅食生态学研究的目标抽样	4/5 的鸟摄入了塑料颗粒（主要为塑料球）	未调查	Robards *et al.*，1995
灰蓝叉尾海燕（*Oceanodroma furcata*）	阿拉斯加	1988 ～ 1990 年	针对海鸟进行觅食生态学研究的目标抽样	18/19 的鸟摄入了塑料颗粒（主要为塑料球）	未调查	Robards *et al.*，1995
白腰叉尾海燕（*Oceanodroma leucorhoa*）	阿拉斯加	1988 ～ 1990 年	针对海鸟进行觅食生态学研究的目标抽样	31/64 的鸟摄入了塑料颗粒（主要为塑料球）	未调查	Robards *et al.*，1995
海鸬鹚（*Phalacrocorax pelagicus*）	阿拉斯加	1988 ～ 1990 年	针对海鸟进行觅食生态学研究的目标抽样	2/10 的鸟摄入了塑料颗粒（主要为塑料球）	未调查	Robards *et al.*，1995
海鸥（*Larus canus*）	阿拉斯加	1988 ～ 1990 年	针对海鸟进行觅食生态学研究的目标抽样	1/4 的鸟摄入了塑料颗粒（主要为塑料球）	未调查	Robards *et al.*，1995
三趾鸥（*Rissa tridactyla*）	阿拉斯加	1988 ～ 1990 年	针对海鸟进行觅食生态学研究的目标抽样	20/256 的鸟摄入了塑料颗粒（主要为塑料球）	未调查	Robards *et al.*，1995
红腿三趾鸥（*Rissa brevirostris*）	阿拉斯加	1988 ～ 1990 年	针对海鸟进行觅食生态学研究的目标抽样	4/15 的鸟摄入了塑料颗粒（主要为塑料球）	未调查	Robards *et al.*，1995
崖海鸦（*Uria aalge*）	阿拉斯加	1988 ～ 1990 年	针对海鸟进行觅食生态学研究的目标抽样	1/134 的鸟摄入了塑料颗粒（主要为塑料球）	未调查	Robards *et al.*，1995
卡氏海雀（*Ptychoramphus aleuticus*）	阿拉斯加	1988 ～ 1990 年	针对海鸟进行觅食生态学研究的目标抽样	4/35 的鸟摄入了塑料颗粒（主要为塑料球）	未调查	Robards *et al.*，1995
白腹海鹦（*Aethia psittacula*）	阿拉斯加	1988 ～ 1990 年	针对海鸟进行觅食生态学研究的目标抽样	195/208 的鸟摄入了塑料颗粒（主要为塑料球）	未调查	Robards *et al.*，1995
凤头海雀（*Aethia cristatella*）	阿拉斯加	1988 ～ 1990 年	针对海鸟进行觅食生态学研究的目标抽样	1/40 的鸟摄入了塑料颗粒（主要为塑料球）	未调查	Robards *et al.*，1995
海鸽（*Cepphus columba*）	阿拉斯加	1988 ～ 1990 年	针对海鸟进行觅食生态学研究的目标抽样	1/43 的鸟摄入了塑料颗粒（主要为塑料球）	未调查	Robards *et al.*，1995
角海鹦（*Fratercula corniculata*）	阿拉斯加	1988 ～ 1990 年	针对海鸟进行觅食生态学研究的目标抽样	44/120 的鸟摄入了塑料颗粒（主要为塑料球）	未调查	Robards *et al.*，1995
簇羽海鹦（*Fratercula cirrhata*）	阿拉斯加	1988 ～ 1990 年	针对海鸟进行觅食生态学研究的目标抽样	120/489 的鸟摄入了塑料颗粒（主要为塑料球）	未调查	Robards *et al.*，1995

表 7.6　太平洋中部生物中塑料颗粒的实地观测数据

海洋生物种类	研究区域	研究时间	研究目的	摄入塑料情况	已报道的摄入塑料对生物的影响	参考文献
灰瓣蹼鹬（*Phalaropus fulicarius*）	加利福尼亚州	1980 年 5 月	随机选取 7 个死亡候鸟样品，观测塑料数量与种类	6 个鸟类样品的胃中含有塑料颗粒，大多数为泡沫聚苯乙烯	未检测到	Connors and Smith，1982
钩嘴圆尾鹱（*Pterodroma rostrata*）	热带太平洋	1989 ～ 1991 年	选取钩嘴圆尾鹱样品量化微塑料摄入的发病率	1/121 的钩嘴圆尾鹱已摄入塑料	未检测到	Spear *et al.*，1995
黑鹱（*Puffinus nativitatis*）	热带太平洋	1989 ～ 1991 年	选取黑鹱样品量化微塑料摄入的发病率	2/5 的黑鹱已摄入塑料	未检测到	Spear *et al.*，1995
曳尾鹱（*Puffinus pacificus*）	热带太平洋	1989 ～ 1991 年	选取曳尾鹱样品量化微塑料摄入的发病率	17/85 的曳尾鹱已摄入塑料	塑料摄入量与身体状况（体重）呈负相关	Spear *et al.*，1995
白腹舰海燕（*Fregetta grallaria*）	热带太平洋	1989 ～ 1991 年	选取白腹舰海燕样品量化微塑料摄入的发病率	1/18 的白腹舰海燕已摄入塑料	未检测到	Spear *et al.*，1995
加岛叉尾海燕（*Oceanodroma tethys*）	热带太平洋	1989 ～ 1991 年	选取加岛叉尾海燕样品量化微塑料摄入的发病率	1/296 的加岛叉尾海燕已摄入塑料	未检测到	Spear *et al.*，1995
乌燕鸥（*Sterna fuscata*）	热带太平洋	1989 ～ 1991 年	选取乌燕鸥样品量化微塑料摄入的发病率	1/64 的乌燕鸥已摄入塑料	未检测到	Spear *et al.*，1995
白燕鸥（*Gygis alba*）	热带太平洋	1989 ～ 1991 年	选取白燕鸥样品量化微塑料摄入的发病率	1/8 的白燕鸥已摄入塑料	未检测到	Spear *et al.*，1995
白颈圆尾鹱（*Pterodroma externa*）	热带太平洋	1989 ～ 1991 年	选取白颈圆尾鹱样品量化微塑料摄入的发病率	1/183 的白颈圆尾鹱已摄入塑料	未检测到	Spear *et al.*，1995
白领圆尾鹱（*Pterodroma cervicalis*）	热带太平洋	1989 ～ 1991 年	选取白领圆尾鹱样品量化微塑料摄入的发病率	1/12 的白领圆尾鹱已摄入塑料	未检测到	Spear *et al.*，1995
新西兰圆尾鹱（*Pterodroma pycrofti*）	热带太平洋	1989 ～ 1991 年	选取新西兰圆尾鹱样品量化微塑料摄入的发病率	2/5 的新西兰圆尾鹱已摄入塑料	未检测到	Spear *et al.*，1995

续表

海洋生物种类	研究区域	研究时间	研究目的	摄入塑料情况	已报道的摄入塑料对生物的影响	参考文献
白翅圆尾鹱（*Pterodroma leucoptera*）	热带太平洋	1989～1991 年	选取白翅圆尾鹱样品量化微塑料摄入的发病率	13/110 的白翅圆尾鹱已摄入塑料	塑料摄入量与身体状况（体重）呈负相关	Spear *et al.*，1995
黑翅圆尾鹱（*Pterodroma nigripennis*）	热带太平洋	1989～1991 年	选取黑翅圆尾鹱样品量化微塑料摄入的发病率	3/66 的黑翅圆尾鹱已摄入塑料	未检测到	Spear *et al.*，1995
白脸海燕（*Pelagodroma marina*）	热带太平洋	1989～1991 年	选取白脸海燕样品量化微塑料摄入的发病率	11/15 的白脸海燕已摄入塑料	未检测到	Spear *et al.*，1995
白腰叉尾海燕（*Oceanodroma leucorhoa*）	热带太平洋	1989～1991 年	选取白腰叉尾海燕样品量化微塑料摄入的发病率	70/354 的白腰叉尾海燕已摄入塑料	塑料摄入量与身体状况（体重）呈负相关	Spear *et al.*，1995
长尾贼鸥（*Stercorarius longicaudus*）	热带太平洋	1989～1991 年	选取长尾贼鸥样品量化微塑料摄入的发病率	1/2 的长尾贼鸥已摄入塑料	未检测到	Spear *et al.*，1995
墨氏圆尾鹱（*Pterodroma ultima*）	热带太平洋	1989～1991 年	选取墨氏圆尾鹱样品量化微塑料摄入的发病率	1/7 的墨氏圆尾鹱已摄入塑料	未检测到	Spear *et al.*，1995
长嘴圆尾鹱（*Pterodroma longirostris*）	热带太平洋	1989～1991 年	选取长嘴圆尾鹱样品量化微塑料摄入的发病率	34/46 的长嘴圆尾鹱已摄入塑料	塑料摄入量与身体状况（体重）呈负相关	Spear *et al.*，1995
灰鹱（*Puffinus griseus*）	热带太平洋	1989～1991 年	选取灰鹱样品量化微塑料摄入的发病率	27/36 的灰鹱已摄入塑料	塑料摄入量与身体状况（体重）呈负相关	Spear *et al.*，1995
灰背剪水鹱（*Puffinus bulleri*）	热带太平洋	1989～1991 年	选取灰背剪水鹱样品量化微塑料摄入的发病率	3/3 的灰背剪水鹱已摄入塑料	未检测到	Spear *et al.*，1995
茗荷（*Lepas anatifera*）	北太平洋亚热带环流区	2009～2012 年	随机选取附着在浮游垃圾上的茗荷为样品，评估其对微塑料的摄食情况	90/243 的茗荷已摄入塑料	无证据显示有急性伤害，但不能排除长期的负面影响	Goldstein and Goodwin，2013
水母软茗荷（*Lepas pacifica*）	北太平洋亚热带环流区	2009～2012 年	随机选取附着在浮游垃圾上的水母软茗荷为样品，评估其对微塑料的摄食情况	34/85 的水母软茗荷已摄入塑料	无证据显示有急性伤害，但不能排除长期的负面影响	Goldstein and Goodwin，2013

续表

海洋生物种类	研究区域	研究时间	研究目的	摄入塑料情况	已报道的摄入塑料对生物的影响	参考文献
印度太平洋星衫鱼（*Astronesthes indopacifica*）	北太平洋中央环流区	2008 年 2 月	检测海洋中层区小型食浮游动物的鱼类是否摄食塑料碎片	每条鱼内脏中平均有 1 个塑料颗粒物和 0.03 mg 的塑料	未检测到	Boerger *et al.*，2010
秋刀鱼（*Cololabis saira*）	北太平洋中央环流区	2008 年 2 月	检测生活在海洋中层区以浮游生物为食的小型鱼类是否摄入塑料碎片	每条鱼内脏中平均有 3.2 个塑料颗粒物和 1.97 mg 的塑料	未检测到	Boerger *et al.*，2010
莱氏壮灯鱼（*Hygophum reinhardtii*）	北太平洋中央环流区	2008 年 2 月	检测生活在海洋中层区以浮游生物为食的小型鱼类是否摄入塑料碎片	每条鱼内脏中平均有 1.3 个塑料颗粒物和 1.82 mg 的塑料	未检测到	Boerger *et al.*，2010
断纹罗灯鱼（*Loweina interrupta*）	北太平洋中央环流区	2008 年 2 月	检测生活在海洋中层区以浮游生物为食的小型鱼类是否摄入塑料碎片	每条鱼内脏中平均有 1 个塑料颗粒物和 0.64 mg 的塑料	未检测到	Boerger *et al.*，2010
金焰灯笼鱼（*Myctophum aurolaternatum*）	北太平洋中央环流区	2008 年 2 月	检测生活在海洋中层区以浮游生物为食的小型鱼类是否摄入塑料碎片	每条鱼内脏中平均有 6 个塑料颗粒物和 4.66 mg 的塑料	未检测到	Boerger *et al.*，2010
长体标灯鱼（*Symbolophorus californiensis*）	北太平洋中央环流区	2008 年 2 月	检测生活在海洋中层区以浮游生物为食的小型鱼类是否摄入塑料碎片	每条鱼内脏中平均有 7.2 个塑料颗粒物和 5.21 mg 的塑料	未检测到	Boerger *et al.*，2010

表 7.7　南太平洋和印度洋生物中塑料颗粒的实地观测数据

海洋生物种类	研究区域	研究时间	研究目的	摄入塑料情况	已报道的摄入塑料对生物的影响	参考文献
短尾鹱（*Puffinus tenuirostris*）	澳大利亚维多利亚菲利普岛，南太平洋	2010 年 4 ～ 5 月	随机取 67 个丢弃在海滩已死亡的雏鸟并分析其胃容物和身体条件	每只鸟体内塑料平均质量为（113±8.2）mg（并不确定全部为微塑料），尚未确定塑料质量或颗粒物数量与脂肪率之间的相关关系	尚未确定	Carey，2011
北美毛皮海狮（*Arctocephalus townsendi*）	澳大利亚麦格里岛，南太平洋	2013 年 8 月	随机抽取微塑料粒子的信号样品	所有 145 个信号样中都至少含有 1 个塑料粒子，大多数为 3 ～ 5 mm 长。由此猜想这些塑料是由北美毛皮海狮通过捕食大眼电灯鱼（*Electrona subaspera*）而被摄入	未检测到	Eriksson and Burton，2003
康氏侧带小公鱼（*Stolephorus commersonnii*）	印度喀拉拉邦，印度洋	2013 年 8 月	收集样品作为大规模泥滩研究的一部分	6/16 的个体内脏中存在微塑料颗粒物	未检测到	Kripa *et al.*，2014

而粒径很小的微塑料（小于 40 μm）可能会穿过鳃。Watts 等（2014）的研究认为非滤食性摄食的海洋生物［如普通滨蟹（*Carcinus maenas*）］除通过捕食活动摄入（食物链）微塑料外，在水中的换气行为是微塑料被摄食进入普通非滤食性海洋生物体内的另一种可能途径，实验结果可用来建立颗粒物流入鳃和肠道的一个简单概念模型。Kolandhasamy 等（2018）首次发现，微塑料在贻贝软组织上的黏附是除摄食以外的一条新的微塑料进入体内的途径，其对贻贝体内微塑料分布的贡献率可达 50%。

这些塑料一旦被摄入，它们就会从贻贝的内脏进入血液循环系统并残留在多个组织中。大量文献报道了使用人造荧光塑料小球或工业原生塑料粉末对颗粒大小等影响参数进行筛选研究（表 7.8），对于微塑料在生物体内分布的研究主要由滤食性贻贝类和以沉积底泥中多毛类动物为食的底栖动物所体现（表 7.8）。

研究发现，微塑料进入生物体内后在生物体的鳃、胃肠道及肝胰腺等部位积累，进而进入血液系统，并通过胞吞作用进入细胞。研究还发现，微塑料在海洋生物体内的分布和积累会因微塑料颗粒的尺寸、类型及生物种类的不同而具有选择性差异。

在实验研究中，将人类食用的常见物种——海洋贻贝类暴露在含有微塑料的海水中，这些塑料颗粒会在其淋巴内积累。一旦这些塑料被摄入，它们就会从贻贝的内脏进入血液循环系统并残留在组织中（Browne *et al.*，2008）。van Cauwenberghe 等（2012b，2013）将贻贝（过滤式摄食）和沙蚕（食碎屑动物）暴露在塑料颗粒总浓度为 110N/ml 的不同尺寸的微塑料环境中。暴露之后，沙蚕的组织和体腔液内平均有（19.9±4.1）个塑料颗粒，然而贻贝动物组织内颗粒物平均为（4.5±0.5）个，其提取的淋巴中塑料颗粒为（5.1±1.1）N/100μl（van Cauwenberghe *et al.*，2012b，2013）。Browne 等（2008）的实验研究显示 3 μm 和 9.6 μm 大小的聚苯乙烯微塑料颗粒被贻贝摄入后积累在内脏中，在 3 天内进入血液循环系统并被血细胞吸收。由 von Moos 等（2012）对尺寸为 0 ～ 80 μm 的高密度聚乙烯（HDPE）粉末进行研究，证实了微塑料颗粒通过细胞吸收进入消化管细胞内并转移至溶酶体系统的细胞器内的过程。溶酶体内塑料积累的同时，溶酶体膜分解，并释放降解酶至细胞质，从而导致细胞死亡（van Moos *et al.*，2012）。机体对 HDPE 颗粒的强烈免疫反应是将 HDPE 从消化管中驱逐到周围的贮藏组织和纤维囊使得吞噬细胞将其吞噬。在同样的暴露研究中，Höher 等（2012）证实了这些 HDPE 通过消化系统吸收进入淋巴，而增殖性粒细胞和嗜碱性血细胞会对 HDPE 进行特异性吸收。

塑料被吸收进入真核细胞的途径是渐进守恒的，粒子通过选择性扩散横穿过细胞膜上不同尺寸的小孔进入细胞，这些小孔中只有 2% 为大尺寸孔隙（孔隙

表 7.8 选取的海洋生物中微塑料暴露的实验研究

海洋物种	塑料粒子的暴露与影响	参考文献
斑马鱼（*Danio rerio*）	直径 5 μm 的微塑料在鳃、肝脏和肠道中积累，而直径 20 μm 的微塑料仅在鳃和肠道中积累	Lu *et al.*，2016
斑马鱼（*Danio rerio*）	荧光聚苯乙烯纳米颗粒（polystyrene nanoparticle，PSNP）在斑马鱼胚胎发育过程中会在卵黄囊内积累，并在整个发育过程中（受精后 48 ～ 120 h）逐渐迁移至胃肠道、胆囊、肝脏、胰腺、心脏和脑等部位	Pitt *et al.*，2018
罗非鱼（*Oreochromis niloticus*）	暴露于粒径为 0.1 μm、浓度分别为 1 μg/L、10 μg/L 和 100 μg/L 的 PS 14 天，罗非鱼的不同组织中都有微塑料的积累，呈胃＞鳃＞肝≈脑的顺序	Ding *et al.*，2018
贻贝（*Mytilus edulis*）	塑料经过贻贝摄食后迁移至淋巴，3 ～ 9.6 μm 的塑料会转移至血细胞中，0 ～ 80 μm 的塑料会转移至吞噬细胞进而向细胞内迁移	Browne *et al.*，2008；von Moos *et al.*，2012；Höher *et al.*，2012；von Moos *et al.*，2012
贻贝（*Mytilus edulis*）	暴露于 10 μm、30 μm、90 μm 的改性聚苯乙烯（modified polystyrene，MPs）中，结果显示选择性吸收 10 μm 的 MPs，由肠道进入淋巴循环系统，并增加其代谢活性	van Cauwenberghe *et al.*，2012a
紫贻贝（*Mytilus galloprovincialis*）	塑料颗粒存在于淋巴、鳃、肠道内腔上皮消化管中	Avio *et al.*，2015
紫贻贝（*Mytilus galloprovincialis*）	暴露于牙膏的聚乙烯颗粒中 21 天（0.01 mg/ml；50 ～ 570 μm），聚乙烯颗粒的摄入可导致紫贻贝鳃和消化腺的结构改变，以及其他组织（如外套膜）的坏死	Bråte *et al.*，2018
普通滨蟹（*Carcinus maenas*）	8 ～ 10 μm PS 通过口腔摄食被吸收，滞留在前肠；在水中通过鳃部呼吸作用会积累于鳃	Watts *et al.*，2014
长须鲸（*Balaenoptera physalus*）	在鲸脂中发现邻苯二甲酸酯； 在鲸的胃肠道中发现聚乙烯、聚丙烯、聚氯乙烯、聚对苯二甲酸乙二醇酯、尼龙等塑料（1 ～ 17 mm）	Fossi *et al.*，2012b；Besseling *et al.*，2012
贻贝（*Mytilus edulis*）到普通滨蟹（*Carcinus maenas*）	0.5 μm 的 PS 通过营养级的传递从贻贝转移到普通滨蟹； 在普通滨蟹的胃部、肝胰腺、卵巢和腮部积累	Farrell and Nelson，2013
小型浮游动物到糠虾	10 μm 荧光 PS 从小型浮游动物到糠虾的摄食和迁移	Setälä *et al.*，2014

半径 400 nm)，30% 为中型尺寸孔隙（孔隙半径 40 nm)，68% 为小尺寸孔隙（孔隙半径 1.3 nm)。特异性有被小泡转运孔隙半径小于 200 nm 的粒子。相比之下孔隙半径高达 40 μm 的较大粒子通过胞吞和吞噬作用的吞入而被吸收。

总之，小粒径微塑料的活体暴露过程表明：由于活体生理机制与摄食过程有关，因此通过鳃部吸收的塑料纳米颗粒团会进入消化腺，在消化腺内通过胞内吸收而导致溶酶体功能紊乱（图 7.1)。

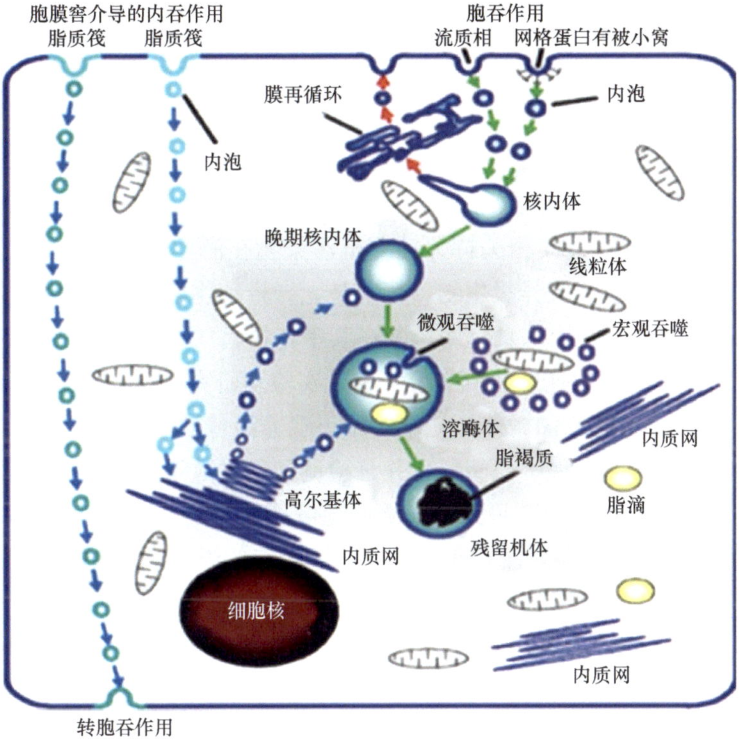

图 7.1 微塑料碎片通过胞吞作用进入细胞的途径（Shin and Abraham，2001；van der Goot and Gruenberg，2002）（引自 Anderson *et al.*，2015）

胞吞作用是通过网格蛋白有被小窝（受体介导的）或未涂覆的凹陷（液相）将物质转移到溶酶体降解。内陷的胞吞作用将导致物质迁移至内质网、高尔基体或者通过转胞吞作用而穿过细胞

van Cauwenberghe 等（2012a）将贻贝暴露于 10 μm、30 μm、90 μm 的微塑料（MPs）中，结果显示贻贝能够选择性吸收 10 μm 的 MPs 并由肠道进入淋巴循环系统，而其他粒径的微塑料会随粪便排出体外。Lu 等（2016）在研究中进一步发现，不同粒径的微塑料会分布于斑马鱼体内的不同器官，直径 5 μm 的微塑料在鳃、肝脏和肠道中积累，而直径 20 μm 的微塑料仅在鳃和肠道中积累。Pitt 等（2018）研究了荧光聚苯乙烯纳米颗粒（PSNP）对于斑马鱼（*Danio rerio*）发育的潜在毒性，以及PSNP在斑马鱼胚胎和幼体内的吸收及分布特征，将受精后6 h的斑马鱼胚胎暴露于PSNP（0.1 mg/ml、1 mg/ml或10 mg/ml）中直到受精后120 h。研究结果表明，早在斑马鱼胚胎发育至受精后24 h时，PSNP就开始在卵黄囊内累积，并在整个发育过程中（受精后48～120 h）逐渐迁移至胃肠道、胆囊、肝脏、胰腺、心脏和脑等部位。在净化阶段（受精后120～168 h），所有器官的PSNP积累量均有所降低，但在胰腺和胃肠道中的降低速度较慢。值得注意的是，暴露于PSNP并未导致斑马鱼的死亡率、畸形率或线粒体生物能量学特征发生显著变化，但会显著降低心率。PSNP的暴露改变了斑马鱼幼体的行为，如游泳活动减退等。

7.1.3 微塑料在海洋食物链中的传递

目前，关于塑料及其相关持久性有机污染物在海洋营养层面的生物积累的研究很少。考虑到较低营养级生物，特别是无脊椎动物能够摄取和积累微塑料颗粒，因此微塑料可能被引入食物网，并在其中传播。

微塑料营养级间传递的研究主要集中于实验室研究。Farrell和Nelson（2013）将暴露在0.5 μm聚苯乙烯微球环境中的贻贝喂养给普通滨蟹。在普通滨蟹胃部、肝胰腺、卵巢和腮部发现了微塑料，并且检测到最大数量的微塑料积累是在进食24 h后，证明了微塑料由贻贝到更高级普通滨蟹的传递。Setälä等（2014）的一项实验室饲养研究中，所有的10个来自波罗的海的浮游动物类群中都检测到了10 μm聚苯乙烯微球，而且桡足类动物体内的塑料微球在糠虾捕食它们之后迁移到糠虾体内，再次证明了微塑料通过营养关系进行迁移。Batel等（2016）在实验室建立了卤虫幼虫（*Artemia* nauplii）到斑马鱼（*Danio rerio*）的人工食物链，并证实微塑料及持久性污染物的生物摄入和在营养级间的转移。

很多现场取样的研究对微塑料在海洋生态系统食物链中传递虽也有推测，但是尚缺乏明确有力的证据。如果小型捕食者摄入了微塑料，如甲壳类动物、软体动物（鱿鱼）（Murray and Cowie，2011；Braid *et al.*，2012；Carpenter and Smith，1972；Dantas *et al.*，2012；Gusmão *et al.*，2016），那么更大的捕食者就可通过食物链捕食这些小型猎物从而摄入微塑料（Bornatowski *et al.*，2012）。

Lusher等（2013）从英国海峡采集的10种鱼（不考虑栖息地，中上层或下层）中，其中36.5%含有微塑料，这些鱼中最常见的物种是低营养级的海洋中层鱼族，有昼夜摄食行为，晚上在海洋表面附近掠夺浮游生物。由于最常摄取的塑料颜色（白色、透明和蓝色）与栖息在北太平洋环流中心的浮游生物物种相似，所以灯笼鱼可能将小的塑料碎片误认为是天然食物（Boerger *et al.*，2010），或其捕食了已经摄入微塑料的浮游生物。此外，Myctophidae 这类低营养级鱼类会被金枪鱼、鱿鱼、齿鲸、海鸟和海豹捕食（Boerger *et al.*，2010）。因此，可以推测可能存在几条微塑料进入海洋食物网的不同路线。

Gusmão 等（2016）从大西洋和地中海的 6 个沙滩采集了 20 多种较小的底栖生物，发现 3 种常见的沙滩环节底栖生物能够原位摄取微纤维。实验室观察也证明这些小型底栖生物能够吞噬微纤维，可能是它们的非选择性悬浮摄食行为使其更容易摄取微纤维。虽然微纤维尚未被发现存在明显危害，但仍然很有可能通过这种低营养级小型底栖生物的被捕食而将微塑料传递进入海洋食物链 / 网。

新英格兰沿海水域捕获的几种鱼类中含有与同一区域内浮游生物网中收集的塑料微球（0.1 ～ 2 mm）相同的塑料；冬季美洲拟鲽（*Pseudopleuronectes americanus*）和铜色床杜父鱼（*Myoxocephalus aenaeus*）幼虫（长约 5 mm）含有直径 0.5 mm 的塑料微球（Carpenter and Smith，1972）。根据这些数据，Eriksson 和 Burton（2003）估计鱼和海豹对塑料颗粒的最小富集倍数为 22 倍和 160 倍。颗粒参数（尺寸和形状）的狭窄范围表明了摄食的选择性。大眼电灯鱼是海豹的主要猎食对象组成，可能在表层水附近摄食了尺寸为 1 ～ 9 mm 的桡足类。这个尺寸范围与在粪便中发现的塑料颗粒具有 95% 的重叠，表明微塑料在营养级水平上的转移似乎是合理的。

微塑料也有可能通过须鲸类对浮游动物的摄食间接被摄取。有研究建议将邻苯二甲酸酯含量作为地中海鳍状鲸中长须鲸摄入微塑料的指标。地中海 56% 的天然样品和浮游生物样品中每立方米中含有高达 9.67 个微塑料。使用诸如抗微生物剂、染料或示踪型的邻苯二甲酸酯和塑料添加剂作为微量塑料摄入与生物积累的示踪剂，是未来研究中比较有前景的途径（Fossi *et al.*，2012a，2012b）。

除通过直接捕食的方式外，微塑料还有另一种方式在食物链间传播和积累。Wright 等（2013b）指出微塑料颗粒的生物可利用性可能会被生物性因素加强。当将微塑料掺入实验室中通过滚动天然海水形成的聚集体中时，悬浮觅食的双壳贝类摄入聚苯乙烯（PS）珠粒（100 nm）的量显著增加。天然颗粒季节性絮凝成的下沉聚集体是上层和底栖生境之间能量转移的重要途径（Ward and Kach，2009）。因此，微塑料可能被结合到海洋聚集体中并且这可能是微塑料进入食物链的另一种模式。这些结合了微塑料的聚集体被浮游动物或游泳动物摄入后，随后可随粪便排出。悬浮捕食者和食碎屑者可以摄取这种被排泄的微塑料（图 7.2）。沉积物中生活的海洋生物，如沙蠋（*Arenicola marina*），能够通过生物扰动（循环上层沉积物），使已经沉积在底栖生物上的微塑料颗粒重新进入沉积物中，进而被底栖生物食用（图 7.2）。

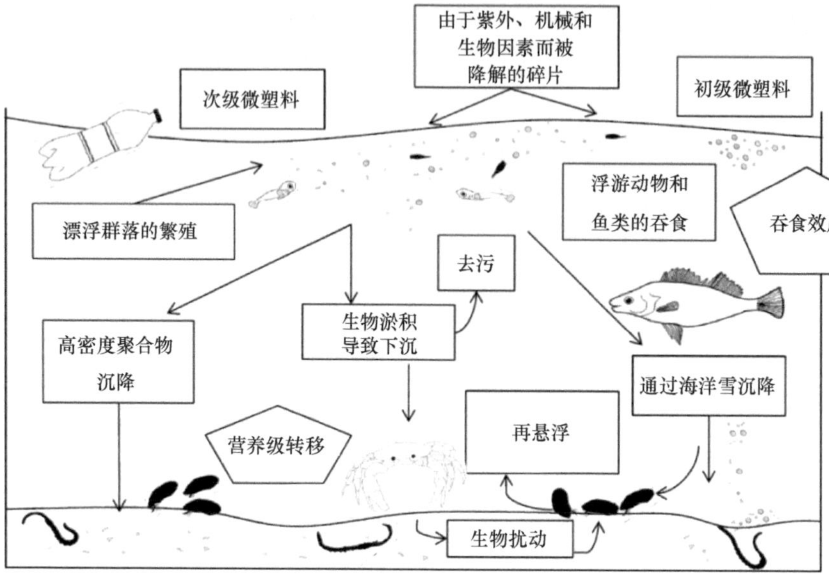

图 7.2　微塑料传输及其生物相互作用的潜在途径

现场工作中也已经发现更高营养级的生物通过捕食猎物而摄取传输微塑料的证据。在毛皮海豹和胡克海狮（Goldsworthy *et al.*，1997；Mcmahon *et al.*，1999）的粪便中检测到了直径约 1 mm 的微塑料颗粒，并且在其饵食大眼电灯鱼（*Electrona subaspera*）中也发现微塑料，表明微塑料能够在营养级中传递。塑料与大眼电灯鱼的耳石同时发现，表明营养级上的一种链接。Eriksson 和 Burton（2003）在 1990 ～ 1991 年和 1996 ～ 1997 年，从澳大利亚麦格理岛收集亚南极海狗（*Arctocephalus tropicalis*）粪便样本，在 145 个样本中发现 164 个小塑料颗粒（一般范围为 2 ～ 5 mm）（分离筛筛目为 0.5 mm，获得的量有可能被低估），鉴定出的主要聚合物为 PE（93%），然后是 PP（4%），这与在相同位置的海滩漂浮物中鉴定的聚合物类型匹配度很好。几乎所有碎片的形状都不规则，约 1/3 具有一个锋利的边缘，表明存在内部磨损的可能性。Eriksson 和 Burton（2003）认为海豹直接摄取塑料颗粒的可能性很小，而通过富集塑料的载体（如鱼）进而积累微塑料则是一个更可信的解释。

Tosetto 等（2017）将一种跳虾暴露在环境浓度的微塑料中，再将它们投喂给在浅海岸栖息的虾虎鱼。研究发现，虾虎鱼很容易摄食被微塑料污染的跳虾，与对照相比，微塑料在营养级之间的传递并未影响虾虎鱼的行为，但仍有待对微塑料在营养级之间传递的慢性毒性进行评估。

未来研究的关键点包括：微塑料特征原位鉴定方法的标准化、量化不同营养水平的生物体对微塑料的摄食率和净化率、阐明微塑料对不同营养级吸收 / 净化环境污染物的影响，以及微塑料负载污染物的潜在生物放大效应。此外，需要研发更多综合性方法，包括计算模型，来充分评估微塑料的食物网传递（Au *et al.*，2017）。

7.2　微塑料及其携带污染物的生物学效应

大多数研究中，海洋和海岸带环境中的塑料颗粒存在 3 种可能的生物学效应：首先是塑料颗粒本身的影响；其次是吸附在塑料上的持久性有机污染物的释放；最后是塑料添加剂的浸出（Bouwmeester *et al.*，2015）。除微塑料本身的尺寸、聚合物的类型及本身含有或吸附的污染物会对摄食微塑料的海洋生物施加影响外，还有一种情况就是定居于微塑料表面的细菌和病原体等微生物也会对其产生影响（Teuten *et al.*，2009；Koelmans，2016）。微塑料及其携带物在海洋和海岸带环境中的暴露与传播不但会对海洋生物造成危害，而且会影响人类的安全健康并给生态系统带来潜在的风险。

7.2.1　微塑料对海洋生物的损害

微塑料的小尺寸使它们可以对大范围的海洋生物产生潜在的威胁（Derraik，2002；Barnes *et al.*，2009；Fendall and Sewell，2009；Thompson *et al.*，2004；Cole *et al.*，2011）。对于小型的以沉积物和悬浮物为食的动物而言，如浮游动物、多毛类动物、甲壳类动物和双壳类动物，一旦摄入微塑料可能就会产生机械性损害。微塑料对海洋生物产生的物理效应可能是阻塞海洋生物的摄食器官，如樽海鞘（Chan and Witting，2012）和浮游动物（Cole *et al.*，2013），降低其进食活动 / 速度 / 能力（Besseling *et al.*，2012；Cole *et al.*，2013）；还有可能是微塑料吸附在生物体表面，如藻类（Bhattacharya *et al.*，2010）和浮游动物（Cole *et al.*，2013），这将会抑制生物体表面的气体交换（Gregory，2009）。直接作用可能是摄入和迁移到组织、细胞或体液后引起颗粒毒性，如免疫反应和异物反应等（Tang and Eaton，1995；von Moos *et al.*，2012；Höher *et al.*，2012；Browne *et al.*，2008）。

迄今为止，只有少数实地研究尝试调查微塑料对海洋生物的影响，并多集中在鸟类和鱼类中较大尺寸的微塑料上。例如，在暴风鹱中亚致死或致死效应很难与塑料的摄入量相关联（van Franeker *et al.*，2011），而在海鸥中塑料的特性似乎与其身体状况无关（Codina-García *et al.*，2013）。Foekema 等（2013）发现太小的塑料颗粒对所研究的相对较大的生物对象而言可能不会导致饱腹感和肠梗阻等明显损害。Jovanović（2017）总结了鱼类摄食微米或纳米级微塑料的潜在负面效应。分析表明，微塑料在鱼胃肠道中的停留是短暂的，在胃肠道中积累的潜力很低，但可能转移到肝脏。但在鱼的生命周期中，经过其胃肠道的微米或纳米级塑料总量仍很高，并且未来将继续增加，这可能会带来风险。已观察到的微塑料摄取的影响包括肠阻塞、物理损伤、肠道组织病理学改变、行为改变、脂质代谢变化及转移到肝脏。

与实地情况相反，许多实验室研究都证明了暴露于未处理 / 未受污染的微塑料中对海洋生物的影响。Bhattacharya 等（2010）采用纳米尺寸的塑料珠和两种藻类（一种淡水物种和一种海洋 / 淡水物种），发现纳米塑料吸附藻类后会阻碍藻类光合作用并可能会诱发氧化应激。微塑料附着在暴露的浮游动物的外甲壳和附属物上可以显著降低其活动和摄食能力（Cole *et al.*，2013）。最近的一项研究表明，在含 7.4% 聚苯乙烯的沉积物中的沙蠋摄食微塑料后进食活性会降低（Besseling *et al.*，2012）。

许多海洋生物具有从其身体中去除不需要的天然材料（包括沉积物、天然碎屑和颗粒物）而不对自身造成伤害的能力。然而微塑料一旦被摄入就会通过消化系统经由易位被吸收到身体中，并存在引起颗粒毒性和相关炎症及纤维化的潜在可能。这些研究总结在表 7.9 中。

外源性微塑料颗粒在器官和组织中的累积可引起免疫反应、异物反应和肉芽肿形成（Tang and Eaton，1995）。对海洋生物的一些研究已经明确地证明了微塑料可以从肠道吸收进体液从而进入器官、细胞甚至细胞器中的直接颗粒毒性效应。将贻贝暴露于 80 μm 以下的 HDPE 塑料粉末中时，其消化腺液泡可以吸收塑料（von Moos *et al.*，2012）。并观测到 HDPE 被逐出消化管进入周围的存储组织中并引起强烈的免疫反应。在相同的暴露研究中，Höher 等（2012）证明了微塑料从消化系统被吸收到淋巴中；类似地，Browne 等（2008）将 HDPE 特异性吸收到增殖性粒细胞和嗜碱性血细胞中，在消化腺中反应类似，也观察到强的免疫反应。

Karamí 等（2017）研究了微塑料对斑马鱼（*Danio rerio*）幼鱼总长度、体重、外形指数、抗氧化、抗促凋亡和神经递质基因转录水平，以及鳃、肝、脑、肾和肠的组织病理学水平的影响。将斑马鱼暴露于 3 种不同浓度（5 μg/L、50 μg/L、500 μg/L）的新鲜低密度聚乙烯（LDPE）碎片中 10 天或 20 天。在第 10 天或第 20 天，不同微塑料浓度下的选定生物标志物均未观察到显著变化。然而，凋亡相关半胱氨酸蛋白酶 9（cysteine protease 9，casp9）、凋亡相关半胱氨酸蛋白酶 3（caspase 3）和过氧化氢酶（catalase，cat）的表达量在第 20 天采集的幼鱼中显著低于第 10 天。这些证据表明，短期暴露于 LDPE 碎片对斑马鱼幼鱼的生物标志物响应的影响最小。

表 7.9　选定部分有关微塑料在海洋生物中暴露的生物效应的实验室研究

海洋物种	塑料颗粒的暴露和效应	参考文献
浮游植物——栅藻（*Scenedesmus*）	吸附 20 nm 的聚苯乙烯，阻碍海藻的光合作用和促进海藻活性氧族的氧化应激	Bhattacharya *et al.*，2010
中肋骨条藻（*Skeletonema costatum*）	微塑料（PVC，平均直径 1 mm）对微藻的生长发育有明显的抑制作用，暴露 96 h 后，最大生长抑制率达到 39.7%	Zhang *et al.*，2017
浮游动物 各种物种	1.7 ～ 30.6 μm 聚苯乙烯小珠的吸收随着分类群、生命阶段和珠粒大小而变化，微塑料黏附在浮游动物暴露的甲壳和附属物上	Cole *et al.*，2013
贻贝（*Mytilus edulis*）	0 ～ 80 μm 改性聚苯乙烯被摄入消化系统，转移到消化管并迁移到细胞和细胞器（溶酶体），有炎症发生，增加了血细胞数量，降低了溶酶体稳定性； 暴露于 10 μm、30 μm、90 μm 改性聚苯乙烯（包括聚苯乙烯），显示选择性吸收 10 μm 的改性聚苯乙烯，降低了 30 μm 聚苯乙烯去除率，降低了滤食行为	von Moos *et al.*，2012 van Cauwenberghe *et al.*，2013
沙蠋（*Arenicola marina*）	聚苯乙烯微塑料显著影响了生物的健康状况和生物蓄积性，但影响的幅度并不高； 暴露于 130 μm（平均粒径）PVC，浓度为 1%（*w*/*w*）的沉积物总能量储备减少约 30%，主要与脂质储备的减少有关	Besseling *et al.*，2012 Wright *et al.*，2013b
桡足类动物——日本虎斑猛水蚤（*Tigriopus japonicus*）	暴露于 0.05 μm、0.5 μm 和 6 μm 的 PS 中，在 96 h 毒性试验中的存活率为 100%，当 0.05 μm 的 PS 浓度＞ 12.5 μg/ml 时有慢性死亡率。暴露于 0.5 μm 和 6 μm PS 中的日本虎斑猛水蚤繁殖力降低	Lee *et al.*，2013
黑鲫（*Carassius carassius*）	吸收 24 μm 的 NP，NP 的食物链传递影响其行为和脂肪代谢	Cedervall *et al.*，2012
褐贻贝（*Perna perna*）	暴露于不同浓度（0.5 g/L 和 2.5 g/L）和暴露时间（6 h、12 h、24 h、48 h、96 h 和 144 h）的淋出的和原生的微塑料（均包括 PVC 和 PE 微珠），表明是物理（非化学）致毒效应 在不同微珠浓度下，暴露 144 h 后，均改变了褐贻贝细胞的调亡诱导因子和热休克蛋白 70 表达水平及溶酶体稳定性	Liv Ascer 和 Marina Santana 的初步结果
绿海胆（*Lytechinus variegatus*）	塑料颗粒（原生的和海滩收集的）可影响胚胎发育，且原生塑料有更强的效果	Nobre *et al.*，2015
桡足类动物刺水蚤（*Centropages typicus*）	暴露于≥ 4000N/ml 7.3 μm 的聚苯乙烯中显著降低了桡足类对藻类的摄食能力	Cole *et al.*，2013

续表

海洋物种	塑料颗粒的暴露和效应	参考文献
桡足类动物海岛蛰水蚤（*Calanus helgolandicus*）	暴露于 75N/ml 的 20 μm 的聚苯乙烯中 24 h 显著降低桡足动物的进食能力，长期暴露显著降低其生殖产量（卵孵化成功率和存活率）	Cole *et al.*，2013
日本青鳉（*Oryzias latipes*）	用包含原始 PE 颗粒和吸附的 PAH、PCB 及 PBDE 同系物的颗粒饲喂鱼，暴露在已经污染的海洋环境中，显示出肝脏应激的证据	Rochman *et al.*，2013b
斑马鱼（*Danio rerio*）	5 μm 和 70 nm PS 微塑料均在鱼肝中引起炎症与脂质积累，还诱导超氧化物歧化酶和过氧化氢酶的活性显著增加。此外，代谢组学分析表明暴露于微塑料诱导鱼肝代谢分布的改变，扰乱脂质和能量代谢	Lu *et al.*，2016
斑马鱼（*Danio rerio*）	除 *zfrho* 视觉基因表达上调外，单独的 PE 微塑料（45 μm）暴露对斑马鱼幼鱼无显著性作用；而 PS 纳米塑料（50 nm）对幼虫运动抑制率达 22%，幼虫体长显著降低 6%，乙酰胆碱酯酶活性降低 40%，并显著上调 *gfap*、α1- 微管蛋白、*zfrho* 和 *zfblue* 基因表达	Chen *et al.*，2017
欧洲牡蛎（*Ostrea edulis*）	暴露于高剂量的聚乳酸 [poly（lactic acid），PLA] 的牡蛎其呼吸速率显著提高；暴露于高剂量的聚乳酸（PLA）或 HDPE 塑料微粒可能导致牡蛎生境中大型动物群体的结构、多样性、丰度和生物量的改变	Green，2016

Détrée 和 Gallardo-Escárate（2017）报道了紫贻贝暴露于聚乙烯微珠后，12 个与细胞应激、免疫反应和新陈代谢有关的基因在转录组学的差异表达。紫贻贝在急性（24 h）暴露于浓度为 1.5×10^7N/L 的微珠（1 ～ 50 μm）后，外套膜和消化腺中与碳代谢、氧化应激、免疫应答及凋亡相关的基因转录有所上调，而淋巴和腮中有关碳代谢的基因转录普遍下调。表明微塑料的短期暴露对紫贻贝主要的生物学功能具有破坏性和组织特异性的影响。

微塑料对海洋生物的毒性也可以在借鉴哺乳动物体系的毒性效应。在缺乏海洋生物群研究的情况下，在人体细胞和组织中或在动物模型中观察到的微塑料影响也能够给出微塑料在其他生物体及人体中可能暴露的风险。人类在海洋食物链中处于高营养级水平，并且可能会在食用海产品时摄入微米级和纳米级塑料。

对胃肠道和淋巴中的微塑料（Hussain *et al.*，2001）可以穿过人体胎盘的研究已经证明了人体中各种尺寸范围的微小塑料颗粒的移动性（Wick *et al.*，2011）。在人体系统中已经有很多 PE 和聚甲基丙烯酸甲酯（polymethylmethacrylate，PMMA）暴露的案例，当人体植入由这些材料制成的器具后，会发生降解和释放，造成微塑料诱导的骨质溶解（Martinez *et al.*，1998；Petit *et al.*，2002；Nich *et al.*，2011）。一项将大鼠暴露于超细聚苯乙烯颗粒的研究表明，颗粒的表面积与体积比越大，越易引发肺炎症和抑制酶活性，毒性随着聚苯乙烯粒径从 535 nm 减小到 64 nm 而增加（Brown *et al.*，2001）。类似的大鼠暴露实验中也发现超细塑料可引发许多其他的效应，包括诱导上皮细胞中 *IL-8* 基因表达的增加和胞质钙离子浓度的增加（Hesterberg *et al.*，2010）。Gray 和 Weinstein（2017）研究了微塑料颗粒（小球、纤维和碎片）对成年草虾（*Palaemonetes pugio*）毒性的尺寸和形状依赖性效应。将草虾暴露于 11 种尺寸的塑料：小球（30 μm、35 μm、59 μm、75 μm、83 μm、116 μm 和 165 μm）、碎片（34 μm 和 93 μm）和纤维（34 μm 和 93 μm），暴露浓度为 2000 N/400 ml，暴露时间为 3 h。暴露后，监测草虾的死亡率、摄入和排出的微塑料及其停留时间。草虾的死亡率从 0% ～ 55% 不等，小球和 $<$ 50 μm 的碎片不具急性毒性，小球和 $>$ 50 μm 碎片的实验致死率从 5% ～ 40%，暴露于 93 μm 纤维的草虾死亡率显著高于其他供试尺寸（$P < 0.001$），颗粒的形状对草虾摄入的微塑料颗粒数量具有显著影响。研究结果表明，成年草虾可以摄入并排出不同大小和形状的微粒，并可产生急性毒性。

总之，对摄入微塑料的海洋生物群的研究，以及人体及其他哺乳动物体内微塑料生物效应的研究都表明，当微塑料等微粒的尺寸接近 0.25 mm 的范围时，颗粒与细胞和组织可能会发生相互作用，粒子会被核内体、溶酶体、淋巴循环系统或肺部吸收而出现副作用，这些副作用包括细胞水平的有害作用（Berntsen *et al.*，2010；Fröhlich *et al.*，2009）或进入胎盘组织（Wick *et al.*，2011）、淋巴和体液循环系统（Hussain *et al.*，2001；Browne *et al.*，2008），对不同营养级的海洋生物群造成生理损害，尤其是如果含有微塑料的海鲜被人类食用，那么其对人类健康的潜在影响也不容忽视。

7.2.2 微塑料携带污染物的生物学效应

由于直径小于 5 mm的塑料具有较高的比表面积，能够负载海洋环境中的化学物质及病菌微生物等，因此，越来越多的学者从生态毒理风险的角度关注海洋环境中的微塑料并将其作为海洋及海岸带的新型污染物开展相关研究。微塑料所负载的污染物主要包含两种来源：第一种是塑料生产过程中的添加剂，如邻苯二甲酸酯、有机锡和双酚 A，这些物质在塑料的使用或降解过程中被释放出来，微塑料的尺寸、自身情况、滞留时间及这些化学物质的疏水性等多种因素综合决定了这些化学物质有多少能够被海洋环境中的微塑料保留（Teuten *et al.*，2009）；第二种来源是微塑料从周围海水中吸附的疏水性化合物及金属（Brennecke *et al.*，2016；Ziccardi *et al.*，2016），包括大部分的持久性有机污染物和持久性生物蓄积性有毒物质，如多环芳烃和其他石油烃类，这些污染物在塑料和海水 / 沉积物的吸附朝着平衡的方向进行，吸附 / 解吸的方向与吸附动力学及污染物在两种媒介中的相关浓度有关。

6.1 节说明了与微塑料有关的化学污染物的分类、来源及与微塑料的相互作用，本节重点阐述其对海洋生物的影响。根据文献研究的集中性，这里将分别针对与微塑料有关的有机污染物和重金属阐述其对海洋生物的生物学效应。

1. 与微塑料有关的疏水性有机污染物的生物富集及其毒性效应

相对于重金属，微塑料携带污染物中有机污染物的研究较多。目前的文献中，与微塑料相关的有机污染物关注较多的是吸附于微塑料上的疏水性有机污染物（HOC），包括有机氯农药（organochloride pesticide，OCP）、多氯联苯（PCB）和多环芳烃（PAH）等（Avio *et al.*，2015；Batel *et al.*，2016；Beckingham and Ghosh，2017；Sleight *et al.*，2017），以及生产微塑料过程中的添加剂，如三氯生、多溴联苯醚和酞酸酯（Browne *et al.*，2013；Nobre *et al.*，2015；Heindler *et al.*，2017）。

因此，要考虑与微塑料相关的有机污染物在海洋生物体内的富集及其效应，首先要综合审查几个因素：①微塑料对 HOC 的吸附能力；②水生生物富集吸附到微塑料上的 HOC 的潜力；③ HOC 对水生生物负面效应的可能性。

（1）微塑料对 HOC 的吸附能力

任何 HOC 在水域环境不同介质（如水、沉积物、微塑料、有机体）间迁移时都必须测量或预测真实的实验或环境条件。其中最为重要的一点就是相互作用的不同介质间的化合物其净通量或转移的方向是由化学活性的差异控制的，而不是由组分中化合物的浓度控制的。组分间的净转移一直会存在，直到相互作用阶段的化学活性达到平衡。

目前 HOC 在塑料上的分配研究比较充分，各种商业塑料和化学合成的聚合物 - 水分配系数与辛醇 - 水分配系数相关（Ziccardi *et al.*，2016）。因此，目前的研究表明，由于其具吸附能力，各种塑料已被用作水和沉积物中 HOC 的被动取样器（Ghosh *et al.*，2014），可以吸附各种有机化学品，包括 PCB、PAH 和 OCPs。

环境中的各种因素都能够影响 HOC 在微型塑料上的吸附 / 解吸，包括聚合物的类型、颜色、尺寸和风化程度，以及海水的 pH、盐度和温度。人们对海洋环境中微塑料吸附 HOC 的风化效应了解甚少，但已知光氧化和其他与氧气的反应会改变塑料的表面性质。例如，Teuten 等（2007）报道了随着人工光照老化时间的持续，化合物菲在 PE 上的分布系数显著增加，可能是因为塑料表面裂缝的产生增加了塑料颗粒的表面积。

（2）水生生物生物富集吸附到微塑料上的 HOC 的潜力

实验室生物富集实验设计通常具有最大的化学活性梯度。例如，可以使用含有 HOC 的微塑料和没有检测到 HOC 的生物体进行研究，或者可以将具有已知浓度 HOC 的生物体置于没有检测到 HOC 的微塑料测试系统中。这些类型的实验将可预测地显示化合物在组分之间的转移，但是可能与海洋环境条件不同。在海洋环境中，HOC 存在于海洋环境中的动物和其他组分中，而且其化学活性梯度较低。在实验室研究中，需要考虑各个相（如塑料、有机体、水和沉积物）中 HOC 的相对浓度是否与野外条件相似。在一些环境中，HOC 在各相间的分布可能处于平衡，而在其他环境中，不平衡条件可导致 HOC 从塑料吸附或解吸的趋势。

一些研究推断了通过摄入受污染微塑料进而将 HOC 转移到生物体的可能性。Fossi 等（2012a，2014）将长须鲸（*Balaenoptera physalus*）脂肪和姥鲨（*Cetorhinus maximus*）肌肉中邻苯二甲酸酯和有机氯的浓度与在相同区域微塑料上测量的污染物联系在一起，推测这种生物内体两种污染物的存在是摄入微塑料所致。Gassel 等（2013）分析了野生黄尾鰤（*Seriola lalandi*）摄取附着有 HOC 的塑料的情况；发现 10% 的样品中有摄入的塑料碎片，并且在生物体组织的脂质组分中检测到 PCB、DDT、多溴联苯醚（PBDE）和壬基酚（NP）。综合考虑海洋塑料中的壬基酚和水体中的壬基酚难以长距离运输，推测黄尾鰤组织中的壬基酚可能来源于摄入的塑料碎片。Tanaka 等（2013）分析了海鸥腹部脂肪组织和鸟类胃中塑料中的多溴联苯醚，这些化合物在海鸥猎物中没有检测到，这表明生物体内塑料衍生的化学品来自摄食塑料。以上研究均为间接推测生物体内 HOC 来自塑料，后续仍需更直接的证据。HOC 在水环境中从微塑料分配到生物体的潜力难以量化，但实验室研究表明 HOC 可以从塑料转移到各种生物体的组织中。Koelmans 等（2014）将沙蚕暴露于 PCB 污染的沉积物中（含有 PE 微塑料和不含 PE 微塑料），发现在含有微塑料的试验组中沙蠋组织中 PCB 的生物积累比不含微塑料的试验组降低了 80% ～ 98%（根据 PE 浓度不同）。

Browne 等（2013）将沙蠋暴露于含 5% 聚氯乙烯微塑料的试验沙中，并用高浓度的壬基酚（高达 700 mg/L）、菲（高达 120 mg/L）及塑料添加剂三氯生和 PBDE 预处理，发现这些化学物质可以从 PVC 解吸并转移到沙蠋的组织中，添加剂 PBDE 和三氯生也从微塑料转移到具有类似生物富集模式的生物组织中。然而，与暴露于高浓度的微塑料或聚合物成分相比，暴露于具有较低浓度的菲和壬基酚且不含微塑料的试验沙中的沙蠋，其组织中累积了＞ 250% 的污染物。Koelmans 等（2016）研究认为，通过自然猎食生物积累的 HOC 通量超过了大多数栖息地中通过摄入微塑料生物积累的通量，这意味着微塑料摄入可能不会增加 HOC 在海洋环境中的生态风险。

除来自实验室实验和现场取样的经验数据外，还可以使用平衡分配的建模方法研究来预测塑料吸附 HOC 的能力。模型预测在 PE 微塑料的存在下，由于 PE 对 HOC 的高吸附性，捕食性鱼类体内的有毒物质的生物积累是减少的。有研究表明，当暴露于沉积物中含量为 1% ～ 10% 的 PE 微量塑料时，蠕虫对 PCB 的生物积累大幅度减少（大于等于 80%），而且研究中微塑料的浓度比自然环境中的浓度高 2 ～ 3 个数量级，因此可以推测微塑料对生物积累的影响在实际环境浓度下是不可检测的（Koelmans *et al.*，2014）。

一些科学家指出塑料和 HOC 之间的平衡分配削弱了 HOC 在水体中的浓度，从而减少 HOC 的暴露风险和海水中潜在的生物积累。此外，如果摄取的塑料上负荷的 HOC 浓度相对于生物体本身来说较低，则微塑料可能会从生物体组织中吸附 HOC，然后通过排泄来降低生物体中的 HOC 水平。

（3）HOC 对水生生物负面效应的可能性

尽管与其他接触途径相比，HOC 通过微塑料进行暴露的可能性较小，并且很难区分是吸附于微塑料的 HOC 的生物效应还是单独微塑料的效应，但目前一些实验已经研究了吸附了 HOC 的微塑料对生态受体的影响。

表 7.10 总结了吸附在微塑料上的 HOC 对各种水生生物影响的实验研究。尽管这些实验研究中确实观察到了诸如应激的生理学指征，如增加了肝糖原耗竭率和细胞坏死率（Rochman，2013b），降低了乙酰胆碱酯酶活性的神经学反应（Oliveira

表 7.10　微塑料颗粒表面 HOC 的生物学效应实验研究

	测试物种	时间	显著的生态终点	与吸附 HOC 相关的效应	塑料类型及浓度	是否环境浓度微塑料	HOC 浓度	参考文献
多毛类	沙蠋（*Arenicola marina*）	10 天	摄食活动减弱、体重减轻	未证实：在不含 HOC 的塑料处理中观察到影响，HOC 污染的和干净的沉积物没有差别	PS（44 ～ 1300 μm）：占沉积物干重的 0.074% ～ 7.4%	是	沉积物中 PCB（1.84±0.22）μg/kg	Besseling *et al.*，2012
	沙蠋（*Arenicola marina*）	10 天	免疫应答（吞噬活动）减弱	已证实：在沙子 +（PVC+HOC）及沙子 +HOC 组合中观察到影响；在沙子 +PVC（–HOC）未观察到影响	PVC（230 μm）：占沙子质量的 5%	否	沙子 + PVC 中壬基酚（0.69±0.01）μg/g	Browne *et al.*，2013
鱼类	日本青鳉（*Oryzias latipes*）	2 个月	肝压力及病理异常（糖原耗竭率增加、脂肪空泡形成和细胞坏死）	未证实：暴露于吸附 HOC 的塑料表现的病理异常比较严重，但在原生塑料中同样观察到影响；但是所有处理中 CYP1A 的表达没有明显差异，这表明产生的效应可能不是接触 HOC 的结果	低密度聚乙烯（LDPE）（＜ 500 μm）：占喂食量的 10%，微塑料浓度 8 ng/ml	否	总 PAH 55 ng/g；总 PCB 5.3 ng/g；总 PBDE 3.1 ng/g	Rochman *et al.*，2013b
	日本青鳉（*Oryzias latipes*）	2 个月	基因表达改变	未证实：暴露于原生的和海洋环境的两种处理对于雌性都有影响	低密度聚乙烯（LDPE）（＜ 500 μm）：占喂食量的 10%，微塑料浓度 8 ng/ml	否	总 PAH 55 ng/g；总 PCB 5.3 ng/g；总 PBDE 3.1 ng/g	Rochman *et al.*，2014
	虾虎鱼（*Pomatoschistus microps*）	48 h	死亡率增加、致死时间减少	未证实：不含 PE 的处理中影响更大	PE（1 ～ 5 μm）：微塑料浓度 18.4 μg/L	是	芘 200 μg/L	Oliveira *et al.*，2013
		96 h	抗氧化能力减弱	已证实：HOC+PE 的暴露中有观察到影响；而在单独的 PE 或 HOC 处理中未观察到影响	PE（1 ～ 5 μm）：水体中 18.4 μg/L	是	芘 20 μg/L	
		96 h	神经系统反应减弱	未证实：在含有 HOC 的处理中未观察到影响	PE（1 ～ 5 μm）：水体中 18.4 μg/L	是	芘 20 μg/L	

续表

	测试物种	时间	显著的生态终点	与吸附 HOC 相关的效应	塑料类型及浓度	是否环境浓度微塑料	HOC 浓度	参考文献
双壳类	紫贻贝（*Mytilus galloprovincialis*）	7 天	免疫反应溶酶体膜稳定性减弱，产生基因效应（核变化频率和微核），神经反应（鳃乙酰胆碱酯酶减少），抗氧化能力减弱	未证实；在含有 HOC 的处理中未观察到影响	PE 和 PS（＜ 100 μm）：水体中 20 ng/L	否	芘 200 ～ 260 ng/g	Avio *et al.*，2015
棘皮动物	绿海胆（*Lytechinus variegatus*）	24 h	异常幼虫数量增加	未证实；原生塑料颗粒的影响更高	微塑料（未确定尺寸）：占水体 20%	否	未量化	Nobre *et al.*，2015

et al.，2013；Avio *et al.*，2015）和改变了基因表达（Rochman，2013a）。与只含有芘的水体相比，在含有微塑料和芘的水体中，虾虎鱼表现出延迟死亡的迹象，这可能表明微塑料的添加减少了芘的暴露或以某种方式调节其生物转化。在含有 PCB 的沉积物中添加 PS 微塑料，观察到生物体因进食活性降低而导致体重减轻，但是在不含 PCB 的微塑料处理试验组中也观察到这种现象（Besseling *et al.*，2012）。有研究认为这一现象是微塑料本身的影响。例如，在对贻贝的研究中，统计分析表明大多数观察到的细胞反应归因于塑料颗粒本身，并且不受聚合物类型或芘存在的影响。研究人员在饲喂 PE 微塑料日本青鳉（*Oryzias latipes*）的肝脏中观察到改变的基因表达和生理应激的迹象；在暴露于含有 PVC 微塑料但不含有其他污染物的砂中，也观察到处理氧化应激的能力降低，表明塑料本身对生物体具有一定的影响（Browne *et al.*，2013）。总体来说，这些研究表明，生物的应激现象可能是由塑料本身引起的，而不是由吸附的 HOC 导致的。

总之，现有的文献研究似乎并不能提供微塑料吸附的有机污染物能够通过食物链进行生物富集，并对海洋生物产生不利影响的充足证据。第一，在微塑料吸附 HOC 的潜力方面，虽然模拟研究的实验证据和结果表明外源 HOC 可以吸附在海洋环境的微塑料中，但是如果环境中存在其他基质可用于 HOC 吸附，那么微塑料作为 HOC 载体的生物积累可能是有限的，这取决于微塑料上吸附的 HOC 是否与环境中的其他相平衡。第二，在海洋生物富集微塑料吸附 HOC 的潜力方面，研究表明，微塑料的存在可以增加或减少 HOC 在水和沉积物中的生物积累，这取决于 HOC 的化学活性。而模型研究认为微塑料在 HOC 运输到生物体中的作用可能比其他途径相对较小，因此需要弄清楚微塑料在各种环境（包括生物体内）中的相对活度、吸附 / 解吸的条件及微塑料对于海洋生物摄食环境的暴露途径的作用。第三，吸附于微塑料上的 HOC 对海洋生物的不利影响方面，目前的文献还不能提供实质性的支持。虽然最近 Batel 等（2016）的研究证实了微塑料及其携带污染物能够沿食物链转移，然而还不能区分微塑料本身及其携带的有机污染物对海洋生物和生态系统的潜在影响。需要更多的数据来确定微塑料中解吸 HOC 的相对重要性，包括可以区分各种接触途径的更长期的实验室实验和现场研究。

2. 与微塑料有关的金属吸附及生物学效应

除多环芳烃（PAH）和多氯联苯（PCB）等污染物能够吸附到塑料表面（Bowmer and Kershaw，2010；Endo *et al.*，2005；Mato *et al.*，2001；Rios *et al.*，2007），并且在摄入后可为生物所利用（Koelmans *et al.*，2014；Rochman *et al.*，2013a；Ryan *et al.*，1988a）之外，也有一些研究报告证实了微量金属能够吸附在悬浮于

海洋环境中的塑料上（Holmes *et al.*，2012，2014；Rochman *et al.*，2014）。

Ashton 等（2010）在英国西南的港口中投放了新的聚乙烯颗粒，8 周后检测到重金属铝（Al）、铁（Fe）、锰（Mn）、铜（Cu）、铅（Zn）、银（Ag）。最近的研究也发现，在英国西南海岸线取样的塑料颗粒上的重金属，如 Cu、Zn、Fe，其浓度与局部沉积物相似，但高于局部沉积物（Ashton *et al.*，2010；Holmes *et al.*，2012）。Holmes 等（2012）研究了重金属在商业生产的和沙滩上收集的聚乙烯塑料的吸附动力学，吸附反应在 25 ～ 100 h达到平衡。沙滩收集的聚乙烯颗粒的吸附容量远大于商业生产的颗粒，这可能是由于有机物随时间经过风化和结垢，增加了表面积并产生了从海水吸附重金属的阴离子活性位点（Holmes *et al.*，2012，2014）。在美国圣地亚哥湾进行的为期 12 个月的不同塑料类型吸附重金属的研究表明，低密度的塑料颗粒对重金属的吸附容量要高于高密度的塑料颗粒，而且随时间变化重金属的浓度不断增加（Rochman *et al.*，2014）。Brennecke 等（2016）研究表明，防污油漆是微塑料吸附重金属的来源，研究中使用的两种塑料颗粒，PS 和 PVC，能够积累从防污油漆浸出到海水中的重金属。

与有机污染物相比，重金属吸附到塑料上的机制（可能不断变化而且比较复杂）仍未被了解。这种重金属吸附的机制可能与阳离子或络合物在塑料表面的带电位点或中性区域上的直接吸附有关（Ashton *et al.*，2010）。事实上，微塑料由有机聚合物构成，对重金属具有高亲和力（Ashton *et al.*，2010；Rioset *al.*，2007）。然而，由于每种类型塑料的化学和物理性质［如表面积（扩散性）及疏水性（极性）］的差异，塑料对重金属的吸附会有不同（Karapanagioti and Klontza，2008；Teuten *et al.*，2007）。就吸附能力而言，风化过程似乎比塑料类型对吸附能力的影响更大（Holmes *et al.*，2014，Brennecke *et al.*，2016）。诸如光氧化风化、生物膜和化学含氢沉淀物的积累等过程，致使微塑料产生不同程度的老化，从而具有更大的表面积和反应活性（极性），可导致更多的金属离子吸附至塑料表面。

重金属污染在港口和码头中是常见的，并且起源于多种来源，如使用重金属基防污涂料、工业废物和燃料燃烧（Deheyn and Latz，2006）。尤其是防污油漆，是重金属进入海洋环境的主要来源之一（Almeida *et al.*，2007；Canning-Clode *et al.*，2011；Claisse and Alzieu，1993）。港口和码头等人类活动强度较高的河口和海湾，重金属（如 Zn、Cu 等）从这些防污涂料中浸出到周围海水中（Canning-Clode *et al.*，2011）。同样，海湾和河口也拥有源自人类活动的高丰度的微塑料（Browne *et al.*，2011）。

考虑到水体中塑料颗粒能够吸附并富集重金属，尤其是老化塑料的吸附能力更强，因此微塑料可以被认为是重金属污染的载体，从而增大其毒性效应。塑料颗粒中的金属浓度比在水体中的金属浓度高几倍，由分配系数表示可以高达 800 倍（Brennecke *et al.*，2016）。Holmes（2013）认为吸附在塑料颗粒上的重金属是高度生物可利用的，海洋生物摄入含有重金属的微塑料后，这些重金属在其消化道酸性条件下溶出，进入其体内（Holmes，2013）。目前以塑料作为载体的关于重金属对海洋生物的影响和毒性研究还比较少，Davarpanah 和 Guilhermino（2015）研究发现在含有和不含有微塑料的条件下铜对虾虎鱼的毒性曲线没有显著差异，然而 Luís 等（2015）研究发现 Cr（Ⅵ）和微塑料 MP 之间存在对虾虎鱼（*Pomatoschistus microps*）幼体的毒理学作用，而且原始栖息地可能会影响其对 Cr 诱导应激的反应。

然而，海洋生物对微塑料的摄入是高度可变的（van Franeker *et al.*，2011），受到环境、生物及微塑料等多方面差异的影响。在这种情况下，虽然不能确定微塑料中吸附的重金属会导致急性毒性现象，但是长期暴露于这些重金属高度污染的微塑料中，并摄食这些微塑料，海洋生物个体非常可能遭受慢性毒性作用，还会通过生物链衍生出生物放大作用。今后的研究需要进一步阐明微塑料作为重金属的汇或源的作用，探索重金属在不同生理条件下（如鱼类和沉积滤食性物种的消化道）从塑料颗粒中释放的机制，并探索和检验微塑料中重金属浓度会对海洋生物群产生的影响。微塑料对重金属的吸附将意味着微塑料上的重金属浓度比周围环境的更高，而微塑料一旦被海洋生物群摄取就很可能引起额外的毒性效应。

7.2.3　微塑料及其携带污染物的联合生物学效应

虽然很多文献记载了微塑料被海洋生物摄食后，其携带污染物能够从微塑料转移到生物体内，并产生生物学或生态学影响，但是目前针对微塑料携带污染物对海洋生物的联合效应研究并不多，且作用机理研究不充分。

在有机污染物方面，Oliveira 等（2013）指出，与只含有芘的水体相比，同时含有芘和微塑料的水体中，虾虎鱼表现出延迟死亡的迹象，作者认为微塑料的添加减少了芘的暴露或以某种方式调节其生物转化。在暴露于含有 PCB 的沉积物中添加 PS 微塑料后，观察到沙蚕进食活性降低进而导致体重减轻，但是在不含 PCB 的微塑料的处理组中也观察到这种现象（Besseling *et al.*，2012），因此这可能与微塑料单独暴露的关系更大。在对贻贝的研究中，大多数观察到的细胞反应也归因于塑料颗粒本身，并且不受聚合物类型或 HOC 芘存在的影响（Avio *et al.*,2015）。同样，在饲喂原始 PE 碎片及含有 HOC 的 PE 碎片的日本青鳉（*Oryzias latipes*）肝脏中，均观察到基因表达的改变和生理应激迹象的变化，尽管含有 HOC 的鱼饲料塑料片段产生影响的严重程度更低一些（Rochman *et al.*，2013b，

2014)。在暴露于含有 PVC 微塑料的试验组中观察到沙蠋氧化应激的能力降低，但在含有菲或壬基酚和 PVC 的情况下并未观察到这种现象，表明该现象是塑料本身而不是 HOC 或者微塑料与 HOC 共同作用的结果（Browne *et al.*，2013)。

Chen 等（2017）调查了微塑料和纳米塑料单独暴露及与 17- 炔雌醇（17-ethinylestradiol，EE2）共暴露对斑马鱼（*Danio rerio*）幼体的直接与间接毒性作用。结果表明，当与 2 g/L EE2 共暴露时，微塑料降低了 EE2 对斑马鱼幼鱼运动的抑制作用，这可能是由于微塑料对 EE2 的吸附作用降低了自由溶解态的 EE2 浓度。然而，尽管纳米塑料对 EE2 的吸附能力更强，但斑马鱼活动减退现象仍然存在于纳米塑料共暴露组。此外，当与高浓度的 EE2（20 g/L）共暴露时，这两种塑料对斑马鱼幼鱼运动能力的减退均有所增强。因此，纳米塑料单独作用可抑制斑马鱼幼鱼的自发活动，微塑料和纳米塑料颗粒与 EE2 的共暴露都可以改变斑马鱼幼鱼的游泳行为。

对于微塑料及其携带的重金属污染物对海洋生物的联合效应方面，目前已有部分研究。Davarpanah 和 Guilhermino（2015）研究表明暴露于 0.046 ～ 1.472 mg/L 的 MP 浓度不影响海洋微藻［扁藻（*Tetraselmis chuii*）］的平均比生长速率，MP 与不同浓度的铜（0.02 ～ 0.64 mg/L）混合时也几乎不影响铜对海洋微藻的毒性作用。同样，Ferreira 等（2016）研究表明微塑料颗粒的存在并没有改变金 - 纳米颗粒（Au-nanoparticle，Au-NP）对虾虎鱼（*Pomatoschistus microps*）的毒性。然而，Luís 等（2015）研究认为微量的塑料在水中的存在（ppb 级范围）影响了铬对虾虎鱼早期幼体的急性毒性，产生了一种联合效应。

研究单独的污染物或微塑料暴露及二者组合对海洋生物的作用机制时，需要考虑微塑料及其相关污染物在生物体内转移的多种因素，如污染物及微塑料的组合类型、微塑料的尺寸及其吸附能力、目标生物种类、污染物组合在生物肠道的停留时间及其穿过肠上皮在生物体组织或器官的分布情况等因素。因此，接下来的研究不但要关注这些因素的影响机制，还要开展污染物和微塑料对海洋生物长期暴露的组合效果研究。

7.3 海洋和海岸环境微塑料污染的环境损害与风险

塑料垃圾是一个值得关注的环境问题。尽管我国水体中的塑料污染比较严重，但目前关于塑料（尤其是微塑料）污染对于环境的风险，其科学上的认知和理解还相当有限，无法满足为微塑料污染的环境和生态风险制定可靠科学指导的要求。要评估微塑料的环境风险，必须正确地量化暴露和效应。因此需要更好地了解微塑料的性质及其环境归宿、与各种生物受体的相互作用、微塑料及其携带污染物沿食物链积累的潜力，以及导致潜在影响的毒性作用机制等，这将是一个长期的研究过程。

7.3.1　海洋和海岸环境微塑料污染的环境损害

微塑料尺寸较小，不像大塑料碎片一样能够危及沿海野生动物，干扰导航、旅游和商业性渔业，影响人们的滨海休闲资源或商业性使用资源。当前微塑料的相关研究也几乎不涉及微塑料对海岸带物理环境的影响。作为海洋和海岸带的一种新型污染物，目前世界各国有关海洋水体、沉积物及滨海旅游区等环境质量标准，天然海洋渔业资源及商业性水产品的健康卫生标准中都缺乏对微塑料含量要求的评价。但是存在于海岸带中上层水体及底层的微塑料会影响浮游植物的光合作用，而且在 7.2 节中已经介绍，这些微塑料颗粒一旦被滤食性海洋生物或食碎屑的底栖生物摄食，会对其造成多种物理性及生理性损害。不仅如此，微塑料本身的添加剂及其吸附于微塑料表面的疏水性有机污染物、金属和定居的有害微生物对海岸带生物资源与相关生态系统的影响也是难以低估的。因此，作为一种备受关注的有潜在生态风险的污染物，微塑料颗粒应被逐步纳入海岸带和海洋环境的现有污染物评价体系，并针对其特殊性开展一系列微塑料对海洋和海岸带环境损害的评价方法、程序等方面的研究。

已有研究证实微塑料能够对双壳纲生物产生生物学效应，但我们对双壳纲为主的栖息地生物多样性和生态系统功能的影响尚不清楚。Green 等（2016）将含有欧洲牡蛎（*Ostrea edulis*）或贻贝（*Mytilus edulis*）的完整沉积物岩心暴露于含有两种不同浓度（2.5 μg/L 或 25 μg/L）的可生物降解或常规微塑料的室外模拟生态系统（中宇宙）环境中，考察微塑料对双壳纲的滤食速率、无机氮循环、底栖微藻的初级生产力及无脊椎底栖动物群落结构的影响。50 天后，暴露于 25 μg/L 两种微塑料的贻贝滤食速率显著降低，但对生态系统功能和无脊椎底栖动物的群落结构没有效应。相反，暴露于 2.5 μg/L 或 25 μg/L 微塑料的欧洲牡蛎滤食速率显著增加，且孔隙水中的氨浓度和底栖蓝藻的生物量降低。此外，无脊椎底栖动物的群落结构有变化，多毛纲生物数量显著降低、寡毛纲生物数量显著增加。这些结果突出了微塑料对沉积生境功能和结构的潜在影响，并表明这种影响可能依赖于占优势的双壳纲动物。

7.3.2　海洋和海岸环境微塑料污染的生态与健康风险

在过去 60 年中，塑料生产量在世界范围内急剧增加，严重威胁海洋环境。

塑料污染是普遍存在的，但对浮动塑料的全球丰度和质量的定量估计仍然有限，特别是对于南半球和更偏远的地区。一些大型的塑料碎片会聚区域已经被识别，但是迫切需要标准化的方法来测量海水及沉积物中塑料的质量。对于尺寸上小于 5 mm 的微塑料，其对海洋及海岸带生物与生态系统的影响要比大型塑料深远得多，然而当前的研究多片面地关注塑料碎片对海洋生物的半致死效应（Browne *et al.*, 2015），以及微塑料及其携带污染物对海洋生物个体的生物学影响和毒性效应，而从生态系统角度开展的微塑料风险和影响的研究还很少。因此，今后的研究应将整个底层生物组成的碎片效应与群体和种群联系起来，从生态系统的组成上来开展研究。

根据当前的文献研究，环境中存在的塑料碎片（尤其是小于 5 mm 的微塑料）对海洋和海岸带生态系统与人类健康的潜在风险主要体现在两个方面，一个是微塑料及其携带化学物质通过食物链的生物积累和传递对生态系统与人类健康造成的影响，另一个是塑料表层定居的“搭便车”微生物的影响。

广泛存在的微塑料会因为摄食进入生物体内并引起一系列生物学效应，在 7.2 节中已经详细阐述了这种微塑料对海洋生物的损害，而且微塑料生产过程中的添加剂及携带的化学物质，如 PAH、PCB 和痕量金属等，能够随着微塑料转移进入海洋生物体内并迁移至其组织和器官。虽然目前的研究对这些污染物的急性毒性、联合效应机制及其长期的生态学效应还未做出定论，但是并不能排除微塑料及其相关污染物随食物链在营养级间传递和积累，给海洋生物带来毒性效应，进而改变海洋及海岸带生态系统的组成，并影响其生态功能的发挥的可能性。而且这方面的工作已经开始开展，例如，Green（2016）通过研究证明了暴露于高剂量的聚乳酸（PLA）或 HDPE 塑料微粒中，有植被的牡蛎生境中大型动物群体的结构、多样性、丰度和生物量可能发生改变。另外，微塑料也在很多具有商业价值并且被人类整体使用的海洋生物中被发现，如野外捕获的棕色虾和各种鱼类，以及养殖的双壳类（de Witte *et al.*，2014；van Cauwenberghe and Janssen，2014；Galloway，2015；van Cauwenberghe *et al.*，2015a；Miranda and de Carvalho-Souza，2016；Li *et al.*，2018；Naidu *et al.*，2018）。这些商业性海洋生物一旦摄入了环境中的微塑料，微塑料及其携带化学物质就会通过食物链实现生物积累或放大，最终必然会使消费这些渔业资源的人群暴露于这些污染物中，增加人类的健康风险。

另外，塑料碎片或微塑料可以长期存在于海洋与海岸带环境中，塑料的表面可以提供能够支持多种不同微生物的保护性生态位，塑料的浮力和持久性有助于那些与其表面相关的“搭便车”微生物的生存及长途运输。因此，海洋环境中的塑料碎片就可能作为外来生物物种的载体，对新环境中土著物种构成威胁

（Gregory，2009；Barnes *et al.*，2009；Cózar *et al.*，2014），改变当地生境生态系统。尤其是研究已经证实，这种被称为“塑料圈”（plastisphere）的生境可以作为病原体、粪便指示生物（fecal indicator organism，FIO）和有害藻华（harmful algal bloom，HAB）在海滩与沐浴环境中的存留及传播的重要载体。海滩和沿海环境每年吸引数千万的游览者和滨海运动者，已经形成了世界上最具生态和社会经济意义的重要栖息地。随着塑料碎片越来越广泛地存在于沉积物、沙滩和近海环境中（van Cauwenberghe *et al.*，2015a；Imhof *et al.*，2013），这里便成了 FIO 和病原体等有害微生物潜在的未知储层。沿海地区滞留或漂移的塑料碎片（大块和毫米级以下）的丰度预计随着海平面、风速、波浪高度及降雨条件的改变而增加（Browne *et al.*，2015），这可能会导致人类更多地暴露于这些塑料碎片中。虽然目前还不了解微生物，特别是病原体在污水中“搭便车”定居于微塑料颗粒上，并到达海滩和周围环境这一途径的机制，但是可以将暂时非常有限的信息用于评估微生物病原体和 FIO，在塑料碎片上的存在是否对人类健康构成真实的风险，进而进一步建立对生态系统尤其是人类健康的多尺度效应的风险评估（Devriese *et al.*，2015）。在这些领域中有针对性的研究可能会产生重大的社会影响，如可以为海滩安全卫生管理提供科学证据，制定相关卫生标准，从而保证公众健康。

为进行环境中微塑料的生态风险评估，必须正确地量化暴露和效应。然而上述这些潜在的影响及生态健康风险大多仍是推论和预测，并没有充足可靠的科学研究证据予以支持。因此，根据当前微塑料相关的研究和理解，今后的工作迫切地需要了解以下几个主题内容：量化微塑料的环境暴露、微塑料的性质及其环境归宿、与生物受体的相互作用，以及导致潜在负面影响的毒性作用机制。

纵观当前各领域的研究发现，微塑料及其相关污染物与工程纳米颗粒（engineering nanoparticle，ENP）和化学混合物在诸多方面都可相比较。例如，与微塑料类似，ENP 具有各种各样影响吸收和靶器官效应的颗粒特性；ENP 是用不同涂层合成的。类似地，微塑料具有与其不同添加剂相关的一系列吸附性质；微塑料和其他污染物的综合毒理作用及颗粒摄入可能造成的身体损伤类似于用于评估化学混合物风险的方法，例如，量化超过一种压力刺激的组合效应，评估所涉及的刺激物之间的相互作用是否导致偏离了加和性混合物的具体效应（即协同或拮抗）。因此，这些特性的相似性意味着可借鉴工程纳米颗粒领域的研究经验，并帮助指导微塑料风险领域的发展。

本章小结

海洋和海岸环境微塑料污染影响着海洋与近海生物体，包括微塑料本身对生物体的影响、微塑料携带污染物（有机污染物、重金属等）对生物体的影响及微塑料与污染物对生物体的联合效应等，包括肠阻塞、物理损伤、肠道组织病理学改变、行为改变、脂质代谢变化、体内转移、改变基因表达等。此外，微塑料协同污染物还可以在不同食物网不同营养级间传递，并因此实现生物积累或放大，对生物群落、生态系统乃至整个环境造成潜在的损害和风险。并且最终会使消费这些渔业资源的人群暴露于这些污染物中，增加人类的健康风险。因此，日后应重点关注微塑料及其携带污染物的生物积累与毒性，以及海洋和海岸带生态环境健康。

参考文献

Almeida E, Diamantino T C, Sousa O D. 2007. Marine paints: the particular case of antifouling paints[J]. Progress in Organic Coatings, 59(1): 2-20.

Anderson A, Andrady A, Arthur C, et al. 2015. Sources, Fate and Effects of Microplastics in the Marine Environment: A Global Assessment[M]. London: International Maritime Organization.

Ashton K, Holmes L, Turner A. 2010. Association of metals with plastic production pellets in the marine environment[J]. Marine Pollution Bulletin, 60(11): 2050-2055.

Au S Y, Lee C M, Weinstein J E, et al. 2017. Trophic transfer of microplastics in aquatic ecosystems: identifying critical research needs[J]. Integrated Environmental Assessment and Management, 13(3): 505-509.

Avio C G, Gorbi S, Milan M, et al. 2015. Pollutants bioavailability and toxicological risk from microplastics to marine mussels[J]. Environmental Pollution, 198: 211-222.

Barnes D K A, Galgani F, Thompson R C, et al. 2009. Accumulation and fragmentation of plastic debris in global environments[J]. Philosophical Transactions of the Royal Society B: Biological Sciences, 364(1526): 1985-1998.

Batel A, Linti F, Scherer M, et al. 2016. Transfer of benzo[a]pyrene from microplastics to *Artemia nauplii* and further to zebrafish via a trophic food web experiment: CYP1A induction and visual tracking of persistent organic pollutants[J]. Environmental Toxicology and Chemistry, 35(7): 1656-1666.

Beckingham B, Ghosh U. 2017. Differential bioavailability of polychlorinated biphenyls associated with environmental particles: microplastic in comparison to wood, coal and biochar[J]. Environmental Pollution, 220: 150-158.

Berntsen P, Park C Y, Rothen-Rutishauser B, et al. 2010. Biomechanical effects of environmental and engineered particles on human airway smooth muscle cells[J]. Journal of the Royal Society Interface, 7: S331-S340.

Besseling E, Foekema E M, van Franeker J A, et al. 2015. Microplastic in a macro filter feeder: humpback whale *Megaptera novaeangliae*[J]. Marine Pollution Bulletin, 95(1): 248-252.

Besseling E, Wegner A, Foekema E M, et al. 2012. Effects of microplastic on fitness and PCB bioaccumulation by the lugworm *Arenicola marina* (L.)[J]. Environmental Science & Technology, 47(1): 593-600.

Betts K. 2008. Why small plastic particles may pose a big problem in the oceans[J]. Environmental Science & Technology, 42(24): 8995.

Bhattacharya P, Lin S, Turner J P, et al. 2010. Physical adsorption of charged plastic nanoparticles affects algal photosynthesis[J]. The Journal of Physical Chemistry C, 114(39): 16556-16561.

Boerger C M, Lattin G L, Moore S L, et al. 2010. Plastic ingestion by planktivorous fishes in the North Pacific Central Gyre[J]. Marine Pollution Bulletin, 60(12): 2275-2278.

Bond A L, Provencher J F, Elliot R D, et al. 2013. Ingestion of plastic marine debris by common and thick-billed murres in the northwestern Atlantic from 1985 to 2012[J]. Marine Pollution Bulletin, 77(1-2): 192-195.

Bornatowski H, Heithaus M R, Batista C M P, et al. 2012. Shark scavenging and predation on sea turtles in northeastern Brazil[J]. Amphibia-Reptilia, 33(3-4): 495-502.

Bourne W R P, Imber M J. 1982. Plastic pellets collected by a prion on Gough Island, central South Atlantic Ocean[J]. Marine Pollution Bulletin, 13(1): 20-21.

Bouwmeester H, Hollman P C H, Peters R J B. 2015. Potential health impact of environmentally released micro-and nanoplastics in the human food production chain: experiences from nanotoxicology[J]. Environmental Science & Technology, 49(15): 8932-8947.

Bowmer T, Kershaw P. 2010. Proceedings of GESAMP International Workshop on Microplastic Particles as A Vector in Transporting Persistent, Bioaccumulating and Toxic Substances in The Ocean[M]. Paris: Gesamp Reports & Studies UNESCO-IOC, Paris. GESAMP.

Braid H E, Deeds J, Degrasse S L, et al. 2012. Preying on commercial fisheries and accumulating paralytic shellfish toxins: a dietary analysis of invasive *Dosidicus gigas*, (Cephalopoda Ommastrephidae) stranded in Pacific Canada[J]. Marine Biology, 159(1): 25-31.

Brandão M L, Braga K M, Luque J L. 2011. Marine debris ingestion by *Magellanic penguins*, *Spheniscus magellanicus* (Aves: Sphenisciformes), from the Brazilian coastal zone[J]. Marine Pollution Bulletin, 62(10): 2246-2249.

Bråte I L N, Blázquez M, Brooks S J, et al. 2018. Weathering impacts the uptake of polyethylene microparticles from toothpaste in *Mediterranean mussels* (*M. galloprovincialis*)[J]. Science of the Total Environment, 626: 1310-1318.

Brennecke D, Duarte B, Paiva F, et al. 2016. Microplastics as vector for heavy metal contamination from the marine environment[J]. Estuarine, Coastal and Shelf Science, 178: 189-195.

Brown D M, Wilson M R, Macnee W, et al. 2001. Size-dependent proinflammatory effects of ultrafine polystyrene particles: a role for surface area and oxidative stress in the enhanced activity of ultrafines[J]. Toxicology and Applied Pharmacology, 175(3): 191-199.

Browne M A, Crump P, Niven S J, et al. 2011. Accumulation of microplastic on shorelines woldwide: sources and sinks[J]. Environmental Science & Technology, 45(21): 9175-9179.

Browne M A, Dissanayake A, Galloway T S, et al. 2008. Ingested microscopic plastic translocates to the circulatory system of the mussel, *Mytilus edulis* (L.)[J]. Environmental Science & Technology, 42(13): 5026-5031.

Browne M A, Niven S J, Galloway T S, et al. 2013. Microplastic moves pollutants and additives to worms, reducing functions linked to health and biodiversity[J]. Current Biology, 23(23): 2388-2392.

Browne M A, Underwood A J, Chapman M G, et al. 2015. Linking effects of anthropogenic debris to ecological impacts[J]. Proceedings of the Royal Society B: Biological Sciences, 282(1807): 20142929.

Canning-Clode J, Fofonoff P, Riedel G F, et al. 2011. The effects of copper pollution on fouling assemblage diversity: a tropical-temperate comparison[J]. PLoS One, 6(3): e18026.
Carey M J. 2011. Intergenerational transfer of plastic debris by short-tailed shearwaters (*Ardenna tenuirostris*)[J]. Emu, 111(3): 229-234.
Carpenter E J, Smith K L. 1972. Plastics on the Sargasso Sea surface[J]. Science, 175(4027): 1240-1241.
Cedervall T, Hansson L A, Lard M, et al. 2012. Food chain transport of nanoparticles affects behaviour and fat metabolism in fish[J]. PloS One, 7(2): e32254.
Chan W Y, Witting J. 2012. The impact of microplastic on salp feeding in the tropical Pacific[J]. The ANU Undergraduate Research Journal, 4: 129-141.
Chen Q, Gundlach M, Yang S, et al. 2017. Quantitative investigation of the mechanisms of microplastics and nanoplastics toward zebrafish larvae locomotor activity[J]. Science of the Total Environment, 584: 1022-1031.
Chua E M, Shimeta J, Nugegoda D, et al. 2014. Assimilation of polybrominated diphenyl ethers from microplastics by the marine amphipod, *Allorchestes compressa*[J]. Environmental Science & Technology, 48(14): 8127-8134.
Claisse D, Alzieu C. 1993. Copper contamination as a result of antifouling paint regulations[J]? Marine Pollution Bulletin, 26(7): 395-397.
Codina-García M, Militão T, Moreno J, et al. 2013. Plastic debris in Mediterranean seabirds[J]. Marine Pollution Bulletin, 77(1-2): 220-226.
Cole M, Lindeque P, Fileman E, et al. 2013. Microplastic ingestion by zooplankton[J]. Environmental Science & Technology, 47(12): 6646-6655.
Cole M, Lindeque P, Halsband C, et al. 2011. Microplastics as contaminants in the marine environment: a review[J]. Marine Pollution Bulletin, 62(12): 2588-2597.
Cole M, Webb H, Lindeque P K, et al. 2014. Isolation of microplastics in biota-rich seawater samples and marine organisms[J]. Scientific Reports, 4: 4528.
Connors P G, Smith K G. 1982. Oceanic plastic particle pollution: suspected effect on fat deposition in red phalaropes[J]. Marine Pollution Bulletin, 13(1): 18-20.
Cózar A, Echevarría F, González-Gordillo J I, et al. 2014. Plastic debris in the open ocean[J]. Proceedings of the National Academy of Sciences, 111(28): 10239-10244.
Dantas D V, Barletta M, Costa M F D. 2012. The seasonal and spatial patterns of ingestion of polyfilament nylon fragments by estuarine drums (Sciaenidae)[J]. Environmental Science & Pollution Research, 19(2): 600-606.
Davarpanah E, Guilhermino L. 2015. Single and combined effects of microplastics and copper on the population growth of the marine microalgae *Tetraselmis chuii* [J]. Estuarine, Coastal and Shelf Science, 167: 269-275.
de Stephanis R, Giménez J, Carpinelli E, et al. 2013. As main meal for sperm whales: plastics debris[J]. Marine Pollution Bulletin, 69(1-2): 206-214.
de Witte B, Devriese L, Bekaert K, et al. 2014. Quality assessment of the blue mussel (*Mytilus edulis*): comparison between commercial and wild types[J]. Marine Pollution Bulletin, 85(1): 146-155.
Deheyn D D, Latz M I. 2006. Bioavailability of metals along a contamination gradient in San Diego Bay (California, USA)[J]. Chemosphere, 63(5): 818-834.
Denuncio P, Bastida R, Dassis M, et al. 2011. Plastic ingestion in Franciscana dolphins, *Pontoporia blainvillei* (Gervais and d'Orbigny, 1844), from Argentina[J]. Marine Pollution Bulletin, 62(8):

1836-1841.

Derraik J G B. 2002. The pollution of the marine environment by plastic debris: a review[J]. Marine Pollution Bulletin, 44(9): 842-852.

Détrée C, Gallardo-Escárate C. 2017. Polyethylene microbeads induce transcriptional responses with tissue-dependent patterns in the mussel *Mytilus galloprovincialis* [J]. Journal of Molluscan Studies, 83(2): 220-225.

Devriese L I, van der Meulen M D, Maes T, et al. 2015. Microplastic contamination in brown shrimp (*Crangon crangon*, Linnaeus 1758)from coastal waters of the Southern North Sea and Channel area[J]. Marine Pollution Bulletin, 98(1-2): 179-187.

Ding J, Zhang S, Razanajatovo R M, et al. 2018. Accumulation, tissue distribution, and biochemical effects of polystyrene microplastics in the freshwater fish red tilapia (Oreochromis niloticus)[J]. Environmental Pollution, 238: 1-9.

do Sul J A I, Costa M F. 2014. The present and future of microplastic pollution in the marine environment[J]. Environmental Pollution, 185: 352-364.

Endo S, Takizawa R, Okuda K, et al. 2005. Concentration of polychlorinated biphenyls (PCBs) in beached resin pellets: variability among individual particles and regional differences[J]. Marine Pollution Bulletin, 50(10): 1103-1114.

Eriksson C, Burton H. 2003. Origins and biological accumulation of small plastic particles in fur seals from Macquarie Island[J]. AMBIO: A Journal of the Human Environment, 32(6): 380-384.

Farrell P, Nelson K. 2013. Trophic level transfer of microplastic: *Mytilus edulis* (L.) to *Carcinus maenas* (L.)[J]. Environmental Pollution, 177: 1-3.

Fendall L S, Sewell M A. 2009. Contributing to marine pollution by washing your face: microplastics in facial cleansers[J]. Marine Pollution Bulletin, 58(8): 1225-1228.

Ferreira P, Fonte E, Soares M E, et al. 2016. Effects of multi-stressors on juveniles of the marine fish *Pomatoschistus microps*: gold nanoparticles, microplastics and temperature[J]. Aquatic Toxicology, 170: 89-103.

Foekema E M, de Gruijter C, Mergia M T, et al. 2013. Plastic in north sea fish[J]. Environmental Science & Technology, 47(15): 8818-8824.

Fossi M C, Coppola D, Baini M, et al. 2014. Large filter feeding marine organisms as indicators of microplastic in the pelagic environment: the case studies of the Mediterranean basking shark (*Cetorhinus maximus*) and fin whale (*Balaenoptera physalus*)[J]. Marine Environmental Research, 100: 17-24.

Fossi M C, Panti C, Coppola D, et al. 2012a. Are baleen whales exposed to microplastics threat? The case study of the Mediterranean fin whale[J]. Comparative Biochemistry and Physiology Part A: Molecular & Integrative Physiology, 163: S25-S26.

Fossi M C, Panti C, Guerranti C, et al. 2012b. Are baleen whales exposed to the threat of microplastics? A case study of the Mediterranean fin whale (*Balaenoptera physalus*)[J]. Marine Pollution Bulletin, 64(11): 2374-2379.

Franco-Trecu V, Drago M, Katz H, et al. 2017. With the noose around the neck: marine debris entangling otariid species[J]. Environmental Pollution, 220: 985-989.

Fröhlich E, Samberger C, Kueznik T, et al. 2009. Cytotoxicity of nanoparticles independent from oxidative stress[J]. The Journal of Toxicological Sciences, 34(4): 363-375.

Furness R W. 1985a. Ingestion of plastic particles by seabirds at Gough Island, South Atlantic Ocean[J]. Environmental Pollution Series A, Ecological and Biological: 38(3): 261-272.

Furness R W. 1985b. Plastic particle pollution: accumulation by procellariiform seabirds at Scottish colonies[J]. Marine Pollution Bulletin, 16(3): 103-106.

Galloway T S. 2015. Chapter 13. Micro- and Nano-plastics and Human Health[M]. Berlin: Springer: 347-370.

Gassel M, Harwani S, Park J S, et al. 2013. Detection of nonylphenol and persistent organic pollutants in fish from the North Pacific Central Gyre[J]. Marine Pollution Bulletin, 73(1): 231-242.

Ghosh U, Kane D S, Burgess R M, et al. 2014. Passive sampling methods for contaminated sediments: practical guidance for selection, calibration, and implementation[J]. Integrated Environmental Assessment & Management, 10(2): 210-223.

Goldstein M C, Goodwin D S. 2013. Gooseneck barnacles (*Lepas* spp.) ingest microplastic debris in the North Pacific Subtropical Gyre[J]. Peerj, 1(1): e184.

Goldstein M C, Titmus A J, Ford M. 2013. Scales of spatial heterogeneity of plastic marine debris in the northeast Pacific Ocean[J]. PLoS One, 8(11): e80020.

Goldsworthy S D, Pemberton D, Warneke R M. 1997. Field Identification of Australian and New Zealand Fur Seals, *Arctocephalus* spp, Based in External Characters[M]. Sydney: Marine Mammal Research in the Southern Hemisphere, Surrey Beatty & Sons.

Graham E R, Thompson J T. 2009. Deposit and suspension-feeding sea cucumbers (Echinodermata) ingest plastic fragments[J]. Journal of Experimental Marine Biology and Ecology, 368(1): 22-29.

Gray A D, Weinstein J E. 2017. Size and shape dependent effects of microplastic particles on adult daggerblade grass shrimp, *Palaemonetes pugio*[J]. Environmental Toxicology and Chemistry, 36(11): 3074-3080.

Green D S, Boots B, O'Connor N E, et al. 2016. Microplastics affect the ecological functioning of an important biogenic habitat[J]. Environmental Science & Technology, 51(1): 68-77.

Green D S. 2016. Effects of microplastics on European flat oysters, Ostrea *edulis* and their associated benthic communities[J]. Environmental Pollution, 216: 95-103.

Gregory M R, Andrady A L. 2003. Plastics in the marine environment[J]. Plastics and the Environment, 379: 389-390.

Gregory M R. 2009. Environmental implications of plastic debris in marine settings—entanglement, ingestion, smothering, hangers-on, hitch-hiking and alien invasions[J]. Philosophical Transactions of the Royal Society B: Biological Sciences, 364(1526): 2013-2025.

Gusmão F, di Domenico M, Amaral A C Z, et al. 2016. In situ ingestion of microfibres by meiofauna from sandy beaches[J]. Environmental Pollution, 216: 584-590.

Güven O, Gökdağ K, Jovanović B, et al. 2017. Microplastic litter composition of the Turkish territorial waters of the Mediterranean Sea, and its occurrence in the gastrointestinal tract of fish[J]. Environmental Pollution, 223: 286-294.

Halstead J E, Smith J A, Carter E A, et al. 2018. Assessment tools for microplastics and natural fibres ingested by fish in an urbanised estuary[J]. Environmental Pollution, 234: 552-561.

Hartmann N B, Rist S, Bodin J, et al. 2017. Microplastics as vectors for environmental contaminants: exploring sorption, desorption, and transfer to biota[J]. Integrated Environmental Assessment and Management, 13(3): 488-493.

Heindler F M, Alajmi F, Huerlimann R, et al. 2017. Toxic effects of polyethylene terephthalate microparticles and Di(2-ethylhexyl) phthalate on the calanoid copepod, *Parvocalanus crassirostris*[J]. Ecotoxicology and Environmental Safety, 141: 298-305.

Hesterberg T W, Long C M, Lapin C A, et al. 2010. Diesel exhaust particulate (DEP) and nanoparticle exposures: what do DEP human clinical studies tell us about potential human health hazards of nanoparticles[J]? Inhalation Toxicology, 22(8): 679-694.

Höher N, Köhler A, Strand J, et al. 2012. Effects of various pollutant mixtures on immune responses of the blue mussel (*Mytilus edulis*) collected at a salinity gradient in Danish coastal waters[J]. Marine Environmental Research, 75: 35-44.

Holmes L A, Turner A, Thompson R C. 2012. Adsorption of trace metals to plastic resin pellets in the marine environment[J]. Environmental Pollution, 160: 42-48.

Holmes L A, Turner A, Thompson R C. 2014. Interactions between trace metals and plastic production pellets under estuarine conditions[J]. Marine Chemistry, 167: 25-32.

Hussain N, Jaitley V, Florence A T. 2001. Recent advances in the understanding of uptake of microparticulates across the gastrointestinal lymphatics[J]. Advanced Drug Delivery Reviews, 50(1-2): 107-142.

Imhof H K, Ivleva N P, Schmid J, et al. 2013. Contamination of beach sediments of a subalpine lake with microplastic particles[J]. Current Biology, 23(19): R867-R868.

Jantz L A, Morishige C L, Bruland G L, et al. 2013. Ingestion of plastic marine debris by longnose lancetfish (*Alepisaurus ferox*) in the North Pacific Ocean[J]. Marine Pollution Bulletin, 69(1-2): 97-104.

Jovanović B. 2017. Ingestion of microplastics by fish and its potential consequences from a physical perspective[J]. Integrated Environmental Assessment and Management, 13(3): 510-515.

Karakolis E G, Nguyen B, You J B, et al. 2018. Digestible fluorescent coatings for cumulative quantification of microplastic ingestion[J]. Environmental Science & Technology Letters, 5(2): 62-67.

Karami A, Groman D B, Wilson S P, et al. 2017. Biomarker responses in zebrafish (*Danio rerio*) larvae exposed to pristine low-density polyethylene fragments[J]. Environmental Pollution, 223: 466-475.

Karapanagioti H K, Klontza I. 2008. Testing phenanthrene distribution properties of virgin plastic pellets and plastic eroded pellets found on Lesvos island beaches (Greece)[J]. Marine Environmental Research, 65(4): 283-290.

Koelmans A A, Bakir A, Burton G A, et al. 2016. Microplastic as a vector for chemicals in the aquatic environment: critical review and model-supported reinterpretation of empirical studies[J]. Environmental Science & Technology, 50(7): 3315-3326.

Koelmans A A, Besseling E, Foekema E M. 2014. Leaching of plastic additives to marine organisms[J]. Environmental Pollution, 187: 49-54.

Kolandhasamy P, Su L, Li J, et al. 2018. Adherence of microplastics to soft tissue of mussels: a novel way to uptake microplastics beyond ingestion[J]. Science of The Total Environment, 610: 635-640.

Kripa V, Nair P G, Dhanya A M, et al. 2014. Microplastics in the gut of anchovies caught from the mud bank area of Alappuzha, Kerala[J]. Marine Fisheries Information Service, Technical and Extension Series, (219): 27-28.

Lee K W, Shim W J, Kwon O Y, et al. 2013. Size-dependent effects of micro polystyrene particles in the marine copepod *Tigriopus japonicus*[J]. Environmental Science & Technology, 47(19): 11278-11283.

Li H X, Ma L S, Lin L, et al. 2018. Microplastics in oysters *Saccostrea cucullata* along the Pearl River Estuary, China[J]. Environmental Pollution, 236: 619-625.

Lu Y, Zhang Y, Deng Y, et al. 2016. Uptake and accumulation of polystyrene microplastics in zebrafish (*Danio rerio*) and toxic effects in liver[J]. Environmental Science & Technology, 50(7): 4054-4060.

Luís L G, Ferreira P, Fonte E, et al. 2015. Does the presence of microplastics influence the acute toxicity of chromium (Ⅵ) to early juveniles of the common goby (*Pomatoschistus microps*)? A study with juveniles from two wild estuarine populations[J]. Aquatic Toxicology, 164: 163-174.

Lusher A L, McHugh M, Thompson R C. 2013. Occurrence of microplastics in the gastrointestinal tract of pelagic and demersal fish from the English Channel[J]. Marine Pollution Bulletin, 67(1-2): 94-99.

Martinez M E, Medina S, del Campo M T, et al. 1998. Effect of polyethylene on osteocalcin, alkaline phosphatase and procollagen secretion by human osteoblastic cells[J]. Calcified Tissue International, 62(5): 453-456.

Mato Y, Isobe T, Takada H, et al. 2001. Plastic resin pellets as a transport medium for toxic chemicals in the marine environment[J]. Environmental Science & Technology, 35(2): 318-324.

Mcmahon C R, Holley D, Robinson S. 1999. The diet of itinerant male Hooker's sea lions, *Phocarctos hookeri*, at sub-Antarctic Macquarie Island[J]. Wildlife Research, 26(6): 839-846.

Miranda D A, de Carvalho-Souza G F. 2016. Are we eating plastic-ingesting fish[J]? Marine Pollution Bulletin, 103(1-2): 109-114.

Mizraji R, Ahrendt C, Perez-Venegas D, et al. 2017. Is the feeding type related with the content of microplastics in intertidal fish gut[J]? Marine Pollution Bulletin, 116(1-2): 498-500.

Moore M N. 2006. Do nanoparticles present ecotoxicological risks for the health of the aquatic environment[J]? Environment International, 32(8): 967-976.

Murphy F, Russell M, Ewins C, et al. 2017. The uptake of macroplastic & microplastic by demersal & pelagic fish in the Northeast Atlantic around Scotland[J]. Marine Pollution Bulletin, 122(1-2): 353-359.

Murray F, Cowie P R. 2011. Plastic contamination in the decapod crustacean *Nephrops norvegicus* (Linnaeus, 1758)[J]. Marine Pollution Bulletin, 62(6): 1207-1217.

Murray F, Cowie P R. 2011. Plastic contamination in the decapod crustacean *Nephrops norvegicus* (Linnaeus, 1758)[J]. Marine Pollution Bulletin, 62(6): 1207-1217.

Naidu S A, Rao V R, Ramu K. 2018. Microplastics in the benthic invertebrates from the coastal waters of Kochi, Southeastern Arabian Sea[J]. Environmental Geochemistry and Health, 592(1): 1-7.

Nich C, Langlois J, Marchadier A, et al. 2011. Oestrogen deficiency modulates particle-induced osteolysis[J]. Arthritis Research & Therapy, 13(3): R100.

Nobre C R, Santana M F M, Maluf A, et al. 2015. Assessment of microplastic toxicity to embryonic development of the sea urchin *Lytechinus variegatus* (Echinodermata: Echinoidea)[J]. Marine Pollution Bulletin, 92(1-2): 99-104.

Oliveira M, Ribeiro A, Hylland K, et al. 2013. Single and combined effects of microplastics and pyrene on juveniles (0^+ group) of the common goby *Pomatoschistus microps* (Teleostei, Gobiidae)[J]. Ecological Indicators, 34: 641-647.

Petit A, Catelas I, Antoniou J, et al. 2002. Differential apoptotic response of J774 macrophages to alumina and ultra-high-molecular-weight polyethylene particles[J]. Journal of Orthopaedic Research, 20(1): 9-15.

Pinnegar J K. 2014. An Integrated Database and Portal for Fish Stomach Records[M]. Lowestoft:

Fisheries & Aquaculture Science.

Pitt J A, Kozal J S, Jayasundara N, et al. 2018. Uptake, tissue distribution, and toxicity of polystyrene nanoparticles in developing zebrafish (*Danio rerio*)[J]. Aquatic Toxicology, 194: 185-194.

Rainieri S, Conlledo N, Larsen B K, et al. 2018. Combined effects of microplastics and chemical contaminants on the organ toxicity of zebrafish (*Danio rerio*)[J]. Environmental Research, 162: 135-143.

Rebolledo E L B, van Franeker J A, Jansen O E, et al. 2013. Plastic ingestion by harbour seals (*Phoca vitulina*) in The Netherlands[J]. Marine Pollution Bulletin, 67(1-2): 200-202.

Rios L M, Moore C, Jones P R. 2007. Persistent organic pollutants carried by synthetic polymers in the ocean environment[J]. Marine Pollution Bulletin, 54(8): 1230-1237.

Robards M D, Piatt J F, Wohl K D. 1995. Increasing frequency of plastic particles ingested by seabirds in the subarctic North Pacific[J]. Marine Pollution Bulletin, 30(2): 151-157.

Rochman C M, Hentschel B T, Teh S J. 2014. Long-term sorption of metals is similar among plastic types: implications for plastic debris in aquatic environments[J]. PLoS One, 9(1): e85433.

Rochman C M, Hoh E, Hentschel B T, et al. 2013a. Long-term field measurement of sorption of organic contaminants to five types of plastic pellets: implications for plastic marine debris[J]. Environmental Science & Technology, 47(3): 1646-1654.

Rochman C M, Hoh E, Kurobe T, et al. 2013b. Ingested plastic transfers hazardous chemicals to fish and induces hepatic stress[J]. Scientific Reports, 3: 3263.

Ryan P G. 1988a. The characteristics and distribution of plastic particles at the sea-surface off the southwestern Cape Province, South Africa[J]. Marine Environmental Research, 25(4): 249-273.

Ryan P G. 1988b. Effects of ingested plastic on seabird feeding: evidence from chickens[J]. Marine Pollution Bulletin, 19(3): 125-128.

Santana M F, Ascer L G, Custódio M R, et al. 2016. Microplastic contamination in natural mussel beds from a Brazilian urbanized coastal region: rapid evaluation through bioassessment[J]. Marine Pollution Bulletin, 106(1-2): 183-189.

Savoca D, Arculeo M, Barreca S, et al. 2018. Chasing phthalates in tissues of marine turtles from the Mediterranean sea[J]. Marine Pollution Bulletin, 127: 165-169.

Setälä O, Fleming-Lehtinen V, Lehtiniemi M. 2014. Ingestion and transfer of microplastics in the planktonic food web[J]. Environmental Pollution, 185: 77-83.

Shin J S, Abraham S N. 2001. Caveolae: not just craters in the cellular landscape[J]. Science, 293(5534): 1447-1448.

Sleight V A, Bakir A, Thompson R C, et al. 2017. Assessment of microplastic-sorbed contaminant bioavailability through analysis of biomarker gene expression in larval zebrafish[J]. Marine Pollution Bulletin, 116(1-2): 291-297.

Spear L B, Ainley D G, Ribic C A. 1995. Incidence of plastic in seabirds from the tropical pacific, 1984-1991: relation with distribution of species, sex, age, season, year and body weight[J]. Marine Environmental Research, 40(2): 123-146.

Su L, Cai H, Kolandhasamy P, et al. 2018. Using the Asian clam as an indicator of microplastic pollution in freshwater ecosystems[J]. Environmental Pollution, 234: 347-355.

Tanaka K, Takada H, Yamashita R, et al. 2013. Accumulation of plastic-derived chemicals in tissues of seabirds ingesting marine plastics[J]. Marine Pollution Bulletin, 69(1-2): 219-222.

Tang L, Eaton J W. 1995. Inflammatory responses to biomaterials[J]. American Journal of Clinical Pathology, 103(4): 466-471.

Terepocki A K, Brush A T, Kleine L U, et al. 2017. Size and dynamics of microplastic in gastrointestinal tracts of northern fulmars (*Fulmarus glacialis*) and sooty shearwaters (*Ardenna grisea*)[J]. Marine Pollution Bulletin, 116(1-2): 143-150.

Teuten E L, Rowland S J, Galloway T S, et al. 2007. Potential for plastics to transport hydrophobic contaminants[J]. Environmental Science & Technology, 41(22): 7759-7764.

Teuten E L, Saquing J M, Knappe D R U, et al. 2009. Transport and release of chemicals from plastics to the environment and to wildlife[J]. Philosophical Transactions of the Royal Society of London B: Biological Sciences, 364(1526): 2027-2045.

Thompson R C, Moore C J, vom Saal F S, et al. 2009. Plastics, the environment and human health: current consensus and future trends[J]. Philosophical Transactions of the Royal Society B: Biological Sciences, 364(1526): 2153-2166.

Thompson R C, Olsen Y, Mitchell R P, et al. 2004. Lost at sea: where is all the plastic[J]? Science, 304(5672): 838.

Tosetto L, Williamson J E, Brown C. 2017. Trophic transfer of microplastics does not affect fish personality[J]. Animal Behaviour, 123: 159-167.

Turner A, Holmes L. 2011. Occurrence, distribution and characteristics of beached plastic production pellets on the island of Malta (central Mediterranean)[J]. Marine Pollution Bulletin, 62(2): 377-381.

van Cauwenberghe L, Claessens M, Janssen C R. 2012a. Selective uptake of microplastics by a marine bivalve (*Mytilus edulis*)[R]. Brugge: Oral presentation. *12th VLIZ Young Marine Scientists'Day*., Belgium.

van Cauwenberghe L, Claessens M, Vandegehuchte M B, et al. 2012b. Occurrence of microplastics in mussels (*Mytilus edulis*) and lugworms (*Arenicola marina*) collected along the French-Belgian-Dutch coast[R]. Berlin: SETAC Europe 22nd Annual Meeting / 6th SETAC World Congress.

van Cauwenberghe L, Claessens M, Vandegehuchte M B, et al. 2013. Assessment of marine debris on the Belgian Continental Shelf[J]. Marine Pollution Bulletin, 73(1): 161-169.

van Cauwenberghe L, Devriese L, Galgani F, et al. 2015a. Microplastics in sediments: a review of techniques, occurrence and effects[J]. Marine Environmental Research, 111: 5-17.

van Cauwenberghe L, Janssen C R. 2014. Microplastics in bivalves cultured for human consumption[J]. Environmental Pollution, 193: 65-70.

van Cauwenberghe L, Claessens M, Vandegehuchte M B, et al. 2015b. Microplastics are taken up by mussels (*Mytilus edulis*) and lugworms (*Arenicola marina*) living in natural habitats[J]. Environmental Pollution, 199: 10-17.

van der Goot F G, Gruenberg J. 2002. Oiling the wheels of the endocytic pathway[J]. Trends in Cell Biology, 12(7): 296-299.

van Franeker J A, Blaize C, Danielsen J, et al. 2011. Monitoring plastic ingestion by the northern fulmar *Fulmarus glacialis* in the North Sea[J]. Environmental Pollution, 159(10): 2609-2615.

Vendel A L, Bessa F, Alves V E N, et al. 2017. Widespread microplastic ingestion by fish assemblages in tropical estuaries subjected to anthropogenic pressures[J]. Marine Pollution Bulletin, 117(1-2): 448-455.

Verlis K M, Campbell M L, Wilson S P. 2013. Ingestion of marine debris plastic by the wedge-tailed shearwater *Ardenna pacifica* in the Great Barrier Reef, Australia[J]. Marine Pollution Bulletin, 72(1): 244-249.

von Moos N, Burkhardt-Holm P, Köhler A. 2012. Uptake and effects of microplastics on cells and tissue of the blue mussel *Mytilus edulis* L. after an experimental exposure[J]. Environmental Science & Technology, 46(20): 11327-11335.

Ward J E, Kach D J. 2009. Marine aggregates facilitate ingestion of nanoparticles by suspension-feeding bivalves[J]. Marine Environmental Research, 68(3): 137-142.

Ward J E, Shumway S E. 2004. Separating the grain from the chaff: particle selection in suspension- and deposit-feeding bivalves[J]. Journal of Experimental Marine Biology and Ecology, 300(1-2): 83-130.

Watts A J R, Lewis C, Goodhead R M, et al. 2014. Uptake and retention of microplastics by the shore crab *Carcinus maenas*[J]. Environmental Science & Technology, 48(15): 8823-8830.

Wick P, Clift M J D, Rösslein M, et al. 2011. A brief summary of carbon nanotubes science and technology: a health and safety perspective[J]. ChemSusChem, 4(7): 905-911.

Wright S L, Rowe D, Thompson R C, et al. 2013b. Microplastic ingestion decreases energy reserves in marine worms[J]. Current Biology, 23(23): R1031-R1033.

Wright S L, Thompson R C, Galloway T S. 2013a. The physical impacts of microplastics on marine organisms: a review[J]. Environmental Pollution, 178: 483-492.

Zhang C, Chen X, Wang J, et al. 2017. Toxic effects of microplastic on marine microalgae *Skeletonema costatum*: interactions between microplastic and algae[J]. Environmental Pollution, 220: 1282-1288.

Ziccardi L M, Edgington A, Hentz K, et al. 2016. Microplastics as vectors for bioaccumulation of hydrophobic organic chemicals in the marine environment: a state-of-the-science review[J]. Environmental Toxicology and Chemistry, 35(7): 1667-1676.

第 8 章

海洋和海岸塑料垃圾与微塑料污染的监管及治理

微塑料是粒径小于 5 mm 的塑料颗粒或碎片，微塑料污染是需要特别关注的海洋和海岸污染问题。微塑料可直接来源于个人护理品，也可以间接来源于较大塑料垃圾的破碎，而后者在自然环境中的发生更加普遍。在海洋环境中大塑料逐渐破碎成小于 5 mm 的微塑料，可称为海洋中的“$MP_{5.0}$”。因而，为了有序监测微塑料、有效管理微塑料、有力治理微塑料，首先需要监测、管理和治理大塑料垃圾。近年来，国际上对海洋环境与海岸微塑料污染及其生态效应、渔业影响和健康风险的关注日益加强。中国被认为是海洋塑料垃圾和微塑料的排放大国。海洋环境微塑料污染的治理将成为我国海洋环境管理与外交工作的重要内容。开展我国海洋及海岸环境微塑料污染监管与治理工作重要而迫切。因此，本章在分析塑料垃圾污染的基础上，从国外和国内两个层面，介绍塑料垃圾和微塑料污染的监管与治理状态，并提出应对策略。

海洋塑料垃圾数量巨大，难降解，逐步积累，无所不在，已受到全球的重点关注。有研究表明，自 20 世纪 50 年代开始大规模生产塑料到 2018 年，人类已经生产了 83 亿 t 塑料，其中的 63 亿 t 已成为垃圾，仅有 9% 的塑料垃圾被回收利用，12% 被焚烧，79% 则进入了垃圾填埋场或自然环境中。因此，倘若不改变塑料生产模式和固体废弃物管理模式，到 2050 年人类将会产生 120 亿 t 塑料垃圾（Geyer *et al.*, 2017）。大量塑料垃圾通过各种途径进入海洋。模拟研究表明，全球 192 个沿海国家和地区仅 2010 年向海输入的塑料垃圾就有 400 ～ 1270 万 t。预计到 2025 年，全球海洋中塑料垃圾量将高达 2.5 亿 t，即每 3 t 鱼中，就有 1 t 塑料（Jambeck *et al.*，2015）；世界经济论坛预测，到 2050 年海洋环境中塑料的重量将超过鱼的重量（黄蓉，2016；Inniss *et al.*，2016）。“第一次全球综合海洋评估”报告指出，海洋垃圾威胁着海洋健康。研究表明有 663 个物种受到塑料垃圾的影响，包括海洋哺乳动物物种（SCBDSTAP-GEF，2012）。海鸟、海龟、鲸等大型海洋生物，被海洋中到处分布的塑料垃圾所缠绕，数百种海洋生物被报道摄食了塑料垃圾并导致物理损害，塑料垃圾对海洋生物生存状况的影响触目惊心。2016 年，第 71 届联合国大会秘书长报告指出，海洋塑料垃圾是“一个影响到世界各大洋的全球性问题”，从近岸海域到大洋，从表层海水到深层海水和大洋沉积物，从两极到赤道，以及在海冰中，均发现塑料垃圾的存在。

这些残留在海洋或海岸环境中的塑料垃圾经过长期风化裂解形成小于 5 mm 或 1 mm 甚至纳米级的微塑料。Eriksen 等（2014）估计全球海洋中微塑料碎片（< 4.75 mm）高达 4.85 万亿个，合计重量达 3.54 万 t。最近，英国科研人员认为海洋中的微塑料碎片量更高，为 15 万亿～ 51 万亿个，合计总量在 9.3 万～ 23.6 万 t（van Sebille *et al.*，2015）。海洋环境中的微塑料一方面通过自身生物摄食作用对浮游动物和底栖生物产生危害。微塑料可被浮游动物、贝类、鱼类、

海鸟和哺乳动物等海洋生物摄食，对其生长、发育和繁殖等产生不利影响。研究发现，在欧洲通过食用贝类，每人每年摄入的微塑料可高达 11 000 个（van Cauwenberghe and Janssen，2014）。另一方面，通过表面富集重金属、POP、新型毒害有机污染物等，作为污染物载体给海洋及海岸带生态环境带来危害（Tanaka *et al.*，2018；Velzeboer *et al.*，2014）。我国海盐中微塑料含量最高可达 681 个 /kg（Yang*et al.*，2015），这引起了国内外公众和媒体对微塑料健康影响的高度关注。海洋和海岸带微塑料污染及其生态、健康风险成为近年来一个新的全球性研究热点（Andrady，2011；Cole et al.，2011；周倩等，2015）。

8.1　国际监管与治理

海洋垃圾是一个全球性的跨界污染问题，对其清理或污染责任的归属是非常复杂的。目前尚无针对减缓和清除管辖海域外海洋垃圾的国际法（Vince and Hardesty，2017）。国际上正在倡导建立具有法律约束力的应对海洋塑料垃圾污染问题的国际文书（Borrellea *et al.*，2017）。海域海洋垃圾治理层级从最初的地方治理，到国家治理，发展到目前的国际合作控制。目前，国际上已签署和制定了涉及海洋垃圾污染控制的 20 多项国际公约、协议和行动计划等，如《联合国海洋法公约》(United Nations Convention on the Law of the Sea，UNCLOS)、《防止倾倒废物及其他物质污染海洋的公约》(简称《伦敦公约》)、《防止船舶造成污染国际公约》(The International Convention for the Prevention of Pollution From Ships，MARPOL)、《控制危险废物越境转移及其处置巴塞尔公约》，以及《西北太平洋海洋和沿岸地区环境保护、管理和开发行动计划》(The Action Plan for the Protection，Management and Development of the Marine and Coastal Environment of the Northwest Pacific Region，NOWPAP)(简称《西北太平洋行动计划》) 等。在区域、国家层面，也采取了多种治理措施，如檀香山战略、欧盟的港口接收设施指令、韩国的渔具回购计划和鬼网澳大利亚（Ghost Nets Australia，GNA）等，虽然取得了一些效果，但是未能有效阻止塑料进入海洋环境。这是因为尚未形成与塑料垃圾污染问题相匹配的全球范围内的承诺。在地方层面，有的地方政策和行动，如禁止使用塑料微珠和一次性塑料袋，遍布全球，但它们并没有具约束力的承诺来应对挑战。总体上，目前对海洋塑料污染的治理并没有简单的解决办法。随着塑料生产量的快速增长，其排放量也持续上升，海洋塑料污染日趋严重。国际上需要像重视碳排放和全球性污染物（如氟氯化碳和持久性有机污染物）一样，高度重视海洋塑料污染。同时也要高度重视陆源塑料排放，因为 80% 以上的塑料从陆地进入海洋（国家海洋局，2015）。

虽然国际上尚无以减少海洋塑料垃圾和微塑料为主要目标的具约束力的多边环境协议，但在应对海洋塑料垃圾问题上，采用了没有法律约束力但会产生实际效果的行为准则。实践证明，这种治理体系可以发挥显著作用。此外，发挥基于民间的社会力量，自下而上开展清除活动，可减少海洋垃圾污染，产生实质性的效果。例如，鬼网澳大利亚与来自澳大利亚北部的土著社区联盟合作，清除了13 000多个废弃渔网，解救了400余只海龟，并确定了优先清网区、禁网区等（Wilcox *et al.*，2015）。另外，通过宣传和教育，可提高公众对海洋塑料垃圾危害的认识；通过公众与科学家的联动，可改变沿海人群和政府使用塑料与清除塑料的行为。非政府组织，如绿色和平组织、世界自然基金会和世界自然保护联盟等，也是具有社会影响力的治理行动者。大型非政府组织有专门的海洋垃圾计划与投资。其他非政府组织也有积极的行动，如“抗击塑料微珠”（Beat the Microbead）国际行动，可通过网站或手机应用查询产品是否含有微珠。社区和消费者可推动企业政策与产品的变革。

联合国环境规划署通过市场杠杆（如税收、费用和处罚等手段）的应用（UNEP，2009），建立包括污染者付费、用户自付和全部成本回收等制度。澳大利亚和美国的押金计划、德国的容器现金回收计划或韩国的网具现金回收计划等的实施，有效地减少了乱扔垃圾现象，并从源头减少塑料垃圾进入海洋（Vince and Hardesty，2017）。

政府、社区和公众鼓励企业承担社会责任，会对塑料制品的研发、销售和全生命周期等产生重要影响。为避免企业的负面品牌形象，展示企业的社会责任，许多公司会加大力度改善材料和技术，以促进产品的可持续利用（Vince and Hardesty，2017）。2011年塑料行业协会发布了“海洋垃圾解决方案全球宣言”，已有34个国家的60个行业协会签署了宣言（Marine Litter Solutions，2014）。

8.2 国内监管与治理

国家海洋局的调查显示，2014年我国37个海域的海面漂浮垃圾和海滩垃圾中，塑料类占77%，并且86%～91%来自陆地（国家海洋局，2015）。我国是塑料生产和使用大国，海洋塑料垃圾和微塑料问题在国际上备受关注。国外研究者对全球海上漂浮垃圾的模拟结果显示，我国对北太平洋漂浮垃圾的贡献率为58%～65%（Jambeck *et al.*，2015）。通过使用沿海国家人口数量及产生废弃物数量估算海洋垃圾入海量，指出全球192个沿海国家和地区中，中国被认为对全球海洋塑料垃圾的贡献率高达27.7%，被认为是全球陆地进入海洋塑料垃圾的最大源头（Jambeck *et al.*，2015）。另有报道认为全球海洋塑料负荷的88%～94%

来自 10 条河流，而我国的长江、海河、黄河和珠江位列其中（Schmidt *et al.*, 2017）。这些国际性报道对我国造成了相当大的国际舆论压力。

2007 年起我国组织开展全国海洋垃圾污染监测工作，于 2016 年增加了微塑料试点监测。结果显示，我国塑料垃圾数量约占全部垃圾数量的 80%，海洋垃圾局部污染问题依然严重，在沿海村镇、渔港、流域下游城市，海洋垃圾问题尤为突出。随着塑料垃圾在海洋环境中的逐渐积累，其对海洋生态环境的影响日益凸显。微塑料在海水、沉积物和贝类体内已普遍存在。

我国目前还没有专门针对海洋垃圾的法案。针对海洋垃圾的污染防治问题，我国已陆续出台和制定了多项法律法规，包括《中华人民共和国环境保护法》《中华人民共和国海洋环境保护法》《中华人民共和国水污染防治法》《中华人民共和国固体废物污染环境防治法》《中华人民共和国防治陆源污染物污染损害海洋环境管理条例》《中华人民共和国海洋倾废管理条例》等。此外，我国是较早发布“限塑令”的国家之一，并不断强化生活垃圾分类制度。近年来，国家相继出台了《水污染防治行动计划》《土壤污染防治行动计划》“河长制”等环境保护政策，沿海部分城市也开展了“湾长制”试点工作。上述政策措施对削减陆源塑料污染，控制塑料垃圾入海起到了重要作用。

我国始终积极推动海洋垃圾问题的国际合作和全球治理工作。自 20 世纪 90 年代起，我国陆续缔约或签署了多项国际环境公约，并参加了包括《西北太平洋行动计划》（NOWPAP）、《东亚海域环境管理区域合作计划》（Partnerships in Environmental Management for the Seas of East Asia，PEMSEA）等在内的国际应对海洋垃圾污染防治工作。2005 年以来，我国依托 NOWPAP 机制，开展合作研究，取得政府间共识，处理了中日韩海洋垃圾的争议，并不定期组织海滩清扫活动等。

总体而言，在海洋塑料垃圾及微塑料的实际管理和政策层面上，我国还存在以下两大问题：①存在多头管理、权责不明、投入不足等问题。我国海洋塑料垃圾的管理涉及环保、海洋、农业、住建、产业等多个部门，缺少国家层面专门性的政策安排和制度体系，国家部门、地方政府、社会公众的多方合力尚未形成。②塑料污染的监测与影响评估研究不足，未形成有效的应对策略。现有监测工作已不能满足管理需求及有效应对相关国际事务，具体包括（章海波等，2016；王菊英和林新珍，2018）：一是海洋塑料垃圾入海通量不明，现有的监测数据仅支持对海洋塑料垃圾赋存现状的评估，无法估算河流、排污口、海上养殖和捕捞、海上勘探开发活动等输入塑料垃圾的通量，导致在应对负面报道时处于被动局面；二是塑料垃圾主要来源亟待查清，现有监测可通过成分鉴定初步判断塑料垃圾的可能来源，但缺少针对不同塑料制品行业的调查数据，无法深入掌握不同海岸和海上活动产生的海洋垃圾与微塑料的来源，制约了海洋塑料垃圾和微塑料管控措施的制定；三是海洋塑料垃圾迁移路径不清，海洋塑料垃圾涉及跨界污染，现有监测站位主要分布在近岸海域，不足以支撑模拟和分析海洋塑料垃圾的迁移路径与扩散范围。此外，对塑料垃圾污染防治的国际新规则及其对塑料等相关产业的影响评估研究不足，未形成有效的国际应对措施和预案。

为进一步做好我国海洋塑料垃圾防治工作，积极应对国际海洋治理形势的变化，建议（骆永明，2018；王菊英和林新珍，2018）：一是研究建立与国际接轨的海洋塑料垃圾和微塑料监测技术方法，强化海洋塑料垃圾监测工作，修订、完善现行海洋塑料垃圾监测技术规程，建立海洋塑料垃圾重点监控区域，制定海洋塑料垃圾长期监测制度，为我国海洋塑料垃圾及微塑料污染的治理和应对工作提供基础数据与监测方法支撑。二是深入开展我国近海海洋垃圾和微塑料来源、输移通量及其生态环境影响评估研究，提升对微塑料污染机制、生物生态效应和食物链风险的科学认知；研发海洋垃圾收集、循环安全处置技术与设备，建立海洋垃圾回收资源化方案与示范点；为我国海洋垃圾污染综合防治和参与全球海洋垃圾治理提供科学支撑。三是编制重点海域海洋垃圾污染防治专项规划，研究提出海洋垃圾污染防治行动计划和管理目标；建立适于我国国情的海滩清洁度评价技术体系，制定海洋垃圾污染防治监督管理办法，落实海洋垃圾管理的部门责任制，形成相关部门共同参与的协调机制，逐步构建我国海洋垃圾综合防治体制与机制。四是积极推进国际合作，深度参与国际治理；加强对国际海洋塑料垃圾防治发展趋势的跟踪、预判和研究，形成有效的应对策略和措施；在国际上积极展现我国在海洋塑料垃圾监测、预防和治理方面的成果。五是加大宣传教育力度，提升公众对海洋垃圾与微塑料污染影响的认识；积极联合非政府环保组织，壮大志愿者队伍，广泛开展海滩垃圾和海洋垃圾清理等志愿活动。

参考文献

国家海洋局. 2015. 2014年中国海洋环境状况公报[EB/OL]. (2015.3.13) [2016.10.15]. http://www.soa.gov.cn/zwgk/hygb/zghyhjzlgb/201712/ t20171205_59464.html.

黄蓉. 2016. 到2050年全球海洋中塑料重量将超过鱼类重量[EB/OL]. 国际在线.(2016.1.20) [2017.5.10]. http: //news.cri.cn/2016120/3e315ab4-4274-5ecc-95f0- 273439985a19.html.

骆永明. 2018. 加强我国海洋及海岸环境微塑料污染的研究、监管与治理[J]. 太平洋通讯, (1): 25-27.

王菊英, 林新珍. 2018. 应对塑料及微塑料污染的海洋治理体系浅析[J]. 太平洋学报, 26(4): 79-87.

章海波, 周倩, 周阳, 等. 2016. 重视海岸及海洋微塑料污染 加强防治科技监管研究工作[J]. 中国科学院院刊, 31(10): 1182-1189.

周倩, 章海波, 李远, 等. 2015. 海岸环境中微塑料污染及其生态效应研究进展[J]. 科学通报, 60(33): 3210-3220.

Andrady A L. 2011. Microplastics in the marine environment[J]. Marine Pollution Bulletin, 62(8): 1596-1605.

Borrellea S B, Rochmanb C M, Liboironc M, et al. 2017. Why we need an international agreement on marine plastic pollution[J]. PNAS, 114(38): 9994-9997.

Cole M, Lindeque P, Halsband C, et al. 2011. Microplastics as contaminants in the marine environment: a review[J]. Marine Pollution Bulletin, 62(12): 2588-2597.

Eriksen M, Lebreton L C M, Carson H S, et al. 2014. Plastic pollution in the world's oceans: more than 5 trillion plastic pieces weighing over 250, 000 tons afloat at sea[J]. PLoS One, 9(12): e111913.

GEF, 2012. Impacts of marine debris on biodiversity: current status and potential solutions[R]. Montreal, Technical Series No. 67, p. 61.

Geyer R, Jambeck J R, Law K L. 2017. Production, use, and fate of all plastics ever made[J]. Science Advances, 3(7): e1700782.

Inniss L, Simcock A, Ajawin A Y, et al. 2016. The first global integrated marine assessment: World Ocean Assessment I[R]. New York: United Nations.

Jambeck J R, Geyer R, Wilcox C, et al. 2015. Plastic waste inputs from land into the ocean[J]. Science, 347: 768-771.

Marine Litter Solutions. 2014. Marine litter solutions joint declaration. http://www.marinelittersolutions.com/who-we-are/joint-declaration.aspx.

SCBDSTAP-GEF. 2012. Impacts of marine debris on biodiversity: Current status and Pollution solutions[R]. Technical Series. No. 67. Montreal Canada.

Schmidt C, Krauth T, Wagner S. 2017. Export of plastic debris by rivers into the sea[J]. Environmental Science & Technology, 51(21): 12246-12253.

Tanaka K, Yamashita R, Takada H. 2018. Transfer of Hazardous Chemicals from Ingested Plastics to Higher-Trophic-Level Organisms[M]. In: The Handbook of Environmental Chemistry. Cham, Germary: Springer.

UNEP. 2009. Guidelines on the use of market-based and economic instruments to address the problem of marine litter[M]. Nairobi: United Nations Environment Programme.

van Cauwenberghe L, Janssen C R. 2014. Microplastics in bivalves cultured for human consumption[J]. Environmental Pollution, 193: 65-70.

van Sebille E, Wilcox C, Lebreton L, et al. 2015. A global inventory of small floating plastic debris[J]. Environmental Research Letters, 10(12): 124006.

Velzeboer I, Kwadijk C, Koelmans A A. 2014. Strong sorption of PCBs to nanoplastics, microplastics, carbon nanotubes, and fullerenes[J]. Environmental Science & Technology, 48(9): 4869-4876.

Vince J, Hardesty B D. 2017. Plastic pollution challenges in marine and coastal environments: from local to global governance[J]. Restoration Ecology, 25(1): 123-128.

Wilcox C, Heathcote G, Goldberg J, et al. 2015. Understanding the sources and effects of abandoned, lost, and discarded fishing gear on marine turtles in northern Australia[J]. Conservation biology, 29(1): 198-206.

Yang D, Shi H, Li L, et al. 2015. Microplastic pollution in table salts from China[J]. Environmental Science & Technology, 49(22): 13622-13627.

结　语

微塑料在海洋及海岸环境中具有普遍性、迁移性（可跨海、跨境）、积累性、隐蔽性、持久性（难降解）、毒害性，还可携带污染物、病原菌，以及被生物吞噬等，危及海洋环境质量、生物安全和海产品安全，造成生态系统和人体的健康风险、绿色贸易壁垒及环境外交压力。微塑料已是一类新型的复合性环境污染物，也将成为地球（陆地）表层系统中的污染物，微塑料污染已成为重大全球海洋及海岸环境问题。

近 10 年来，海洋微塑料成为全球沿海国家研究工作的热点。国内外对微塑料的研究都处于起步阶段。相比之下，我国微塑料研究开展时间稍晚几年，在调查和研究工作上刚起步，对全国海洋及海岸环境微塑料的整体污染状况尚未探明。2014 年以来，我国对一些典型河口、海湾、海岛、近海（渤海）、潮滩及滨海城市大气环境开展了微塑料污染的初步调查，分析了部分海水、沉积物、土壤、大气沉降物、贝壳类动物、鱼、食用海盐等样品中的微塑料类型、丰度及表面特征，积累了一些基础数据。2017 年 9 月，我国首次开展西北太平洋及极地海域微塑料专题调查，填补了区域海洋环境微塑料调查数据的空白。现有的调查结果表明，我国近岸海域及潮滩普遍存在微塑料；微塑料类型多，丰度高（河口每立方米水中可高达 10 200 个），聚苯乙烯发泡类微塑料尤为普遍；颗粒上，以＜ 1 mm 的细颗粒为主，表面形貌多呈裂痕、缝隙等不规则状态；有的还携带着石油、重金属、有机污染物、海藻等附着物。在一些样点，多类型、多形状及多粒径的微塑料同时出现。多种海洋生物（包括海产品）积累了微塑料。海洋及海岸环境微塑料污染成因与治理研究将成为我国海洋生态文明建设和可持续发展的重要任务，其风险和防控将成为国家海洋环境质量评估、监管与治理的一项新任务。

当前，我国在海洋及海岸环境微塑料来源、分布、成因、归趋、风险、控制、监管等科技及管理研究上存在不足或缺失。①在监测、观测和微分析上，尚缺乏可被广泛接受的适合我国海洋及海岸环境的微塑料调查与监测分析技术规范，导致调查结果不具可比性；缺乏更细颗粒（如＜ 100 μm）的微塑料采样、分选和观测方法，使海洋及海岸环境微塑料的观测研究难以向更细小粒径发展。②在基础理论与方法研究上，尚未揭示全国海洋及海岸环境微塑料的时空分布与垂直分层规律；尚未阐明微塑料的形成机制、风化过程和表面吸附机制；尚未明确海洋环境中微塑料的物理截留、化学转化、生物降解、动物吞食等归趋机制及控制因素；尚未探明微塑料的环境载体、生物载体及细胞载体的作用机制、长距离共迁移过程和在食物网中的传递、释放与富集机制；尚未建立不同海域微塑料动态消长的原位观测方法与预测模型。③在污染指标、风险评估和基准研究上，缺乏系统认识微塑料及其附着污染物在海洋生物体内的分布、积累、胁迫与毒理学机制，尚未认清其剂量 - 效应关系，尚未提出微塑料污染的海洋生物体敏感指标和生物标志物；尚未建立海洋微塑料污染的生态风险评估方法；尚未制定微塑料污染的海洋环境基准与标准。④在源头控制、生物降解及可持续管理研究上，尚未清楚大塑料垃圾风化成微塑料的机制，尚未建立微塑料的源解析技术，缺乏我国微塑料的源清单和源头控制技术方案；如何从海洋、土壤或沉积物中筛选可高效降解微塑料的微生物和氧化塑料聚合物碳链的生物酶，并能够实际应用生物降解处理微塑料，仍然是技术难点；如何建立陆海统筹的控源 - 阻断 - 降解 - 可持续管理的理论与技术体系，也是未来微塑料污染治理的重大需求。

研究已表明的是我国沿海地区塑料垃圾和微塑料污染负荷高，并具有类型多、丰度大、风险高等特点。但是，现有的基础理论、方法和控制评估技术等研究成果远不能满足微塑料的环境监管需求。因此，加强我国海洋及海岸环境中微塑料污染规律、监管政策和治理技术的研究与发展，是保护我国海洋生态环境和渔业资源，服务国家海洋环境外交与支持可持续蓝色经济建设的必然要求，有待于地方、区域、国家乃至全球合作的共同努力。未来应更加重视微塑料评估与监管，并建议开展如下工作。

1）陆海统筹制定国家环境微塑料和塑料垃圾污染防治行动计划。尽快制定海洋及海岸环境微塑料和塑料垃圾污染防治法律法规，减少一次性微塑料产品使用，增强废旧塑料产品的回收资源化利用和安全处理处置能力；实施塑料与微塑料生产、使用、运输、排放过程的源头控制政策；研发日用品与化妆品中塑料微珠的生物质替代产品及其技术工艺；发展微塑料的污水处理源头清洁技术和河流拦截清除技术；加强政府部门间协调，开展塑料垃圾及微塑料的海滩清洁活动；严禁塑料垃圾及微塑料的海上倾倒。

2）部署全国海洋及海岸环境微塑料污染调查专项，制定监测技术规范和环境控制标准。开展海洋及海岸环境微塑料污染专项调查与污染源普查，确定进入海洋中塑料垃圾和微塑料的主要来源与种类，探明微塑料污染状况，揭示分布格局、污染规律及生态影响，掌握海洋外交主动权和话语权；制修订微塑料的环境监测 - 分析 - 评估技术规范和管控标准。

3）加强陆海环境微塑料污染治理的宣传教育，提高公众防控意识与能力。多渠道、多方式地开展塑料垃圾及微塑料污染危害的科普宣传活动，提高公众对塑料垃圾和微塑料影响海洋生态环境的意识；建设专业研究队伍、研究机构与信息平台，提高海洋环境塑料垃圾及微塑料污染防治的综合能力。

4）加强陆海环境微塑料科技研究和国际合作，提升监管和治理水平。建议设立陆海环境微塑料污染防治重点科技专项，加强基础理论、技术方法、监管治理的创新研究与实践应用，探明微塑料的来源、通量、输移、归趋及区域差异机制，阐明微塑料复合污染机制和毒性毒理作用，建立生态风险评估方法、指标体系和环境基准，制定环境标准；评估海洋中纳米级微塑料的影响，塑料垃圾和微塑料作为海洋中生物载体与环境载体的潜在意义，以及生物摄入微塑料及复合污染物造成的化学风险;研发微塑料监测分析方法和技术设备，创新微塑料污染的监管-收集-控制-削减-降解技术体系与管理策略。研发一次性微塑料产品的替代材料和替代技术，以及废旧塑料产品的回收、利用和安全处置技术，将废弃的塑料作为宝贵资源使用，而不是垃圾。开展国际合作与交流，提升国家及国际监管和治理水平，增强区域及全球海洋微塑料污染协同防治能力。

附录

缩 写 词

（1）聚合物类型缩写词英中文对照

EPS：发泡聚苯乙烯
HDPE：高密度聚乙烯
LDPE：低密度聚乙烯
PCL：聚己内酯
PDMS：聚二甲基硅氧烷
PE：聚乙烯
PET：聚对苯二甲酸乙二醇酯
PEVA：聚乙烯醋酸乙烯酯
PHB：聚-β-羟丁酸
PLA：聚乳酸
PMMA：聚甲基丙烯酸甲酯
PP：聚丙烯
PS：聚苯乙烯
PUR：聚氨酯
PVC：聚氯乙烯

（2）污染物类型缩写词英中文对照

DDE：滴滴伊
DDT：滴滴涕
FOSA：全氟辛烷磺酰胺
HBCD：六溴环十二烷
HCH：六六六
HOC：疏水性有机污染物
NP：壬基酚
OCP：有机氯农药
PAH：多环芳烃
PBDE：多溴联苯醚
PBTS：持久性生物蓄积性有毒物质
PCB：多氯联苯
PFOS：全氟辛烷磺酸
POP：持久性有机污染物

（3）仪器或物品缩写词英中文对照

CPR：连续浮游生物记录器

CTD probe：温盐深仪

DSC：差示扫描量热法

FT-IR：傅里叶变换红外光谱

GC-ECD：气相色谱电子捕获检测器

GPC：凝胶渗透色谱法

ICP-MS：电感耦合等离子体 - 质谱

LSCFM：激光扫描共聚焦荧光显微镜

PGC-MS：裂解气相色谱 - 质谱

SEM-EDS：扫描电镜 - 能谱

TG-FT-IR：热重傅里叶变换红外光谱

μ-FT-IR：傅里叶变换显微红外光谱

（4）其他缩写词

AChE：乙酰胆碱酯酶

CEFAS：环境、渔业和水产养殖科学中心

DELI：碎片评估似然指数

ENP：工程纳米颗粒物

FIO：粪便指示生物

HAB：有害藻华

IDH：异柠檬酸脱氢酶

IPW：国际树脂颗粒观测

PPCP：药品及个人护理产品

STCZ：北太平洋副热带辐合带